凌阳单片机原理及其开发

侯媛彬　白　云
昝宏洋　王　维　编著

科学出版社
北　京

内 容 简 介

本书主要阐述 16 位的凌阳 SPMC752413A 和具有语音功能的 SPEC061A 单片机的原理及其开发应用方法。全书共 10 章,分为两部分。第一部分包括 1～5 章,主要讲述凌阳单片机的内核结构、存储器、片上外设资源、指令系统、集成开发环境(IDE)、原理和集成开发;第二部分包括 6～10 章,主要讲述凌阳单片机的开发方法及其实际应用,包括基于凌阳单片机的本科优秀毕业设计论文,基于凌阳单片机的大学生电子竞赛优秀作品,以及凌阳单片机在物联网中的应用实例的开发和设计方法。本书附带光盘,其内容包括:多媒体课件,内容全面、易于接受、由浅入深、生动有趣;μ'nSPIDE184 开发软件;凌阳压缩软件 wav_press;凌阳单片机实验,包括15 个源程序。光盘中的程序可直接在 Sunplus 界面下运行。

本书可作为工科电子信息类相关专业本科生的教材,也可供有兴趣的读者自学与参考。

图书在版编目(CIP)数据

凌阳单片机原理及其开发/侯媛彬等编著. —北京:科学出版社,2012
ISBN 978-7-03-033176-2

Ⅰ.①凌… Ⅱ.①侯… Ⅲ.①单片微型计算机-高等学校-教材
Ⅳ.①TP368.1

中国版本图书馆 CIP 数据核字(2011)第 275579 号

责任编辑:贾瑞娜 李岚峰 / 责任校对:赵桂芬
责任印制:张克忠 / 封面设计:迷底书装

科 学 出 版 社 出版
北京东黄城根北街 16 号
邮政编码:100717
http://www.sciencep.com

新科印刷有限公司 印刷
科学出版社发行 各地新华书店经销
*
2012 年 1 月第 一 版 开本:787×1092 1/16
2012 年 1 月第一次印刷 印张:19 1/4
字数:490 000
定价:**45.00 元**(含光盘)
(如有印装质量问题,我社负责调换)

前　言

随着嵌入式系统的发展,各类单片机、DSP 及 ARM 芯片功能越来越完善。16 位的凌阳单片机于 21 世纪问世以来,由于既具有体积小、功耗低、性能好、可靠性高、易于开发等特点,又具有语音功能,且允许用户采用面向工业控制的 C 语言编程,因而得到广泛应用,成为测控领域最有应用价值的产品。凌阳单片机以其优异的品质,在我国单片机应用领域占有很重要的地位。例如,$\mu'nSP^{TM}$(凌阳)模糊洗衣机、手机、相机、程控电话、电子词典、医疗用的耳温枪、语音教室的控制器;还有很多种玩具,如电子琴、小型机器狗、全自动玩具汽车、芭比娃娃等都是凌阳单片机的应用产品。由于凌阳单片机应用群体庞大、应用研究深入、可共享资源丰富,所以它成为大多数单片机学习和应用者首选的产品。为满足广大工程技术人员学习和高等院校有关专业课教材的需要,编者在 2006 年出版了《凌阳单片机原理及其毕业设计精选》,几次重印,供不应求。在多年从事单片机科研和教学工作的基础上,编者重新修订了此书。此次修订在保证内容系统性的前提下,突出实用性,以实际应用背景为准则,以若干个实际工程项目的设计和实现的全过程为主线。书中所提供的电路、例题与开发的训练程序与工程实际相融合,应用对象明确,理论深入浅出,并详细地介绍了凌阳公司所拥有的位于世界先进水平的凌阳音频技术,以便读者学习和运用。

本书共 10 章,分为两部分。第一部分包括 1～5 章,主要讲述凌阳单片机的原理和集成开发,详细阐述了 SPCE061A 和 SPMC752413A 的内核结构、存储器、片上外设资源、指令系统、集成开发环境(IDE)及设计实用方法;第二部分包括 6～10 章,主要讲述凌阳单片机系统的开发方法及其实际应用,包括西安科技大学侯媛彬教授/博导指导的基于凌阳单片机的本科优秀毕业设计论文(获陕西省自动化学会本科毕业设计大赛特等奖、一等奖等)、基于凌阳单片机的大学生电子竞赛优秀作品,以及凌阳单片机在物联网中的应用实例的开发与设计方法。其中第 1 章、第 2 章的2.1～2.3 节、第 3～8 章由侯媛彬教授编著;第 2 章的 2.4～2.7 节、第 9 章由白云老师编写;第 10 章由昝宏洋老师编写。王维和侯媛彬教授制作了多媒体课件。书中提供了较多的既用汇编语言又用 C 语言编程的应用程序实例。本书附带光盘,其内容包括:①多媒体课件,内容全面、由浅入深、生动有趣、易于接受;②$\mu'nSPIDE184$ 开发软件;③凌阳压缩软件 wav_press;④凌阳单片机实验,包括15 个源程序。光盘中的程序可直接在 Sunplus 界面下运行。本书可作为工科电子信息类相关专业本科生的教材,也可供有兴趣的读者自学与参考,特别适合有计算机基础者自学。

本书由侯媛彬教授统编。在该书编写过程中,西安交通大学的杨骁博士在开发程序方面作了多方指导;西安科技大学的郑英华、陈忠兴、高阳东、张明等同学做了大量的工作;在西安科技大学举行过的九届凌阳单片机竞赛中,郭建彪高工、郝迎吉教授、郭小平老师、李红岩老师、张旭东老师、刘晓荣高工、郭秀才教授、王建强老师、岳海华老师也做了大量的工作,在此一并致谢! 本书还得到了西安交通大学、西安科技大学、陕西师范大学、西安石油大学等相关专业的支持,北京凌阳科技股份有限公司罗亚非经理、刘宏韬区域经理及技术人员亓学庆、王靠文等给予了大力的支持,在此表示衷心的感谢。

由于编者能力有限,书中不妥之处在所难免,欢迎读者批评指正并提出宝贵意见。

编　者

2011 年 9 月

目　　录

第1章 概　　述

嵌入式系统包括以单片机(Single Chip Micyoco)、DSP(Digital Signal Processing)或 ARM (Advanced RISC Machine)芯片为核心的小系统。随着嵌入式系统、片上系统等概念的提出、普遍接受及应用,单片机的发展又进入了一个新的阶段,单片机的体积更小、功能更齐全、可靠性更高。由于其明显的优势,单片机在智能仪器仪表、家用电器、智能玩具、通信系统、机械加工等各个领域都获得了广泛的应用。可以这样认为,单片机技术已成为现代电子技术应用领域十分重要的技术之一,是电子技术应用领域工程技术人员必备的知识和技能,它能够使您设计的产品更具智能化和先进性。

1.1　单片机的特点及发展

1.1.1　单片机的特点

单片微型计算机,简称单片机,是微型计算机的一个分支。它是在一块芯片上集成(嵌入)了 CPU、一定容量的 RAM 和(或)ROM 存储器、I/O 接口等而构成的微型计算机。单片机问世以来所走的路与微处理器是不同的。微处理器向着高速运算、数据分析与处理能力、大规模容量存储等方向发展,以提高通用计算机的性能,其接口界面也是为了满足外设和网络接口而设计的。单片机则是从工业测控对象、环境、接口特点出发,向着增强控制功能、提高工业环境下的可靠性、灵活方便地构成应用计算机系统的界面接口的方向发展。因此,单片机有自己的特点,主要是:

(1)可靠性高。随着 IC 制造技术的发展,芯片的集成度越来越高,则其可靠性也随之大幅度提高。

(2)性价比高。总有一款能够既满足价格又满足性能要求。

(3)高度的选择灵活性。当前的单片机有 8 位、16 位和 32 位。尤其在微小系统使用的 8 位机,系列、种类、型号五花八门,应有尽有。从它们内部集成的部件来看,有不同大小的存储器和外围设备模块。

(4)完备的软硬件开发手段。目前国内的单片机已经拥有多种面向其软硬件开发的支持,如硬件的在线仿真器、软件的高级语言编译,以及交叉或驻留汇编等。

(5)专用性越来越强。IC 技术的发展推动了单片机的专用性发展,出现了很多针对语言、图像、通信、数据处理等的专用类单片机。

(6)体积小,易于构成嵌入式系统。

1.1.2　单片机的发展

自从美国仙童(Fairchild)公司研制的世界第一台单片微型机 F8 问世以来,单片机开始迅速发展,其功能不断增强和完善,应用领域也在不断扩大,现已成为微型计算机的重要分支。单片机的发展过程通常可以分为以下几个阶段。

（1）第一代单片机（1974～1976 年）。这是单片机发展的起步阶段。这个时期生产的单片机的特点是：制造工艺落后，集成度低，而且采用双片形式。典型的代表产品有 Fairchild 公司的 F8 和 Mostek387 公司的 3870 等。

（2）第二代单片机（1976～1978 年）。这是单片机发展的第二阶段。这个时代生产的单片机已能在单块芯片内集成 CPU、并行口、定时器、RAM 和 ROM 等功能部件，但其性能低、品种少、应用范围也不是很广，典型的产品有 Intel 公司的 MCS-48 系列机。

（3）第三代单片机（1979～1982 年）。这是 8 位单片机成熟的阶段。这一代单片机与前两代相比，不仅存储容量和寻址范围大，而且中断源、并行 I/O 口和定时器/计数器个数都有了不同程度的增加，尤其是新集成了全双工串行通信接口电路。在指令系统方面，普遍增设了乘除法和比较指令。这一时期生产的单片机品种齐全，可以满足各种不同领域的需要。代表产品有 Intel 公司的 MCS-51 系列机，Motorola 公司的 MC6801 系列机，TI 公司的 TMS7000 系列机。此外，Rockwell、NS、GI 和日本松下等公司也先后生产了自己的单片机系列。

（4）第四代单片机（1983 年以后）。这是 16 位单片机和 8 位高性能单片机并行发展的时代。16 位机的特点是：工艺先进、集成度高、内部功能强，加法运算速度可达到 $1\mu s$ 以上，而且允许用户采用面向工业控制的专用语言，如 PL/MPLUS C 和 Forth 语言等。代表产品有 Intel 公司的 MCS-96 系列，TI 公司的 TMS9900，NEC 公司的 783×× 系列和 NS 公司的 HPC16040 等。

目前，单片机发展具体体现在 CPU 功能增强、内部资源增多、引脚的多功能化和低电压低功耗等方面。

1.2　单片机系统的应用

单片机的问世和飞速发展掀起了计算机工程应用的一场新革命，使计算机技术冲破了实验室和机房的界限，广泛地应用于工业控制系统、数据采集系统、自动测试系统、智能仪表和接口以及各类功能模块等广阔的领域。单片机应用系统已经成为实现许多控制系统的常规性方案。可以说，单片机开辟了计算机应用的一个新时代。单片机的发展历史虽然只有 30 余年，但由于计算机科学和微电子集成技术的飞速发展，单片机自身也在不断地向更高层次和更大规模发展。世界各大半导体厂商纷至沓来，争先挤入这一市场，激烈的市场竞争也促进了单片机迅速更新换代，带动了它们更为广泛的应用。由于单片机应用系统的高可靠性、软硬件的高利用系数，优异的性能价格比，使它的应用范围由开始传统的过程控制，逐步进入数值处理、数字信号处理及图像处理等高技术领域。

1.3　凌阳单片机简介

1.3.1　8 位单片机

凌阳 8 位单片机的 CPU 内核均为 6502 兼容型。表 1.1 列出了凌阳的 8 位单片机系列中 IC 芯片类型、IC 芯片型号及其各自的用途。从表中可以看出凌阳 8 位单片机分为四种：SPL 系列、SPC 系列、SPF 系列及其他系列。SPC 系列是带有双声道发声功能的单片机，可用来制作各种高级电子玩具或电子宠物等；SPL 系列基本上都带有 LCD 驱动，并且有些 SPL 系列还带有发声功能，可用来制作各种款式的计算器、数据库及游戏机等；SPF 系列是凌阳研制出的带有多声道发声功能的单片机。

由于凌阳的 8 位单片机普遍具有体积小、功耗低、性能好及可靠性高且易于开发等特点,故这些 8 位单片机均可用来研制开发具有特殊功能的各种嵌入式计算机系统。

表 1.1　凌阳 8 位单片机产品一览

IC 类型	IC 型号	用　　途
LCD 驱动器/驱动器	SPL3X、SPL6X、SPL19X、SPLB 系列、SPDCX 系列	游戏机,高级游戏机,数据库
	SPL0X 系列、SPL128A、SPL13X 系列、SPLD8X 系列、SPLCX 系列、SPLG01A	游戏机,高级游戏机,文字图形编辑器
	SPL08、SPL09、SPL081、SPLXX	计算器,数据库
8 位微控制器	SPEF 系列(低速)、SPC 系列(高速)、SPDS 系列、SPCR0X 系列、SPMC 系列	高级电子玩具,嵌入式计算机系统
多媒体控制	SPCA 系列	数码相机,TV 编码器,MPEG1 解码器等
语音/音乐合成器	SPS 系列、SPES 系列、SPMA 系列、SPD 系列、SPF 系列、SPFA 系列	各种档次的电子琴,语音/音乐合成器等
其他	SPC08、SPR、SPRS、SPY0012、SPY0016	LED,ROM,SRAM,语音驱动,稳压器等

1.3.2　16 位单片机

随着单片机功能的增强,其应用领域不断扩展。凌阳的 16 位单片机为适应这种发展趋势,推出了它的带有数据处理功能的 μ'nSP™ 16 位微处理器芯片。与凌阳 8 位机功能相比,16 位 μ'nSP™ 系列单片机可以在较宽的电源电压范围(2.6～5.5V)及系统时钟频率范围(0.375～24.576MHz)内工作,除了数据总线增至 16 位从而提高了工作速度外,μ'nSP™ 系列 16 位单片机内集成了更多的系统外围资源。其中有大容量 ROM 及静态 RAM、红外通讯接口、RS-232 通用异步全双工串行接口、10 位 A/D 及 D/A 转换、内置式带自动增益控制的扩音器输入通道、32768Hz 实时时钟以及低电压复位/低电压监测系统。另外,μ'nSP™ 家族中有些系列嵌入了 LCD 控制、驱动和 DTMF 发生器等功能。

表 1.2 列出了 16 位单片机产品的简要介绍。

表 1.2　凌阳 16 位单片机产品一览

系列类型	型　　号	用　　途
SPCExxx	SPCE500A、SPCE060、SPCE061	主要应用于发声和语音识别领域
SPT660	SPT6601、SPT6602	主要应用于通信领域中带 LCD 驱动的来电辨识功能
SPMC903	SPMC701	一般用作控制器
SPMC75	SPMC752413A	一般用于运动控制

SPCE 系列的全双工异步通信串行接口,可实现多机通信,组成分布式控制系统。红外收发通信接口,可用于近距离的双机通信或制作红外遥控装置。A/D、D/A 转换接口可以方便地用于各种数据的采集、处理和控制输出,并且可以将它们与 μ'nSP™ 的 DSP 运算功能结合在一起实现语音识别功能,使其方便地运用于语音识别应用领域。由此可见,μ'nSP™ 家族在数字信号

处理和语音识别应用领域中还是很有特色的。

μ'nSP™家族有以下特点：

(1)体积小、集成度高、可靠性好且易于扩展。μ'nSP™家族把各功能部件模块化地集成在一个芯片里,内部采用总线结构,减少了各功能部件之间的连线,提高了其可靠性和抗干扰能力。另外,模块化的结构易于系统扩展,以适应不同用户的需求。

(2)具有较强的中断处理能力。μ'nSP™家族的中断系统支持10个中断向量及10余个中断源,适用于实时应用领域。

(3)高性能价格比。μ'nSP™家族片内带有高寻址能力的 ROM、静态 RAM 和多功能的 I/O口。另外,μ'nSP™的指令系统提供具有较高运算速度的 16 位×16 位的乘法运算指令和内积运算指令,为其应用增添了 DSP 功能,使得 μ'nSP™家族在复杂的数字信号处理方面既很便利,又比专用的 DSP 芯片廉价。

(4)功能强、效率高的指令系统。μ'nSP™的指令系统的指令格式紧凑,执行迅速,并且其指令结构提供了对高级语言的支持,这可以大大缩短产品的开发时间。

(5)低功耗、低电压。μ'nSP™家族采用 CMOS 制造工艺,同时增加了软件激发的弱振方式、空闲方式和掉电方式,极大地降低了其功耗。另外,μ'nSP™家族的工作电压范围大,能在低电压供电时正常工作,且能用电池供电。这对于其在野外作业等领域中的应用具有特殊意义。

SPCE061A 是继 μ'nSP™系列产品 SPCE500A 等之后凌阳科技推出的又一款 16 位结构的微控制器。与 SPCE500A 不同的是,考虑到用户较少的资源需求以及便于程序调试等性能,SPCE061A 在存储器资源方面只内嵌 32K 字的闪存(FLASH)。较高的处理速度使 μ'nSP™能够非常容易地、快速地处理复杂的数字信号。比较丰富的片上外围功能模块,使得系统的功能更加强大。因此,以 μ'nSP™为核心的 SPCE061A 微控制器是适用于数字语音识别应用领域的一种最经济的选择,也可以作为控制核心使用。

SPMC75 系列微控制器是继 μ'nSP™系列产品 SPCE061A 之后凌阳科技推出的又一款工业级的 16 位微控制器,与 SPCE061A 不同的是,其核心微处理器集成了多功能捕获比较模块、BLDC 电机驱动专用位置侦测接口、两相增量编码器接口、能产生各种电机驱动波形的 PWM 发生器等特殊硬件模块。利用这些硬件模块支持,SPMC75 系列微控制器可以完成诸如家电用变频驱动器、标准工业变频驱动器、变频电源、多环伺服驱动系统等复杂应用。

其整体性能如下：

16 位 μ'nSP™微处理器;

工作电压:VDD 为 2.6～3.6V(CPU), VDDH 为 VDD3.6～5.5V(I/O);

CPU 时钟:0.32～49.152MHz;

内置 2K 字 SRAM;

内置 32K 字 FLASH;

可编程音频处理;

晶体振荡器;

系统处于备用状态下(时钟处于停止状态),耗电小于 $2\mu A@3.6V$

2 个 16 位可编程定时器/计数器(可自动预置初始计数值);

2 个 10 位 DAC(数/模转换)输出通道;

32 位通用可编程输入/输出端口;

14 个中断源可来自定时器 A/B,时基,2 个外部时钟源输入,键唤醒;

具备触键唤醒的功能；

使用凌阳音频编码 SACM_S240 方式(2.4kbit/s)，能容纳 210s 的语音数据；

锁相环 PLL 振荡器提供系统时钟信号；

32768Hz 实时时钟；

7 通道 10 位电压模/数转换器(ADC)和单通道声音模/数转换器；

声音模/数转换器输入通道内置麦克风放大器和自动增益控制(AGC)功能；

具备串行设备接口；

具有低电压复位(LVR)功能和低电压监测(LVD)功能；

内置在线仿真电路 ICE(In-Circuit Emulator)接口；

具有保密能力；

具有 WatchDog 功能(由具体型号决定)。

1.4　内容安排

本书共 10 章,分为两部分。第一部分包括 1～5 章,主要讲述凌阳单片机的原理和集成开发;第二部分包括 6～10 章,主要介绍凌阳单片机的应用。

第一部分分别介绍 SPCE061A 和 SPMC75 系列凌阳单片机的硬件结构、指令系统、集成开发环境 IDE 和精简开发板"61 板"。第二部分分别介绍以 SPMC75F2413A 单片机为核心的或以 SPCE061A 为核心的侯媛彬教授指导的三篇本科优秀毕业设计论文、凌阳单片机在大学生电子竞赛中的应用、凌阳单片机在电子产品中的应用实例。其中优秀毕业设计论文"模糊全自动微机控制模拟洗衣机设计"于 2008 年获陕西省自动化学会首届本科毕业设计大赛一等奖,另一篇"基于嵌入式煤矿浴室三维定位模拟系统设计与制作"于 2011 年获陕西省自动化学会第四届本科毕业设计大赛特等奖。

第 2 章　凌阳单片机的硬件结构

本章分别介绍 SPCE061A 和 SPMC75F2413A 的结构、片内存储器和外设。

2.1　SPCE061A 的硬件结构

　　围绕 SPCE 所形成的 16 位 μ'nSP™ 系列单片机采用的是模块式集成结构，共有 84 个引脚，封装形式为 PLCC84，它的实物外形和管脚排列如图 2.1 所示。在 84 个引脚中有空脚 15 个，其余管脚功能说明如表 2.1 所示。它以 μ'nSP™ 内核为中心集成不同规模的 ROM、RAM 和功能丰富的各种外设接口部件，如图 2.2 所示。SPCE061A 的内部结构如图 2.3 所示。

　　SPCE061A 的内核主要由 CPU 掌管和操作，如图 2.4 所示。其主要由总线、算术运算逻辑单元、寄存器组、中断系统和堆栈等部分组成。以下作详细介绍。

2.1.1　寄存器组

　　μ'nSP™ 的 CPU 寄存器组里有 8 个 16 位寄存器，可分为通用型寄存器和专用型寄存器两大类别。通用型寄存器包括 R1～R4，作为算术逻辑运算的源及目标寄存器。专用型寄存器包括 SP、BP、SR、PC，是与 CPU 特定用途相关的寄存器。

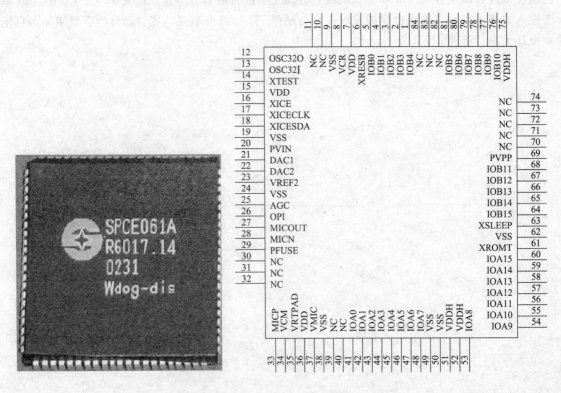

图 2.1　SPCE061A 的实物外形和管脚排列

表 2.1　SPCE061A 管脚功能表

管　　脚	功能说明
IOA0~IOA15(41~48,53,54~60 脚)	IO 口 A,共 16 个
IOB0~IOB15(5~1,81~76,68~64 脚)	IO 口 B,共 16 个
OSC32I(13 脚)	振荡器输入,在石英晶振下,是石英元件的一个输入脚
OSC32O(12 脚)	振荡器输出,在石英晶振下,是石英元件的一个输出脚
RES_B(6 脚)	复位输入。若该脚输入低电平,会使控制器重置复位
ICE_EN(16 脚)	ICE 使能端,接在线调试器 PROBE 的使能脚 ICE_EN
ICE_SCK(17 脚)	ICE 时钟脚,接在线调试器 PROBE 的时钟脚 ICE_SCK
ICE_SDA(18 脚)	ICE 数据脚,接在线调试器 PROBE 的数据脚 ICE_SCK
PVIN(20 脚)	程序保密设定脚
PFUSE(29 脚)	程序保密设定脚
DAC1(21 脚)	音频输出通道 1
DAC(22 脚)	音频输出通道 2
VREF2(23 脚)	2V 参考电压输出脚
AGC(25 脚)	语音输入自动增益控制引脚
OPI(26 脚)	Microphone 的第二运放输入脚
MICOUT(27 脚)	Microphone 的第一运放输入脚
MICN(28 脚)	Microphone 的负向输入脚
MICP(33 脚)	Microphone 的正向输入脚
VRT(35 脚)	A/D 转换外部参考电压输入脚。它决定 A/D 转换输入电压上限值。例如该点输入一个 2.5V 的参考电压,则 A/D 转换电压输入范围为 0~2.5V(外部参考电压最高小于 3.3V)
VCM(34 脚)	ADC 参考电压输出脚
VMIC(37 脚)	Microphone 电源
SLEEP(63 脚)	睡眠状态指示脚。当 CPU 进入睡眠状态时,该脚输出一个高电平
VCR(8 脚)	锁相环压控振荡器的阻容输入
XROMT,PVPP,XTEST(61,69,14 脚)	出厂测试用管脚,悬空即可
VDDH(51,52,75 脚)	I/O 电平参考。该点输入一个 5V 的参考电压,则 I/O 输入输出高电平均为 5V
VDD(7 脚)	PLL 锁相环电源
VSS(9 脚)	锁相环地
VSS(19,24 脚)	模拟地
VSS(38,49,50,62 脚)	数字地
VDD(15,36 脚)	数字电源

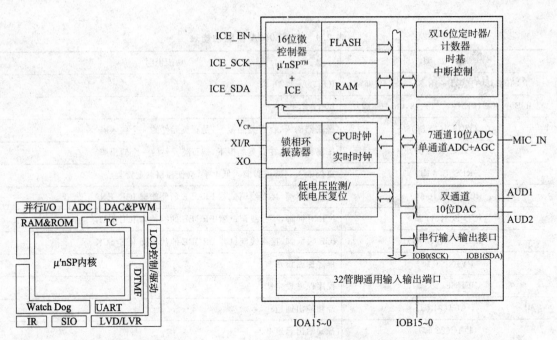

图 2.2　SPCE061A 芯片的集成结构　　　　　图 2.3　SPCE061A 的内部结构

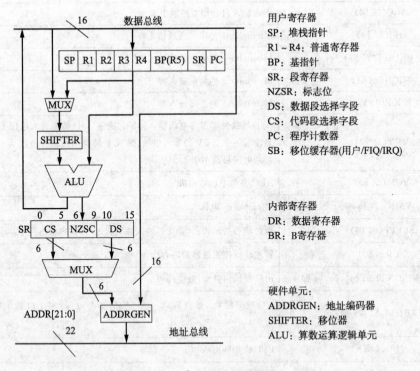

图 2.4　μ'nSP™ 的内核结构

1)通用型寄存器 R1～R4

R1～R4 通常可分别用于数据运算或传送的源及目标寄存器。寄存器 R4、R3 配对使用还可组成一个 32 位的乘法结果寄存器 MR。其中 R4 为结果的高字组，R3 为结果的低字组，用于存放乘法运算或内积运算结果。

2）堆栈指针寄存器 SP

SP 在 CPU 执行压栈/出栈指令（Push/Pop）、子程序调用/返回指令（Call/Retf），以及进入中断服务子程序（ISR，Interrupt Service Routine）或从 ISR 返回指令（Reti）时自动减少（压栈）或增加（弹栈），以示堆栈指针的移动。堆栈的最大容量范围限制在 2K 字的 RAM 内，即地址为 0x000000～0x0007FF 的存储器范围中。

3）基址指针寄存器 BP

μ'nSP™ 提供了一种方便的寻址方式，即变址寻址方式[BP+IM6]。程序设计者可通过它直接存取 ROM 与 RAM 中的各种数据，包括：局部变量（Local Variable）、函数参数（Function Parameter）、返回地址（Return Address）等等。这在 C 语言程序中是特别有用的。BP 除了上述用途外，也可作为通用寄存器 R5 用于数据运算或传送的源及目标寄存器。因此，在本书或程序中，BP 与 R5 是共享的，均代表基址指针寄存器。

4）段寄存器 SR

SR 有多种功能用途。SR 中有代码段选择字段（CS）和数据段选择字段（DS），它们可分别与其他 16 位的寄存器合在一起形成 22 位地址线，用来寻址 4M 字容量的存储器。（注意：SPCE061A 只有 32K 字闪速存储器，占一页存储空间，所以代码段选择字段（CS）和数据段选择字段（DS）在 SPCE061A 不用）。

算术逻辑运算结果的各标志位 NZSC 亦储存于其中，即 SR 中间的 4 位（B6～B9）。CPU 在执行条件/无条件短跳转指令（JUMP）时需测试这些标志位以控制程序的流向。这些标志位的内容是：

进位标志 C

C=0 时表示运算过程中无进位或无借位产生；而 C=1 表示运算过程中有进位或有借位产生。在无符号数运算中，16 位数可以表示的数值范围是 0x0000～0xFFFF，即 0～65535。如果运算结果大于 65535（0xFFFF），则标志位 C 被置 1。请注意：标志位 C 一般用于无符号数运算的进、借位判断。

零标志 Z

Z=0 时表示运算结果不为 0；Z=1 时表示运算结果为 0。

负标志 N

标志位 N 是用来判断运算结果的最高位（B15）为 0 还是为 1。B15=0 则 N=0；B15=1 则 N=1。

符号标志 S

S=0 时表示运算结果不为负；S=1 时则表示运算结果（在二进制补码的规则下）为负。对于有符号数运算，16 位数所表示的数值范围是为 0x8000～0x7FFF，即 -32768～32767。若运算结果小于零，则标志位 S 置 1。有符号数运算的运算结果可能会大于 0x7FFF 或小于 0x8000。如 0x7FFF+0x7FFF=0xFFFE（65534），运算结果为正（S=0），且无进位（C=0）发生。在此情况下，标志位 N 被置 1（因为最高有效位为 1）。若标志位 N 和 S 不同，则说明有溢出发生，即 S=0，N=1 或 S=1，N=0。例如当为有符号数时，可判断正负。而 JVC（N==S），JVS（N! =S）则可用来判断 Overflow。请注意：N，S 的组合用于有符号数溢出的判断。

这里需特别注意，在运算操作过程中，若目标寄存器是 PC，则所有标志位均不会受到影响。

总结：

（1）由于补码可以把有符号数与无符号数的运算统一起来，所以对于同一条加法或减法指令，既可以认为是有符号数运算又可以认为是无符号数运算，只是观察的角度、判断的标准不同而已。

（2）标识位 C 一般用于无符号数运算的进、借位判断。

（3）N,S 的组合用于有符号数溢出的判断。

（4）有符号数的范围为－32768～32767，无符号数的范围为 0～65535。若为有符号数，运算前数的正负应通过标识位"N"判断；运算后结果的正负应通过标识位"S"判断。

5）程序计数器 PC(Program Counter)

它的作用与所有微控制器中的 PC 作用均相同，是作为程序的地址指针来控制程序走向的专用寄存器。CPU 每执行完当前指令，都会将 PC 值累加当前指令所要占据的字节数或字数，以指向下一条指令的地址。在 μ'nSP™ 里，16 位的 PC 通常与 SR 寄存器的 CS 选择字段共同组成 22 位的程序代码地址。

2.1.2 数据总线和地址总线

μ'nSP™ 是 16 位单片机，它具有 16 位数据线和 22 位地址线。由此决定其基本数据类型是 16 位的"Word"型，而不是 8 位的"Byte"型。因而每次存储器都是按"Word"操作的，22 位地址线最多可寻访 4M 字的存储容量。地址线中的高 6 位 A16～A21 来自段寄存器 SR 中的 6 位代码段(CS,Code Segment)和 6 位数据段(DS,Data Segment)，低 16 位 A0～A15 则来自内部寄存器。通常，地址线的高 6 位称为存储器地址的页选，简称页码(Page)；而低 16 位则称为存储器地址的偏移量(Offset)。μ'nSP™ 通过对段(Segment)的编码来实现存储器页的检索，即是说"Segment"的含义与"Page"的含义是等同的。因而，通过 Segment 与 Offset 的配合即可产生 22 位地址线，如图 2.4 中 ADDRGEN 所示。

2.1.3 算术逻辑运算单元 ALU

μ'nSP™ 的 ALU 在运算能力上很有特色，它不仅能做 16 位基本的算术逻辑运算，也能实现带移位操作的 16 位算术逻辑运算，同时还能用于数字信号处理的 16 位×16 位的乘法运算和内积运算。

1. 16 位算术逻辑运算

不失一般性，μ'nSP™ 与大多数 CPU 类似，提供了基本的算术运算与逻辑操作指令，包括加、减、比较、取补、异或、或、与、测试、写入、读出等 16 位算术逻辑运算及数据传送操作。

2. 带移位操作的 16 位算逻运算

对图 2.4 稍加留意，就会发现 μ'nSP™ 的 ALU 前面串接有一个移位器 SHIFTER，也就是说，操作数在经过 ALU 的算术逻辑操作前可先进行移位处理，然后再经 ALU 完成算术逻辑运算操作。移位包括：算术右移、逻辑左移、逻辑右移、循环左移以及循环右移。所以，μ'nSP™ 的指令系统里专有一组复合式的"移位算术逻辑操作"指令，该条指令完成移位和算术逻辑操作两项功能。程序设计者可利用这些复合式的指令，撰写更精简的程序代码，进而增加程序代码密集度 (Code Density)。在微控制器应用中，如何增加程序代码密集度是非常重要的议题。提高程序代码密集度意味着减少程序代码的大小,进而减少 ROM 或 FLASH 的需求,以降低系统成本并增加执行效能。

3.16 位×16 位的乘法运算和内积运算

除了普通的 16 位的算逻运算指令外,$\mu'nSP^{TM}$的指令系统还提供处理速度较高的 16 位×16 位的乘法运算指令 Mul 和内积运算指令 Muls。二者都可以用于两个有符号数或一个有符号数与一个无符号数的运算。Mul 指令只需花费 12 个时钟周期,Muls 指令花费 $10n+6$ 个时钟周期,其中 n 为乘积求和的项数。例如:"MR=[R2]*[R1]",MR 表示求 4 项乘积的和,Muls 指令只需花费 $46(10×4+6=46)$ 个时钟周期。这两条指令为 $\mu'nSP^{TM}$应用于复杂的数字信号处理运算提供了便利的条件。

2.1.4 堆栈

1. 堆栈的结构

堆栈是 RAM 区专门开辟出来的按照"先进后出"原则进行数据存取的一种工作方式,如图 2.5 所示。堆栈主要用于子程序调用及返回和中断处理断点的保护及返回。堆栈的最大容量范围限制在 2K 字 RAM 内,即其地址范围从 0x07FF 到 0x0000。值得注意的是堆栈指针的生长方向,SPCE061A 系统复位后,SP 初始化为 0x07FF,每执行压栈(Push)指令一次,SP 指针减一。

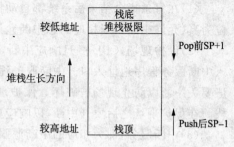

图 2.5 $\mu'nSP^{TM}$的堆栈结构

2. 压栈与弹栈

压栈(Push)操作如图 2.6 所示。堆栈指针 SP 总是指向位于栈顶的第一个空项,在压入一个字数据后 SP 减 1。将多个寄存器压栈写入时总是让指令中序号最高的寄存器先入栈,直至序号最低的寄存器最后入栈。因此,执行指令 push r1,r4 to [SP]与指令 push r4,r1 to [SP]是等效的。

弹栈(Pop)操作前 SP 总是指向栈底的第一个空项,如图 2.7 所示。因此,在弹栈拷贝数据之前 SP 要加 1,且总是将先弹出拷贝的数据置入指令中序号最低的寄存器,直至最后一个拷贝数据置入序号最高的寄存器。这样便是后进先出的原则。

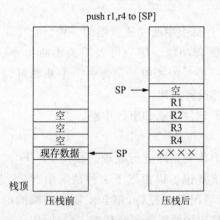

图 2.6 压栈操作

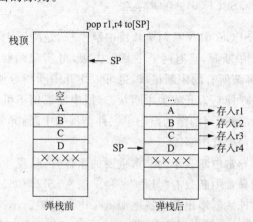

图 2.7 弹栈操作

2.1.5 中断

1. 中断概述

中断是指计算机在执行某一程序的过程中,由于计算机系统内、外的某种原因,而必须中止原程序的执行,转去执行相应的处理程序,待处理结束之后,再回来继续执行被中止的原程序过程。

中断技术能实现 CPU 与外部设备的并行工作,提高 CPU 的利用率以及数据的输入/输出效率;中断技术也能对计算机运行过程中突然发生的故障做到及时发现并进行自动处理,如硬件故障、运算错误及程序故障等;中断技术还能使我们通过键盘向计算机发出请求,随时对运行中的计算机进行干预,而不用先停机,然后再重新开机等。

中断响应的过程:

(1)在每条指令结束后系统都自动检测中断请求信号,如果有中断请求,且相应的中断允许位为真(允许中断),当相应的总中断允许位为真(允许中断),则响应中断。

(2)保护现场,CPU 一旦响应中断,中断系统会自动保存当前的 PC 和 SR 寄存器(入栈),进入中断服务程序地址入口。中断服务程序通过入栈操作保护原程序中的数据。保护现场前,一般要关中断以防止现场被破坏。保护现场一般是用堆栈指令将原程序中用到的寄存器压入堆栈。在保护现场之后要开中断,以响应更高优先级的中断申请。

(3)中断服务,即为相应的中断源服务。

(4)清相应的中断请求标志位,以免 CPU 总是执行该中断。

(5)恢复现场,用堆栈指令将保护在堆栈中的数据弹出来。在恢复现场前要关中断,以防止现场被破坏,在恢复现场后应及时开中断。

(6)返回,此时 CPU 将 PC 指针和 SR 内容出栈恢复断点,从而使 CPU 继续执行刚才被中断的程序。

在单片机中,中断技术主要用于实时控制。所谓实时控制,就是要求计算机能及时地响应被控对象提出的分析、计算和控制等请求,使被控对象保持在最佳工作状态,以达到预定的控制效果。由于这些控制参量的请求都是随机发出的,而且要求单片机必须作出快速响应并及时处理。因此,只有靠中断技术才能实现。

2. SPCE061A 中断类型

SPCE061A 系列单片机中断系统,是凌阳 16 位单片机中中断功能较强的一种。它可以提供 14 个中断源,具有两个中断优先级,可实现两级中断嵌套功能。用户可以用关中断指令(或复位)屏蔽所有的中断请求,也可以用开中断指令使 CPU 接受中断申请。每一个中断源可以用软件独立控制为开或关中断状态,但中断级别不可用软件设置实现。

$\mu'nSP^{TM}$ 的结构给出了三种类型的中断:异常中断、软件中断和事件中断。

1)异常中断

异常中断表示为非常重要的事件,一旦发生,CPU 必须立即进行处理。目前 SPCE061A 定义的异常中断只有"复位"一种。通常,SPCE061A 系统复位可以由以下三种情况引起:上电、看门狗计数器溢出及系统电源低于电压低限。不论什么情况引起复位,都会使复位引脚的电位变低,进而使程序指针 PC 指向由一个复位向量(FFF7H)所指的系统复位程序入口地址。

2)软件中断

软件中断是由软件指令 Break 产生的中断。软件中断的向量地址为 FFF5H。

3)事件中断

事件中断(可简称"中断",以下提到的"中断"均为事件中断)一般产生于片内设部件或由外设中断输入引脚引入的某个事件。这种中断的开通/禁止,由相应独立使能和相应的 IRQ 或 FIQ 总使能控制。

SPCE061A 的事件中断可采用两种方式:快速中断请求(即 FIQ 中断)和中断请求(即 IRQ 中断)。这两种中断都有相应的总使能。

3. 中断向量和中断源

共有 9 个中断向量即 FIQ、IRQ0~IRQ6 及 UART IRQ。这 9 个中断向量共可设置 14 个中断源供用户使用,这 14 个中断源分为 2 个定时器溢出中断、2 个外部中断、1 个串行口中断、1 个触键唤醒中断、7 个时基信号中断、1 个 PWM 音频输出中断,如表 2.2 所示。从表中可以看到每个中断入口地址对应多个中断源,因此在中断服务程序中需通过查询中断请求位来判断是哪个中断源请求的中断。

表 2.2　中断源列表

中断源	中断优先级	中断向量	保留字
Fosc/1024 溢出信号 PWM INT	FIQ/IRQ0	FFF8H/FFF6H	_FIQ/_IRQ0
TimerA 溢出信号	FIQ/IRQ1	FFF9H/FFF6H	_FIQ/_IRQ1
TimerB 溢出信号	FIQ/IRQ2	FFFAH/FFF6H	_FIQ/_IRQ2
外部时钟源输入信号 EXT1			
外部时钟源输入信号 EXT2	IRQ3	FFFBH	_IRQ3
触键唤醒信号			
4096 时基信号			
2048 时基信号	IRQ4	FFFCH	_IRQ4
1024 时基信号			
4Hz 时基信号	IRQ5	FFFDH	_IRQ5
2Hz 时基信号			
频选信号 TMB1	IRQ6	FFFEH	_IRQ6
频选信号 TMB2			
UART 传输中断	IRQ7	FFFFH	_IRQ7
BREAK	软中断		

中断优先级别如表 2.3 所示。在 IRQ 中断里分七个优先级别,依次从优先级别最高的 IRQ0 排到优先级别最低的 IRQ6。注意,这里所说的 IRQ 中断的优先级别只是在两种以上的 IRQ 中断同时发生时才起作用。换句话说,如果现有一个较低级别的 IRQ 正在中断响应处理,例如当 IRQ4 先产生中断请求并被 CPU 响应后,较高级别的 IRQ3 再产生中断请求是不能打断当前 IRQ4 中断响应的。

表 2.3　μ'nSP™中断的优先级别

中断向量	中断优先级别
FFF6H	FIQ
FFF7H	RESET
FFF8H	IRQ0
FFF9H	IRQ1
FFFAH	IRQ2
FFFBH	IRQ3
FFFCH	IRQ4
FFFDH	IRQ5
FFFEH	IRQ6
FFFFH	UART IRQ

中断服务子程序由编程者根据需要实现。当中断发生时,这些中断服务子程序就会通过 CPU 响应中断而被执行。程序链接器会自动将其入口地址链接到中断向量表中。当中断源的中断请求被 CPU 响应后,该中断请求可通过写入中断标志 INT_Clear 单元而被清除掉。这个单元通常只能被写入。当某一位被写入"1"时,便清除了该位上响应的中断源的中断请求;写入"0"时不会改变中断源的状态。CPU 执行完当前的中断服务程序,直至所有的中断服务程序都被执行完毕,便会回到中断发生前的程序指令处,继续执行下面的指令。

14 个中断源分为 5 种类型,即 2 个定时器溢出中断、2 个外部中断、1 个串行口中断、1 个触键唤醒中断、7 个时基信号中断、1 个 BREAK 软中断。下面分别对其作详细介绍。

1)定时器溢出中断源

定时器溢出中断由 SPCE061A 内部定时器中断源产生,故它们属于内部中断。在 SPCE061A 内部有两个 16 位定时/计数器,定时器 TimerA/TimerB 在定时脉冲作用下从预置数单元开始加 1 计数。当计数为"0xFFFF"时可以自动向 CPU 提出溢出中断请求,以表明定时器 TimerA 或 TimerB 的定时时间已到。定时器 TimerA/TimerB 的定时时间长短可由用户通过程序设定,以便 CPU 在定时器溢出中断服务程序内进行计时。另外,SPCE061A 单片机的定时器时钟源很丰富,从高频到低频都有,因此,根据定时时间长短可以选择不同的时钟源。定时器 A 的时钟源比定时器 B 多,定时器 B 无低频时钟源。在中断一览表中也可以看出,定时器 A 的中断,IRQ 和 FIQ 中都有,方便开发人员的使用。详见第 2 章定时/计数器内容。定时器溢出中断通常用于需要进行定时控制的场合。

2)外部中断源

SPCE061A 单片机有两个外部中断,分别为 EXT1 和 EXT2,两个外部输入脚分别为 B 口的 IOB2 和 IOB3 的复用脚。EXT1(IOB2)和 EXT2(IOB3)是两条外部中断请求输入线,用于输入两个外部中断源的中断请求信号,并允许外部中断以负跳沿触发方式来输入中断请求信号。

另外,SPCE061A 单片机在 IOB2 和 IOB4 之间以及 IOB3 和 IOB5 之间分别加入两个反馈电路,可以外接 RC 振荡器,做外部定时中断使用。如图 2.8 所示,外部中断的反馈电路使用四个管脚为 B 口的 IOB2、IOB4、IOB3 和 IOB5 的复用脚,其中 IOB4 和 IOB5 主要用来组成 RC 反馈电路结构。通过 IOB2 和 IOB4 之间或者 IOB3 和 IOB5 之间增加一个 RC 振荡电路,便可在 EXT1 或 EXT2 端获得振荡信号。为使反馈电路正常工作,必须将 IOB2 或 IOB3 设置成反相输出口,且 IOB4 或 IOB5 设成输入口。

3)串行口中断源

串行口中断由 SPCE061A 内部串行口中断源产生,故也是一种内部中断。串行口中断分为串行口发送中断和串行口接收中断两种,但其中断向量是同一个。因此,进入串行中断服务程序时,首先需要判断是接收中断还是发送中断。在串行口进行发送/接收完一组串行数据时,串行口电路自动使串行口控制寄存器 P_UART_Command2 中的 TXReady 和 RXReady 中断标志位置位,并自动向 CPU 发出串行口中断请求,CPU 响应串行口中断后便立即转入串行口中断服务程序执行。因此,只要在串行中断服务程序中安排一段对 P_UART_Command2、TXReady 和

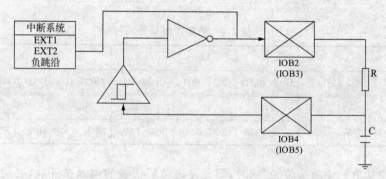

图 2.8 IOB2、IOB4 或 IOB3、IOB5 之间的反馈结构

RXReady 中断标志位状态的判断程序,便可区分串行口发生了接收中断还是发送中断。当然,串行传输中,既可以使用中断方式收发数据也可以使用查询方式来收发数据,具体采用那种方式主要根据程序的设计。在 SPCE061A 中串行口为 B 口的 IOB7(RXD)和 IOB10(TXD)两个复用脚。

4)触键唤醒中断源

当系统给出睡眠命令时,CPU 便关闭 PLL 倍频电路,停止 CPU 时钟工作而使系统进入睡眠状态。在睡眠过程中,通过 IOA 口低 8 位接的键盘就可以给出唤醒信号使系统接通 PLL 倍频电路,启动 CPU 时钟工作,将系统从睡眠状态转到工作状态。与此同时,产生一个 IRQ3 中断请求,进入键唤醒中断,CPU 继续执行下一个程序指令。一般来讲,中断系统提供的中断源 IRQ1~IRQ6 均可作为系统的唤醒源来用,做定时唤醒系统。

若以触键作为唤醒源,其功能通过并行 A 口的 IOA0~IOA7 及中断源 IRQ3_KEY 的设置来实现。

5)时基信号中断源

时基信号发生器的输入信号来自实时时钟 32768Hz,输出有通过选频逻辑的 TMB1、TMB2 信号和直接从时基计数器溢出而来的各种实时时基信号。当开启时基信号中断后,如果有时基信号到来,则发出时基信号中断申请。当 CPU 查询到有中断请求后,将允许中断并置位 P_INT_Ctrl 中相应的中断请求位。在中断服务程序中通过测试 P_INT_Ctrl 来确定是哪个频率时基信号产生的中断。可以通过对不同频率的时基信号的计数来实现长时间或短时间的定时控制。

4. 中断控制

SPCE061A 单片机有多个中断源,为了使每个中断源都能独立地开放和屏蔽,以便用户能灵活使用,它在每个中断信号的通道中设置了一个中断屏蔽触发器,只有该触发器无效,它所对应的中断请求信号才能进入 CPU,即此类型中断开放。否则即使其对应的中断请求标志位置"1",CPU 也不会响应中断,即此类型的中断被屏蔽。同时 CPU 内还设置了一个中断允许触发器,它控制 CPU 能否响应中断。

SPCE061A 对中断源的开放和屏蔽,以及每个中断源是否被允许中断,都受中断允许寄存器 P_INT_Ctrl 和 P_INT_Clear 及 P_INT_Ctrl_New 控制和一些中断控制指令控制。

1)中断控制单元 P_INT_Ctrl(读/写)(0x7010H)

P_INT_Ctrl 控制单元具有可读和可写的属性,其读写时的意义不同,如表 2.4 所示。

表 2.4　中断控制单元

b7	b6	b5	b4	b3	b2	b1	b0
IRQ3_KEY	IRQ4_4kHz	IRQ4_2kHz	IRQ4_1kHz	IRQ5_4Hz	IRQ5_2Hz	IRQ6_TMB1	IRQ6_TMB2
b15	b14	b13	b12	b11	b10	b9	b8
FIQ_Fosc/1024	IRQ0_Fosc/1024	FIQ_TMA	IRQ1_TMA	FIQ_TMB	IRQ2_TMB	IRQ3_EXT2	IRQ3_EXT1

当写中断控制单元中的某位为"1"时,即允许该位所代表的中断被开放,并关闭屏蔽中断触发器。此时当有该中断申请时,CPU 会响应。否则如果该位被置"0"则禁止该位所代表的中断,即使有中断申请,CPU 也不会响应。

当读取中断控制单元时,其主要作为中断标志,因为其每一位均代表一个中断。当 CPU 响应某中断时,便将该中断标志置"1",即将 P_INT_Ctrl 中的某位置"1"。可以通过读取该寄存器来确定 CPU 响应的中断。

2)清除中断标志控制单元 P_INT_Clear(写)(0x7011H)

清除中断标志控制单元主要用于清除中断控制标志位。当 CPU 响应中断后,会将中断标志置位为"1",当进入中断服务程序后,要将其控制标志清零,否则 CPU 总是执行该中断,如表 2.5 所示。

表 2.5　清除中断标志控制单元

b7	b6	b5	b4	b3	b2	b1	b0
IRQ3_KEY	IRQ4_4kHz	IRQ4_2kHz	IRQ4_1kHz	IRQ5_4Hz	IRQ5_2Hz	IRQ6_TMB1	IRQ6_TMB2
b15	b14	b13	b12	b11	b10	b9	b8
FIQ_Fosc/1024	IRQ0_Fosc/1024	FIQ_TMA	IRQ1_TMA	FIQ_TMB	IRQ2_TMB	IRQ3_EXT2	IRQ3_EXT1

因为 P_INT_Clear 寄存器的每一位均对应一个中断,所以如果想清除某个中断状态标志,只要将该寄存器中对应的中断位置"1"即可清除该中断状态标志位。该寄存器只有写的属性,读该寄存器是无任何意义的。

3)激活和屏蔽中断控制单元 P_INT_Ctrl_New(读/写)(0x702DH)

该单元用于激活和屏蔽中断,如表 2.6 所示。

表 2.6　激活和屏蔽中断控制单元

b7	b6	b5	b4	b3	b2	b1	b0
IRQ3	IRQ4	IRQ4	IRQ4	IRQ5	IRQ5	IRQ6	IRQ62
b15	b14	b13	b12	b11	b10	b9	b8
FIQ	IRQ04	FIQ	IRQ1	FIQ	IRQ2	IRQ3	IRQ3

当写该控制单元时,与 P_INT_Ctrl 功能相似。

读该控制单元时,只作为了解激活哪一个中断的功能使用,与其写入值是一致的。

2.2　SPCE061A 的片内存储器

SPCE061A 的片内存储器地址映射如图 2.9 所示。4M 字的存储器地址可以映射成 64 页，每一页有 64K 字的存储容量，其地址取决于 16 位寄存器或存储器的值。页的地址映射值 0x00～0x3F 由地址线 A16～A21 编址形成，即页的索引。通过对 SR 寄存器中 6 位代码段选择字段 CS 或数据段选择字段 DS 的赋值可完成存储器页的索引。

存储器映射中的第一页即零页的地址映射值为 0x00。通常，零页专门设计用于需频繁访问的数据类型的存储单元，如用户定义的变量存储器或一些外部设备接口等。其他非零页是以高密度巨大容量的掩膜 ROM 设计制成，用于存储程序或固定的数据代码。整个片内存储器可分为静态数据存储器 SRAM 和程序存储器 ROM 两块区域。

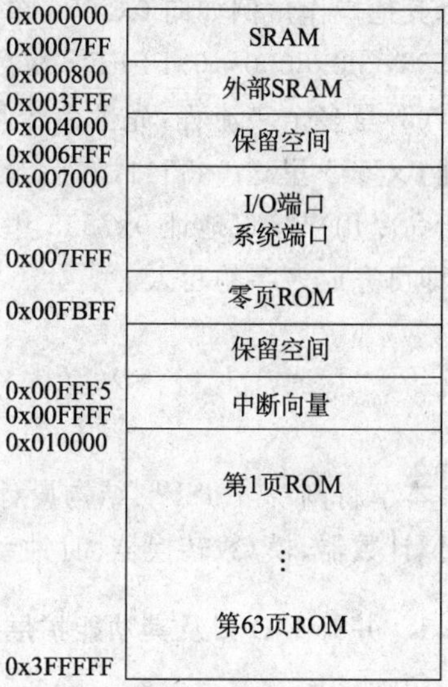

0x000000	SRAM
0x0007FF	
0x000800	外部SRAM
0x003FFF	
0x004000	保留空间
0x006FFF	
0x007000	I/O端口 系统端口
0x007FFF	
0x00FBFF	零页ROM
	保留空间
0x00FFF5	中断向量
0x00FFFF	
0x010000	第1页ROM
	⋮
	第63页ROM
0x3FFFFF	

图 2.9　μ'nSP™ 片内存储器地址映射

2.2.1　RAM

SPCE061A 有 2K 字的 SRAM（包括堆栈区），其地址范围从 0x0000 到 0x07FF。其中前 64 个字，即 0x0000～0x003F 地址范围内可采用 6 位直接地址寻址方法，寻访速度为 2 个 CPU 时钟周期；其余 0x0040～0x07FF 地址范围内存储器的寻访速度则为 3 个 CPU 时钟周期。

2.2.2　Flash 闪存

32K 字的内嵌式闪存从地址 0x8000 开始划分为 128 个页（每个页存储容量为 256 个字），它们在 CPU 正常运行状态下均可通过程序擦除或写入。全部 32K 字闪存均可在 ICE 工作方式下编程写入或擦除。

1）读存储单元操作

在闪速存储器芯片上电以后，芯片就处于读存储单元状态，读存储单元的操作与 SRAM 相同。

2）擦除操作

在对闪速存储器编程操作前，必须对闪速存储器进行擦除操作。由于闪速存储器采用模块分区的阵列结构，使得各个存储模块（页）可以被独立地擦除。当给出的地址是在模块地址范围之内且向命令用户接口写入模块擦除命令时，相应的模块就被擦除。要保证擦除操作的正确完成，必须考虑以下几个参数：

（1）该闪速存储器的内部模块分区结构；

（2）每个模块分区的擦除时间；

（3）编程操作。

闪速存储器芯片的编程操作是自动字节编程，既可以顺序写入，也可指定地址写入。编程操作时注意芯片的编程时间参数。Flash 程序空间为 0x8000～0xFFFF，Flash 命令用户接口地址为 0x7555。第一页范围是[0x8000～0x80FF]，最后一页[0xFF00～0xFFFF]。

具体流程如下：

（1）擦除一页流程：先给命令用户接口地址 0x7555 里送 0xAAAA，然后再给命令用户接口地址 0x7555 里送 0x5511，再后给要擦除页地址送任意数，约 20ms 即可完成擦除操作，然后可以执行其他操作。例如，擦除第 6 页[0x8500～0x85FF]流程如下：①0x7555←0xAAAA，②0x7555←0x5511，③0x85XX←0xXXXX（其中 X 为任意值）。

（2）写入一个字流程：先给命令用户接口地址 0x7555 里送 0xAAAA，然后再给命令用户接口地址 0x7555 里送 0x5533，再后给要写入字地址送数据，约 40us 即可完成写入操作，然后可以执行其他操作。例如向 0x8000 单元写入 0xFFFF 流程如下：①0x7555←0xAAAA，②0x7555←0x5533，③0x8000←0xFFFF

（3）写多个字流程：先给命令用户接口地址 0x7555 里送 0xAAAA，然后再给命令用户接口地址 0x7555 里送 0x5544，然后给要写入字首地址送数据，约 40μs 即可完成 1 个字写入操作。再给命令用户接口地址 0x7555 里送 0x5544，给要写入字地址送数据，等待 40μs 即可。循环操作，即可完成多字的写入。

2.3　SPCE061A 的片内外设部件

本节将围绕 μ'nSP™ 结构设计的特点对其外围设备进行展开介绍。其中包括并行 I/O 口、定时/计数器、模/数转换器、时钟系统、音频输出。

2.3.1　并行 I/O 口及其功能扩展

输入/输出接口（也可简称为 I/O 口）是单片机与外设交换信息的通道。输入端口负责从外界接收检测信号、键盘信号等各种开关量信号。输出端口负责向外界输送由内部电路产生的处理结果、显示信息、控制命令、驱动信号等。SPCE061A 内有并行和串行两种方式的 I/O 口。并行口的线路成本较高，但是传输速率也很高。与并行口相比，串行口的传输速率较低但可以节省大量的线路成本。SPCE061A 有两个 16 位通用的并行 I/O 口：A 口和 B 口。这两个口的每一位都可通过编程单独定义成输入或输出口。

SPCE061A 的并行 I/O 口的每一位均可以单独编程定义成握手信号的输入或输出端口。通常，每一个 I/O 口位由 3 个向量位来控制。第一个是方向向量位，控制着 I/O 口位的输入/输出方向；第二个是方式（或称属性）向量位，控制 I/O 口采用什么样的方式进行输入输出；最后一个则是数据向量位，它一方面用来进行口位数据的输入或输出，另一方面与属性向量位结合在一起可对口位进行复合功能的设置。

输入口的方式可设置为内部带上拉电阻、内部带下拉电阻或悬浮式的端口，如图 2.10 所示。通过口位的组合设置还可使输入口引入外部中断源或唤醒源事件，使端口具有中断或唤醒之特殊功能。口位数据的读入一般可直接来自输入管脚，也可来自输入缓存器。

输出口的方式也可根据需要设为常规的 CMOS 端口或 NMOS 开漏端口，设置数据与写入口位的数据同相输出或反相输出。通过设置还可使该口位具有输出缓存功能，以避免该口再被设为输入端口时管脚上输入电平的状态会影响到其输出的状态。

并行 I/O 口的控制要素主要有如下几点：

（1）口位的方向。

（2）口位输入或输出的方式。

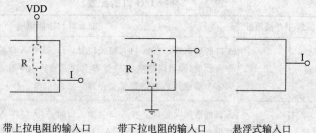

带上拉电阻的输入口　　带下拉电阻的输入口　　悬浮式输入口

图 2.10　并行 I/O 口的输入方式

　　图 2.11 是 SPCE061A 并行 I/O 口的结构。从图中可以看出,向 Data 口和 Buffer 口写入数据,都会被写入同一个数据寄存器。但从 Data 和 Buffer 寄存器读出数据却来自不同的位置。读出 Data 寄存器数据来自 I/O 管脚,而读出 Buffer 寄存器数据来自数据寄存器。如此处理在某些 I/O 口应用场合下能节省许多需用来存储口数据的存储空间。

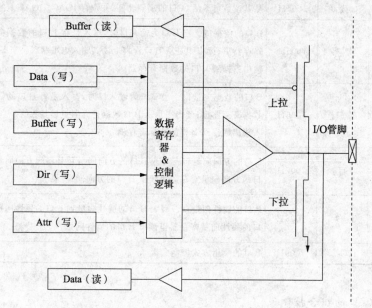

图 2.11　SPCE061A 并行 I/O 口的结构

(3)口位的特殊功能。

1. 并行 I/O 口的配置

　　表 2.7 给出了 A、B 口的配置单元,这些单元用来参与口的组合编程控制。其中 A 口的 IOA0~IOA7 用作输入口时具有唤醒功能,可将此用于键盘的输入。B 口的某些位除了可以作为普通并行 I/O 应用以外,还可以有其他一些特殊功能。其中,向 P_IOA_Data 单元里写入数据的功能与向 P_IOA_Buffer 单元里写入数据功能一样。同样,向 P_IOB_Data 单元里写入数据的功能与向 P_IOB_Buffer 单元里写入数据功能一样。如图 2.11,只有当读数据时,这两个单元才发挥各自不同的功能。另外,表 2.7 中 P_FeedBack 单元可以控制口 B 的部分口位是作为普通并行 I/O 口用,还是作为特殊功能口用。

表 2.7　并行 I/O 口的配置

配置单元		读写属性	存储地址	配置单元功能说明
A口配置	P_IOA_Data	读/写	7000H	A 口的数据口。当 A 口为输入口时,写入是将 A 口的数据向量写到 A 口的数据寄存器里;读出则是从 A 口管脚上读其输入电平状态。当 A 口为输出口时,写入输出数据到 A 口的数据寄存器
	P_IOA_Buffer	读/写	7001H	A 口的数据向量。当 A 口为输入口时,写入是将 A 口的数据向量写到 A 口的数据寄存器里;读出则是从 A 口数据寄存器里读其数值。当 A 口为输出口时,写入输出数据到 A 口的数据寄存器
	P_IOA_Dir	读/写	7002H	A 口的方向向量口。写入 A 口的方向向量到 A 口的方向向量寄存器里,或者从 A 口的方向向量寄存器里读出 A 口的方向向量
	P_IOA_Attr	读/写	7003H	A 口的属性向量口。写入 A 口的属性向量到 A 口的属性向量寄存器里,或者从 A 口的属性向量寄存器里读出 A 口的属性向量
	P_IOA_RL	读	7004H	从其读数可激活 A 口的唤醒功能,并锁存 IOA0～IOA7 上的键状态
B口配置	P_IOB_Data	读/写	7005H	B 口的数据口。当 B 口为输入口时,写入是将 B 口的数据向量写到 B 口的数据寄存器里;读出则是从 B 口管脚上读其输入电平状态。当 B 口为输出口时,写入输出数据到 B 口的数据寄存器
	P_IOB_Buffer	读/写	7006H	B 口的数据向量口。当 B 口为输入口时,写入是将 B 口的数据向量写到 B 口的数据寄存器里;读出则是从 B 口数据寄存器里读其数值。当 B 口为输出口时,写入输出数据到 B 口的数据寄存器
	P_IOB_Dir	写	7007H	B 口的方向向量口。写入 B 口的方向向量到 B 口的方向向量寄存器里,或者从 B 口的方向向量寄存器里读出 B 口的方向向量
	P_IOB_Attr	读/写	7008H	B 口的属性向量口。写入 B 口的属性向量到 B 口的属性向量寄存器里,或者从 B 口的属性向量寄存器里读出 B 口的属性向量
	P_FeedBack	写	7009H	B 口的应用方式控制向量

2. 并行 I/O 口的组合控制

A 口和 B 口的 Data、Attribution 和 Direction 的设定值均在不同的寄存器里,用户在进行 I/O 口设置时要特别注意这一点。I/O 端口的组合控制设置如表 2.8 所示。由表中可以得出如下结论:

(1)Dir 位决定了口位的输入/输出方向:即"0"为输入,"1"为输出。

(2)Attr 位决定了在口位的输入状态下是悬浮式输入还是非悬浮式输入:即"0"为带上拉或下拉电阻式输入,而"1"则为虚浮式输入。在口位的输入状态下则决定其输入是反相的还是同相的:"0"为反相输出,"1"则为同相输出。

(3)Data 位在口位的输入状态下写入时,与 Attr 位组合在一起形成输入方式的控制字"00"、"01"、"10"、"11",以决定输入口是带唤醒功能的上拉电阻式、下拉电阻式、悬浮式或不带唤醒功能的悬浮式输入。Data 位在口位的输入状态下写入的是输入数据。不过,数据是经过反相器输出还是经过同相换存器输出要 Attr 位来决定。

表 2.8　I/O 端口的组合控制设置

Direction	Attribution	Data	功能	是否带能唤醒功能	功能描述
0	0	0	下拉	是	带下拉电阻的输入脚
0	0	1	上拉	是	带上拉电阻的输入脚
0	1	0	悬浮	是	悬浮式输入脚
0	1	1	悬浮	否	悬浮式输入脚
1	0	0	高电平（带数据反相器）	否	带数据反相器的高电平输出（当向数据位写入 0 时输出为 1）
1	0	1	低电平（带数据反相器）	否	带数据反相器的低电平输出（当向数据位写入 1 时输出为 0）
1	1	0	低电平输出	否	带数据缓存器的低电平输出（无数据反相功能）
1	1	1	高电平输出	否	带数据缓存器的高电平输出（无数据反相功能）

在上表中,所有的口位默认为带下拉电阻的输入管脚,而且当口位具有唤醒功能时,只有当 IOA[7～0]内位的控制字为 0x000、0x001 和 0x010 时,相应位才具有此项功能。

3.B 口的特殊功能

B 口的 IOB0～IOB10 除了可以用作普通的并行 I/O 口外,还有一些特殊的功能。这些功能必须经过正确设置后方可使用。表 2.9 对 IOB0～IOB10 的特殊功能及其设置进行了描述和解释。

表 2.9　SPCE061A 的 B 口特殊功能

B 口口位	特殊功能	功能描述
IOB0	SCK	串行设备接口 SIO 的时钟信号
IOB1	SDA	SIO 的数据传送信号
IOB2	EXT1	外部中断源 1(负跳沿触发)
IOB2	FeedBack_Output1	与 IOB4 一起可组成一个 RC 反馈电路,以获得震荡信号,作为外部中断源 EXT1
IOB3	EXT2	外部中断源 2(负跳沿触发)
IOB3	FeedBack_Output2	与 IOB5 一起可组成一个 RC 反馈电路,以获得震荡信号,作为外部中断源 EXT2
IOB4	FeedBack_Iutput1	反馈输入端 1
IOB5	FeedBack_Iutput2	反馈输入端 2
IOB6	IRRX	红外通信的数据接收端口
IOB7	RX	通用异步串行口的数据接收端口
IOB8	APWMO	TimerA PWM 输出端口
IOB8	IRTX	红外通信的数据发送端口
IOB9	BPWMO	TimerB PWM 输出端口
IOB10	TX	通用异步串口的数据发送端口

4.I/O 相关寄存器介绍

1)P_IOA_Data(读/写)(0x7000H)

A 口的数据单元,用于向 A 口写入或从 A 口读出数据。当 A 口处于输入状态时,读出是读 A 口管脚电平状态;写入是将数据写入 A 口的数据寄存器。当 A 口处于输出状态时,将输出数据写入到 A 口的数据寄存器。

2)P_IOA_Buffer (读/写)(0x7001H)

A 口的数据向量单元,用于向数据向量寄存器写入或从该寄存器读出数据。当 A 口处于输入状态时,写入是将 A 口的数据向量写入 A 口的数据寄存器;读则是从 A 口数据寄存器内读其数值。当 A 口处于输出状态时,将输出数据写入到 A 口的数据寄存器。

3)P_IOA_Dir(读/写)(0x7002H)

A 口的方向向量单元,用于设置 A 口是输入还是输出。该方向控制向量寄存器可以写入或读出方向控制向量。Dir 位决定了口位的输入/输出方向:即"0"为输入,"1"为输出。

4)P_IOA_Attrib(读/写)(0x7003H)

A 口的属性向量单元,用于 A 口属性向量的设置。

5)P_IOA_Latch(读)(0x7004H)

读该单元以锁存 A 口上的输入数据,用于进入睡眠状态前触键唤醒功能的启动(参见睡眠/唤醒部分)。

6)P_IOB_Data(读/写)(0x7005H)

B 口的数据单元,用于向 B 口写入或从 B 口读出数据。当 B 口处于输入状态时,读出是读 B 口管脚电平状态;写入是将数据写入 B 口的数据寄存器。当 B 口处于输出状态时,将输出数据写入到 B 口的数据寄存器。

7)P_IOB_Buffer(读/写)(0x7006H)

B 口的数据向量单元,用于向数据寄存器写入或从该寄存器内读出数据。当 B 口处于输入状态时,写入是将数据写入 B 口的数据寄存器;读出则是从 B 口数据寄存器里读其数值。当 B 口处于输出状态时,将数据写入到 B 口的数据寄存器。

8)P_IOB_Dir(读/写)(0x7007H)

B 口的方向向量单元,用于设置 IOB 口的状态。"0"为输入,"1"为输出。

9)P_IOB_Attrib(读/写)(0x7008H)

B 口的属性向量单元,用于设置 IOB 口的属性。

10)P_FeedBack(0x7009H)

B 口工作方式的控制单元,用于控制 B 口的 IOB2(IOB3)和 IOB4(IOB5)用作普通 I/O 口,或作为特殊功能口。其特殊功能包括以下两个部分:①单个 IOB2 或 IOB3 口可设置为外部中断的输入口;②设置 P_FeedBack 单元,再将 IOB2(IOB3)和 IOB4(IOB5)之间连接一个电阻和电容(电路连接如图 2.8)形成反馈电路以产生振荡信号,此信号可作为外部中断源输入 EXT1 或 EXT2。当然此时所得到的中断频率与 RC 振荡器的频率是一致的。由于该频率较高,所以通常情况下都是通过①获得外部中断信号。此特殊功能仅运用于:当外部电路需要用到一定频率的振荡信号时,可以在 IOB2(IOB3)端获得。P_FeedBack 的设置如表 2.10 所示。

表 2.10 P_FeedBack 的设置

b15～b4	b3	b2	b1	b0
	FBKEN3	FBKEN2		
	1:设定 IOB3 和 IOB5 之间形成反馈功能 0:IOB3、IOB5 作为普通的 I/O 口（默认）	1:设定 IOB2 和 IOB4 之间形成反馈功能 0:IOB2、IOB4 作为普通的 I/O 口（默认）		

图 2.8 为 IOB2、IOB3、IOB4 及 IOB5 的反馈结构示意图。通过在 IOB2（IOB3）和 IOB4（IOB5）之间增加一个 RC 电路形成反馈回路，即可在 IOB2（IOB3）端得到振荡源频率信号。

2.3.2 时钟系统

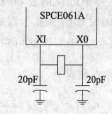

SPCE061A 时钟电路采用晶体振荡器电路。图 2.12 为 SPCE061A 时钟电路的接线图。外接晶振采用 32768Hz。推荐使用外接 32768Hz 晶振，因阻容振荡的电路时钟不如外接晶振准确。SPCE061A 的时钟信号 Fosc 和 CPU 工作信号 CPUCLK 均来自其时钟系统。

图 2.12 SPCE061A 时钟电路

1. 时钟系统的结构

时钟系统的结构如图 2.13 所示。

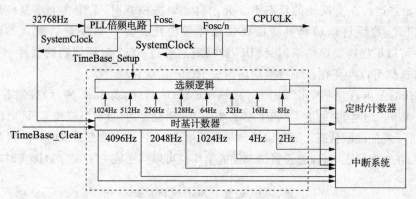

图 2.13 SPCE061A 的时钟系统的结构

时钟系统基本上由三部分组成：锁相环 PLL 倍频电路、可编程分频计数器以及时基信号发生器。通过 PLL 对实时时钟 32768Hz 进行倍频处理，产生 Fosc 信号，作为系统的时钟源。Fosc 信号经过分频产生 CPUCLK 信号，如图 2.13 所示。同时，32768Hz 信号经时基信号发生器的分频处理，为定时/计数器提供时钟源信号并为中断系统提供各种时基的中断源信号。

2. 时钟系统的控制要素

（1）系统时钟的选择设置：选择 Fosc 信号频率和分频倍数。

（2）实时时钟 32768Hz 工作模式：强振/弱振。

（3）CPU 时钟频率的选择：CPUCLK。

（4）睡眠/唤醒的控制。系统从上电复位开始工作，直到给出睡眠命令，便关闭 PLL 倍频电路，停止 CPU 时钟工作而使系统进入睡眠状态。这一过程可通过对系统时钟 SystemClock 单元编程来实现。睡眠过程中唤醒信号使系统接通 PLL 倍频电路，启动 CPU 时钟工作，将系统从睡眠状态唤醒到工作状态。与此同时，唤醒信号又作为中断源之一，产生一个 IRQ 中断请求。因此，当唤醒信号作用发生时，进入唤醒中断，跳至中断服务子程序执行 Reti 指令后，CPU 继续执行下一个程序指令。一般来讲，中断系统提供的中断源除 UART IRQ 外的 IRQ1～IRQ6 均可作系统的唤醒源。

（5）时基信号发生器的频率设定。时基信号发生器的输入信号来自实时时钟 32768Hz；输出有通过选频逻辑的信号和直接从时基计数器溢出而来的各种实时时基信号，作为定时/计数器时钟源的频率选择信号，并作为中断系统的各个实时中断源，用于精确的实时时间控制。

（6）时基信号发生器的时间校准。写入 TimeBase_Clear 单元任意一个数值，都可使时基计数器复位置"0"，以此可对时基信号发生器进行精确的时间校准。

3. 系统时钟

32768Hz 的实时时钟经过 PLL 倍频电路产生系统时钟频率（Fosc），Fosc 再经过分频得到 CPU 时钟频率（CPUCLK），可通过对 P_SystemClock（写）（0x7013H）单元编程来控制。默认的 Fosc、CPUCLK 分别为 24.576MHz 和 Fosc/8。用户可以通过对 P_SystemClock 单元编程完成对系统时钟和 CPU 时钟频率的定义。

此外，32768Hz RTC 振荡器有两种工作方式：强振模式和自动弱振模式。处于强振模式时，RTC 振荡器始终运行在高耗能的状态下。处于自动弱振模式时，系统在上电复位后的前 7.5s 内处于强振模式，然后自动切换到弱振模式以降低功耗。CPU 被唤醒后默认的时钟频率为 Fosc/8，用户可以根据需要调整该值。CPU 被唤醒后经过 32 个时钟周期的缓冲时间后再进行其他的操作，这样可以避免在系统被唤醒后造成 ROM 读取错误。

在 SPCE061A 内，P_SystemClock（写）（0x7013H）单元（如表 2.11 所示）控制着系统时钟和 CPU 时钟。第 0～2 位用来改变 CPUCLK，若将第 0～2 位置为"111"可以使 CPU 时钟停止工作，系统切换至低功耗的睡眠状态。通过设置该单元的第 5～7 位可以改变系统时钟的频率（如表 2.12 所示）。此外，在睡眠状态下，通过设置该单元的第 4 位可以接通或关闭 32768Hz 实时时钟。

表 2.11　设置 P_SystemClock 单元

b15～b8	b7～b5	b4	b3	b2	b1	b0
—	PLL 频率选择	32768Hz 睡眠状态	32768Hz 方式选择	CPU 时钟选择		
		1：在睡眠状态下，32768Hz 时钟仍处于工作状态（默认） 0：在睡眠状态下，32768Hz 时钟被关闭	1：32768Hz 时钟处强振模式 0：32768Hz 时钟处自动弱振模式（默认）			

表 2.12　PLL 频率选择

b7	b6	b5	Fosc
0	0	0	24.576MHz
0	0	1	20.48MHz

b7	b6	b5	Fosc
0	1	0	32.768MHz
0	1	1	40.96MHz
1	—	—	49.152MHz

4. 时间基准信号

时间基准信号,简称时基信号,来自于 32768Hz 实时时钟,通过频率选择组合而成。时基信号发生器的选频逻辑 TMB1 为 TimerA 的时钟源 B 提供各种频率选择信号并为中断系统提供中断源(IRQ6)信号。此外,时基信号发生器还可以通过分频产生 2Hz、4Hz、1024Hz、2048Hz 以及 4096Hz 的时基信号,为中断系统提供各种实时中断源(IRQ4 和 IRQ5)信号,如表 2.13 所示。

表 2.13 选频逻辑

b3	b2	TMB2	b1	b0	TMB1
0	0	128Hz	0	0	8Hz
0	1	256Hz	0	1	16Hz
1	0	512Hz	1	0	32Hz
1	1	1024Hz	1	1	64Hz
默认的 TMB2 输出频率为 128Hz			默认的 TMB1 输出频率为 8Hz		

1)P_Timebase_Setup(写)(0x700EH)

时基信号发生器通过对 P_Timebase_Setup(写)(0x700EH)单元(如表 2.14 所示)的编程写入来进行选频操作。

表 2.14 P_Timebase_Setup 单元

b15~b4	b3	b2	b1	b0
—	TMB 选频逻辑		TMB1 选频信号	

2)P_Timebase_Clear(写)(0x700FH)

P_Timebase_Clear (写)(0x700FH)单元是控制端口,设置该单元可以完成时基计数器复位和时间校准。向该单元写入任意数值后,时基计数器将被置为"0",以此可对时基信号发生器进行精确的时间校准。

2.3.3 定时/计数器

SPCE061A 提供了两个 16 位的定时/计数器:TimerA 和 TimerB。

1. 定时/计数器的结构

TimerA 的时钟源是由两个时钟源 ClkA 和 ClkB 经过一个逻辑与门相与而成。如图 2.14 所示为 SPCE061A 定时/计数器 TimerA 的基本结构。TimerA 的时钟源由时钟源 A 和时钟源 B 进行"与"操作而形成;TimerB 的时钟源仅为时钟源 A。TimerB 的结构如图 2.15 所示。

如图 2.14 所示,定时器发生溢出后会产生一个溢出信号(TAOUT/TBOUT)。一方面,它会作为定时器中断信号传输给 CPU 中断系统;另一方面,它又会作为 4 位计数器计数的时钟源信号,输出一个具有 4 位的脉宽调制占空比可调的输出信号 APWMO 或 BPWMO(分别从 IOB8 和 IOB9 输出),可用来控制马达或其他一些设备的速度。

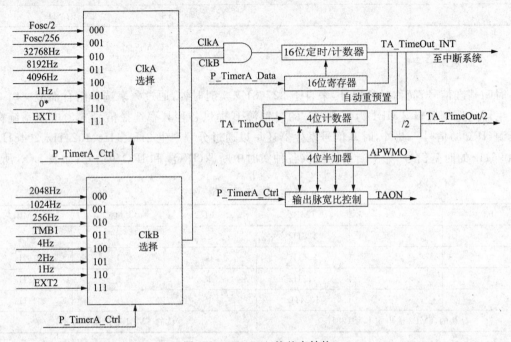

图 2.14　TimerA 的基本结构

　　* 代表默认值为"1"。若以 ClkA 作为门控信号,"1"表示允许时钟源 B 信号通过,而"0"则表示禁止时钟源 B 信号通过而停止 TimerA 的计数。如果时钟源 A 为"1",TimerA 时钟频率将取决于时钟源 B;如果时钟源 A 为"0",将停止 TimerA 的计数。(图 2.15 中含义同此)

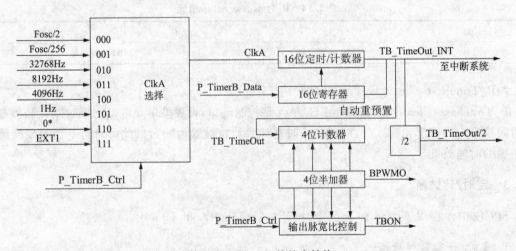

图 2.15　TimerB 的基本结构

　　从上面的结构我们可以看出时钟源 A 是一个高频时钟源,时钟源 B 是一个低频时钟源。时钟源 A 和时钟源 B 的组合,为 TimerA 提供了多种计数速度。若以 ClkA 作为门控信号,"1"表示允许时钟源 B 信号通过,而"0"则表示禁止时钟源 B 信号通过而停止 TimerA 的计数。例如,如果时钟源 A 为"1",TimerA 时钟频率将取决于时钟源 B;如果时钟源 A 为"0",将停止 TimerA 的计数。EXT1 和 EXT2 为外部时钟源。

时钟源 A 是高频时钟源,来自带锁相环的晶体振荡器输出 Fosc;时钟源 B 的频率来自 32768Hz 实时时钟系统,也就是说,时钟源 B 可以作为精确的计时器。例如,2Hz 定时器可以作为实时时钟的时钟源。

2. 定时/计数器的配置

定时/计数器的配置单元和其功能说明如表 2.15 所示。

表 2.15　定时/计数器的配置

配置单元	读写属性	存储地址	配置单元功能
P_TimerA_Data	读/写	700AH	16 位定时/计数器 TimerA 的预置计数初值存储单元
P_TimerA_Ctrl	读/写	700BH	TimerA 的控制单元,可进行时钟源 ClkA、ClkB 输入选择和脉宽调制占空比输出 APWMO 的控制
P_TimerB_Data	读/写	700CH	16 位定时/计数器 TimerB 的预置计数初值存储单元
P_TimerB_Ctrl	读/写	700DH	TimerB 的控制单元,可进行时钟源 ClkB 输入选择和脉宽调制占空比输出 BPWMO 的控制

向定时器的 P_TimerA_Data(读/写)(0x700AH)单元或 P_TimerB_Data(读/写)(0x700CH)单元写入一个计数值 N 后,选择一个合适的时钟源,定时器/计数器将在所选的时钟频率下开始以递增方式计数 N,N+1,N+2,…,0xFFFE,0xFFFF。当计数达到 0xFFFF 后,定时器/计数器溢出,产生中断请求信号,被 CPU 响应后送入中断控制器进行处理。同时,N 值将被重新载入定时器/计数器并重新开始计数。

通过写入 P_TimerA_Ctrl(0x700BH)单元的第 6~9 位,可选择设置 APWMO 输出波形的脉宽占空比;同理,写入 P_TimerB_Ctrl(0x700DH)单元的第 6~9 位,便可选择设置 BPWMO 输出波形的脉宽占空比。

1)P_TimerA_Data(读/写)(0x700AH)

TimerA 的数据单元,用于向 16 位预置寄存器写入数据(预置计数初值)或从其中读取数据。在写入数值以后,计数器便会在所选择的频率下进行加一计数,直至计数到 0xFFFF 产生溢出。溢出后 P_TimerA_Data 中的值将会被重置,再以置入的值继续加一计数。读到这儿你会发现计数初值对于计数器/定时器的应用非常重要,那么怎样计算计数初值呢?一般说来分为以下两步:①选择需要的计数频率;②计算相应的计数初值。下面我们以 TimerA 选择 2048Hz,fosc/2 作为计数频率进行讲解。

```
// * * * * * * * * * * *TimerA 计数频率选择 2048Hz* * * * * * * * * * * * //
R1 = 0x0005
[P_TimerA_ctrl] = R1 //选择 2048Hz
```

分析:要完成 1 秒的定时,计数次数应该为 2048 次,若选择每 0.5 秒产生一次计数溢出,则需要计数 1024 次,1024 转化为 16 进制数为 0X0400,0xFFFF−0x0400=0xFBFF,所以 P_TimerA_Data 设置如下:

〔P_TimerA_Data〕= 0xFBFF

2)P_TimerA_Ctrl(写)(0x700BH)

TimerA 的控制单元如表 2.16 所示。用户可以通过设置该单元的第 0～5 位(表 2.17、表 2.18)来选择 TimerA 的时钟源(时钟源 A、B)。设置该单元的第 6～9 位(表 2.19),TimerA 将输出不同频率的脉宽调制信号,即对脉宽占空比输出 APWMO 进行控制。

表 2.16　P_TimerA_Ctrl 单元

b15～b10	b9	b8	b7	b6	b5	b4	b3	b2	b1	b0
—	占空比的设置(表 2.14)				时钟源 B 选择位(表 2.16)			时钟源 A 选择位(表 2.15)		

表 2.17　设置 b0～b2 位

b2	b1	b0	时钟源 A 的频率
0	0	0	Fosc/2
0	0	1	Fosc/256
0	1	0	32768Hz
0	1	1	8192Hz
1	0	0	4096Hz
1	0	1	1
1	1	0	0
1	1	1	EXT1

表 2.18　设置 b3～b5 位

b5	b4	b3	时钟源 B 的频率
0	0	0	2048Hz
0	0	1	1024Hz
0	1	0	256Hz
0	1	1	TMB1
1	0	0	4Hz
1	0	1	2Hz
1	1	0	1Hz
1	1	1	EXT2

表 2.19　设置 b6～b9 位

b9	b8	b7	b6	脉宽占空比(APWM)	TAON
0	0	0	0	关断	0
0	0	0	1	1/16	1
0	0	1	0	2/16	1
0	0	1	1	3/16	1
0	1	0	0	4/16	1
0	1	0	1	5/16	1
0	1	1	0	6/16	1
0	1	1	1	7/16	1
1	0	0	0	8/16	1
1	0	0	1	9/16	1
1	0	1	0	10/16	1
1	0	1	1	11/16	1
1	1	0	0	12/16	1
1	1	0	1	13/16	1

b9	b8	b7	b6	脉宽占空比(APWM)	TAON
1	1	1	0	14/16	1
1	1	1	1	TAOUT 触发信号	1

注:(1)TAON 是 TimerA(APWMO)的脉宽调制信号输出允许位,默认值为"0",当 TimerA 的第 6～9 位不全为零时 TAON=1;

(2)TAOUT 是 TimerA 的溢出信号,当 TimerA 的计数从 N 达到 0xFFFF 后(用户通过设置 P_TimerA_Data(写)(0x700AH)单元指定 N 值),发生计数溢出。产生的溢出信号可以作为 TimerA 的中断信号被送至中断控制系统;同时 N 值将被重新载入预置寄存器,使 Timer 重新开始计数。TAOUT 触发信号(TAOUT/2)的占空比为 50%,频率为 FTAOUT/2,其他输入信号的频率为 FTAOUT/16。请参考 TimerA 结构图。

3)P_TimerB_Data(读/写)(0x700CH)

TimerB 的数据单元,用于向 16 位预置寄存器写入数据(预置计数初值)或从其中读取数据。写入数据后,计数器就会以设定的数值往上累加直至溢出。计数初值的计算方法和 TimerA 相同。

4)P_TimerB_Ctrl(写)(0x700DH)

TimerB 的控制单元如表 2.20 所示。用户可以通过设置该单元的第 0～2 位来选择 TimerB 的时钟源。设置 TimerB 的第 6～9 位(表 2.21),TimerB 将输出不同频率的脉宽调制信号,即对脉宽占空比输出 BPWMO 进行控制。

表 2.20　P_TimerB_Ctrl 单元

b15～b10	b9	b8	b7	b6	b5	b4	b3	b2	b1	b0
—	输出脉宽控制寄存器				—		时钟源 A 选择位			

表 2.21　设置 TimerB 的 b6～b9 位

b9	b8	b7	b6	脉宽占空比(BPWM)	TAON
0	0	0	0	关断	0
0	0	0	1	1/16	1
0	0	1	0	2/16	1
0	0	1	1	3/16	1
0	1	0	0	4/16	1
0	1	0	1	5/16	1
0	1	1	0	6/16	1
0	1	1	1	7/16	1
1	0	0	0	8/16	1
1	0	0	1	9/16	1
1	0	1	0	10/16	1
1	0	1	1	11/16	1
1	1	0	0	12/16	1
1	1	0	1	13/16	1
1	1	1	0	14/16	1
1	1	1	1	TBOUT 触发信号	1

注：(1)TBON 是 TimerB(BPWMO)的脉宽调制信号输出允许位，默认值为"0"；

(2)TBOUT 是 TimerB 的溢出信号，当 TimerB 的计数从 N 达到 0xFFFF 后(用户通过设置 P_TimerB_Data（写）(0x700CH)单元指定 N 值)，发生计数溢出。产生的溢出信号可以作为 TimerB 的中断信号被送至中断控制系统；同时 N 值将被重新载入预置寄存器，使 Timer 重新开始计数。TBOUT 触发信号(TBOUT/2)的占空比为 50%，频率为 FTBOUT/2，其他输入信号的频率为 FTBOUT/16。

2.3.4 模/数转换器输入接口

模/数转换器(Analog to Digital Converter,ADC)是自然界与计算机进行信息交流的桥梁之一。它是一种信号转换接口，可以把模拟量信号转换成数字量信号以便输入给计算机进行各种处理。

SPCE061A 内置 8 通道 10 位模/数转换器，其中 7 个通道用于将模拟量信号（例如电压信号)转换为数字量信号，可以直接通过引线(IOA[0~6])输入。另外一个通道只用于语音输入，即通过内置自动增益控制放大器的麦克风通道(MIC_IN)输入。实际上可以把模/数转换器看作是一个实现模/数信号转换的编码器。

SPCE061A 采用逐次逼近式原理实现模/数转换(A/D)。

1. ADC 的结构及工作原理

由 10 位数/模转换器 DAC0、10 位缓存器 DAR0、逐次逼近寄存器 SAR 以及比较器 COMP 组成逐次逼近式的 ADC，如图 2.16 所示。图中的 ADC 有两种工作方式：手动方式和自动方式。

ADC 在手动方式下取消了自动方式的逐次逼近寄存器 SAR 的功能，取而代之的是内部比较器 COMP 和缓存器 DAR0，以模拟 SAR 的作用。换言之，须用软件程序来控制模拟信号的输入采样或保持，通过写入 A/D 数据单元来控制比较器基准点压值 V_{DAC0}，以及通过读比较器的比较结果来推测模拟输入电压值 V_{IN}。例如，当外部 2V 的电压模拟信号输入到 ADC 的输入端上，可试着写入 A/D 数据单元一个数字量值 1000000000B，它实际对应于 1.8V 电压模拟量。由于 2V>1.8V，故 COMP 第一次比较输出的结果为"1"，则 ADC 的转换结果暂为 1000000000B。接着写入 A/D 数据单元下一个数据量值 1100000000B，它实际对应于 2.4V 的模拟量。由于与外部模拟信号相比较 2V<2.4V，因而 COMP 此次比较输出的结果为"0"，则 ADC 的转换结果仍暂为 1000000000B 数值，用这种方法来比较产生 ADC 数字量输出其余各位的值。10 位需写入、比较 10 次才能转换出一个对应于模拟量输入的完整的数字量输出。

再看 ADC 的自动方式。外部电压模拟信号直接从 LINE_IN 通道输入采样/保持器，或通过麦克风的 MIC_IN 通道输入，经过一个带有自动增益控制的运算放大器 AGC 而被送入采样/保持器。当选择 ADC 的自动方式时，会使 RDY 信号变为"0"，从而启动了 ADC 的数据采样。采样信号 V_{IN} 经保持后加到比较器输入端，与加到比较器的另外一个输入端的 DAC0 的输出电压 V_{DAC0} 相比较。由于 V_{DAC0} 的初始值很小，比较器输出为"1"，则 SAR 输出一个数字量值 1000000000B。此值经 DAC0 数/模转换后产生一个与其对应的模拟量值 V_{DAC0}，与外部采样信号 V_{IN} 再次进行比较。若比较的结果为"1"，SAR 继续输出数字量值 1100000000B；而若比较的结果为"0"，SAR 输出便为 0100000000B。经过 10 次这种逐次比较、逼近的自动转换过程，SAR 最终会针对模拟信号 V_{IN} 输出一个满足 ADC 精度要求的数字量值。当 ADC 完成转换时，RDY 信号变为"1"。此后，可读取 10 位 A/D 转换数据。而当读取了 A/D 转换数据后，会使 RDY 信号重新变为"0"，再次启动 ADC 的模/数转换。由此看来，适时读取 A/D 数据单元，可控制 A/D

转换的触发时间。

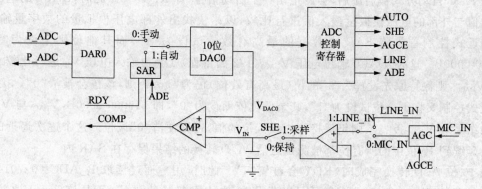

图 2.16 逐次逼近式 ADC 的结构

ADC 在自动方式下可以有两种转换的触发时间控制选择:通过读取 A/D 数据单元触发或通过定时/计数器的计数溢出时间触发。必须强调的是,ADC 的最高转换速度是要受到限制的。

2. ADC 的控制

进行 A/D 转换至少要有 2 个基本单元的读写操作,一个是 A/D 转换的控制单元,另一个则是 A/D 的数据单元。前者可用来进行 A/D 转换前的各种设置或将转换过程中的状态读出,表 2.22 将其列出。后者读出的内容即为 A/D 转换后的数值量,写入则是在 ADC 手动方式下通过控制比较器的基准电压值 V_{DAC0} 来完成逐次比较逼近的 A/D 转换过程。

表 2.22 ADC 的控制要素

控制要素	写入控制单元		读出控制单元
工作方式	手动	自动	1. 手动方式下模拟电压比较结果标志位 2. 转换是否完成标志位
	采样/保持开关位置		
A/D 转换	允许/禁止		
自动增益功能	设置/取消		
模拟通道控制	LINE_IN(屏蔽功放)/MIC_IN(经过功放)		

在 ADC 内,由数/模转换器 DAC0 和逐次逼近寄存器 SAR 组成逐次逼近式模/数转换器(如图 2.16)。向 P_ADC_Ctrl(写)(0x7015H)单元第 0 位(ADE)写入"1"用以激活 ADC。系统默认设置为 ADE=0,即屏蔽 ADC。

ADC 采用自动方式工作。硬件 ADC 的最高速率限定为(Fosc/32/12)Hz,如果速率超过此值,当从 P_ADC(读)(0x7014H)单元读出数据时会发生错误。

表 2.23 列出了 ADC 在各种系统时钟频率下的响应速率。

表 2.23 ADC 在各种系统时钟频率下的响应速率

FOSC/MHz	20.48	24.578	32.768	40.96	49.152
ADC 响应率/kHz	640	768	1024	1280	1536

在 ADC 自动方式被启用后，会产生出一个启动信号，即 RDY=0。此时，DAC0 的电压模拟量输出值与外部的电压模拟量输入值进行比较，以尽快找出外部电压模拟量的数字量输出值。逐次逼近式控制首先将 SAR 中数据的最高有效位试设为"1"，而其他位则全设为"0"，即 10 0000 0000B。这时，DAC0 输出电压 V_{DAC0}（1/2 满量程）就会与输入电压 V_{IN} 进行比较。如果 $V_{IN} > V_{DAC0}$，则保持原先设置为"1"的位（最高有效位）仍为"1"；否则，该位会被清"0"。接着，逐次逼近式控制又将下一位试设为"1"，其余低位依旧设为"0"，即 110000 0000B，V_{DAC0} 与 V_{IN} 进行比较的结果若 $V_{IN} > V_{DAC0}$，则仍保持原先设置位的值，否则便清"0"该位。这个逐次逼近的过程一直会延续到 10 位中的所有位都被测试之后，A/D 转换的结果保存在 SAR 内。

当 10 位 A/D 转换完成时，RDY 会被置"1"。此时，用户通过读取 P_ADC（0x7014H）或 P_ADC_MUX_Data（0x702CH）单元可以获得 10 位 A/D 转换的数据。而从该单元读取数据后，又会使 RDY 自动清"0"来重新开始进行 A/D 转换。若未读取 P_ADC（0x7014H）或 P_ADC_Data（0x702CH）单元中的数据，RDY 仍保持"1"，则不会启动下一次的 A/D 转换。外部信号由 LIN_IN[1～7] 即 IOA[0～6] 或通道 MIC_IN 输入。从 LIN_IN[1～7] 输入的模拟信号直接被送入缓冲器 P_ADC_MUX_Data（0x702CH）；从 MIC_IN 输入的模拟信号则要经过缓冲器和放大器。AGC 将 MIC_IN 通道输入的模拟信号的放大值控制在一定范围内，然后放大信号经采样-保持模块被送至比较器参与 A/D 转换值的确定，最后送入 P_ADC（0x7014H）。

ADC 控制过程如下：

1）P_ADC（读/写）（0x7014H）

P_ADC 单元（如表 2.24 所示）储存 MIC 输入的 A/D 转换的数据。逐次逼近式的 ADC 由一个 10 位 DAC（DAC0）、一个 10 位缓存器 DAR0、一个逐次逼近寄存器 SAR 和一个比较器 COMP 组成。

表 2.24　P_ADC 单元

b15～b6	b5～b0
DAR0（读/写）	—

P_ADC（读）：读出本单元实际为 A/D 转换输出的 10 位数字量。而且，如果 P_DAC_Ctrl（702AH）单元第 3、4 位被设为"00"，那么在转换过程中读出本单元（7014H）亦会触发 A/D 转换重新开始。

P_ADC_Ctrl（读/写）（0x7015H）

P_ADC_Ctrl 单元（如表 2.25 所示）为 ADC 的控制端口。

表 2.25　P_ADC_Ctrl 单元

b15	b6	b2	b0	控制功能描述
RDY（读）	DAC_I（写）	AGCE（写）	ADE（写）	
0	—	—	—	10 位模/数转换未完成
1	—	—	—	10 位模/数转换完成，输出 10 位数字量
	0			DC 电流=3mA @V_{DD}=3V
	1			DAC 电流=2mA @V_{DD}=3V

b15	b6	b2	b0	控制功能描述
RDY(读)	DAC_I(写)	AGCE(写)	ADE(写)	
—	—	0	—	取消自动增益控制功能
—	—	1	—	设置自动增益控制功能
—	—	—	0	禁止模/数转换工作
—	—	—	1	允许模/数转换工作

注:(1)$V_{DD}=3V$ 为 DAC_I 的缺省选择;

(2)b15 只用于 MIC_IN 通道输入;

(3)当模拟信号通过麦克风的 MIC_IN 通道输入时,可选择 AGCE 为"1",即运算放大器的增益可在其线性区域内自动调整,AGCE 缺省选择为"0",即取消自动增益控制功能;

(4)写入时需注意 b5=1,b4=1,b3=1 和 b1=0。

2)P_ADC_MUX_Ctrl(读/写)(0x702BH)

ADC 多通道控制是通过对 P_ADC_MUX_Ctrl(0x702BH)单元(如表 2.26 所示)编程实现的。

表 2.26　P_ADC_MUX_Ctrl 单元

b15	b14	b13～b3	b2	b1	b0	控制功能描述
Ready_MUX(读)	FAIL(读)	—	Channel_sel(读/写)			
0	—	—	—	—	—	10 位模/数转换未完成
1	0	—	—	—	—	10 位模/数转换完成
—	—	—	0	0	0	模拟电压信号通过 MIC_IN0 输入
—	—	—	0	0	1	模拟电压信号通过 MIC_IN1 输入
—	—	—	0	1	0	模拟电压信号通过 MIC_IN2 输入
—	—	—	0	1	1	模拟电压信号通过 MIC_IN3 输入
—	—	—	1	0	0	模拟电压信号通过 MIC_IN4 输入
—	—	—	1	0	1	模拟电压信号通过 MIC_IN5 输入
—	—	—	1	1	0	模拟电压信号通过 MIC_IN6 输入
—	—	—	1	1	1	模拟电压信号通过 MIC_IN7 输入

注:(1)Ready_MUX 只用于 Line_in[7:1];

(2)一般情况下,该位总为"0"。以下情况除外:由于 MIC_IN 的优先级高于 AD LINE_IN,所以在 LIN_IN AD 转换过程中又出现 MIC_IN 时,若 AD 切换到 MIC 输入,原 LINE_IN 的数据会出现问题,此时 FAIL 被置为"1"。MIC AD 完成之后,该位被清为"0"。

ADC 的多路 LINE_IN 输入将与 IOA[0～6]共用,如表 2.27 所示。

表 2.27　ADC 的多路 LINE_IN 输入将与 IOA[0～6]共用

IOA6	IOA5	IOA4	IOA3	IOA2	IOA1	IOA0
LIN_IN 7	LIN_IN 6	LIN_IN 5	LIN_IN 4	LIN_IN 3	LIN_IN 2	LIN_IN 1

P_ADC_MUX_Data(读)(0x702CH)

P_ADC_MUX_Data 单元用于读出 LINE_IN[7:1]10 位 ADC 转换的数字数据，如表 2.28 所示。

表 2.28　A/D 转换读数寄存器

b15	b14	b13	b12	b11	b10	b9	b8	b7	b6
D9	D8	D7	D6	D5	D4	D3	D2	D1	D0

3）ADC 直流电气特性

ADC 直流电气特性如表 2.29 所示。

表 2.29　ADC 直流电气特性

ADC 直流电气项目	项目符号	最小值	典型值	最大值	单位
ADC 分辨率	RESO		10		bit
ADC 有效位数	ENOB	8			bit
ADC 信噪比	SNR	50			dB
ADC 积分非线性	INL		±4		LSB
ADC 差分非线性	DNL		±0.5		LSB
ADC 转换率	FCONV			96k	Hz
电源电流 @Vdd=3V	IADC		3.4		mA
功耗 @Vdd=3V	PADC		10.2		mW

注：(1)LSB 表示为最小有效单位，在 VRT=3V 的情况下，1LSB 为 2.93 mV；

(2)此由最大采样率(Samplerate_max)得来，即 Samplerate_max＝ADC 响应率/16＝1536kHz/16＝96kHz。

2.3.5　DAC 方式音频输出

SPCE061A 提供的音频输出方式为双通道 DAC 方式。在此方式下，DAC1、DAC2 转换输出的模拟量电流信号分别通过 AUD1 和 AUD2 管脚输出，输出的数字量分别写入 P_DAC1(写)(0x7017)和 P_DAC2(写)(0x7016)单元。音频输出的结构如图 2.17 所示。

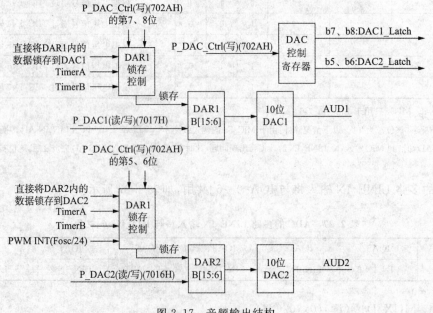

图 2.17　音频输出结构

1)P_DAC2(读/写)(0x7016H)

在 DAC 方式下,该单元是一个带 10 位缓冲寄存器 DAR2 的 10 位 D/A 转换单元(DAC2),如表 2.30 所示。

表 2.30　DA2_Data(读/写)

b15～b6	b5～b0
DA2_Data(读/写)	—

P_DAC2(写):通过此单元直接写入 10 位数据到 10 位缓存器 DAR2,来锁存 DAC2 的输入数字量值(无符号数)。

P_DAC2(读):从 DAR2 内读出 10 位数据。

2)P_DAC1(读/写)(0x7017H)

该单元为一个带 10 位缓存器(DAR1)的 10 位 D/A 转换单元(DAC1)。用于向 DAR1 写入或从其中读出 10 位数据,如表 2.31 所示。

表 2.31　DA1_Data(读/写)

b15～b6	b5～b0
DA1_Data(读/写)	—

3)P_DAC_Ctrl(写)(0x702AH)

DAC 音频输出方式的控制单元(如表 2.32 所示)。其中第 5～8 位用于选择 DAC 输出方式下的数据锁存方式;第 3、4 位用来控制 A/D 转换方式;第 1 位总为"0",用于双 DAC 音频输出。b9～b15 为保留位。表 2.32 详细地列出了 P_DAC_Ctrl 单元的 b3～b8 的控制功能。

表 2.32　P_DAC_Ctrl 单元

b8	b7	b6	b5	b4	b3
DAC1_Latch(写)		DAC2_Latch(写)		AD_Latch(写)	
00:直接将 DAR1 内数据锁存到 DAC1 内(缺省设置)		00:直接将 DAR2 内的数据锁存到 DAC2 内(缺省设置)		00:通过读 ADC(读)(0x7014H)触发 ADC 自动转换(缺省设置)	
01:通过 TimerA 溢出 DAR1 内的数据锁存到 DAC1 内		01:通过 TimerA 溢出将 DAR2 内的数据锁存到 DAC2 内		01:通过 TimerA 溢出触发 A/D 转换	
10:通过 TimerB 溢出将 DAR1 内的数据锁存到 DAC1 内		10:通过 TimerB 溢出将 DAR2 内的数据锁存到 DAC2 内		10:通过 TimerB 溢出触发 A/D 转换	
11:通过 TimerA 或 TimerB 的溢出将 DAR1 内的数据锁存到 DAC1 内		11:通过 TimerA 或 TimerB 的溢出将 DAR2 内的数据锁存到 DAC2 内		11:通过 TimerA 或 TimerB 的溢出	

2.3.6　串行设备输入输出端口(SIO)

串行输入输出端口 SIO 提供了一个 1 位的串行接口,用于与其他设备进行数据通讯。在 SPCE061A 内通过 IOB0 和 IOB1 这 2 个端口实现与设备进行串行数据交换功能。其中,IOB0 作为时钟端口(SCK),IOB1 则作为数据端口(SDA),用于串行数据的接收或发送。参见 IOB 口的特殊功能。

1)P_SIO_Ctrl(读/写)(0x701EH)

用户必须通过设置 P_SIO_Ctrl (0x701EH)(读/写)单元的第 7 位,将 IOB0、IOB1 分别设置为 SCK 管脚和 SDA 管脚。如果该单元的第 6 位被设置为"0",串行输入/输出接口可以从用户指定的地址读出数据。该单元的第 3、4 位的作用是让用户自行指定数据传输速度;而通过设置第 0、1 位,可以指定串行设备的寻址位数。

SIO 的控制选择在 P_SIO_Ctrl 单元内进行,详见表 2.33 所示。

表 2.33　P_SIO_Ctrl 单元

b7	b6	b5	b4	b3	b2	b1	b0	设置功能说明
SIO_Config	R/W	R/W_EN	Clock_Sel		—	Addr_Select		
X	X	X	X	X	—	0	0	串行设备地址(缺省)设置为 16 位(A0~A15)
X	X	X	X	X	—	0	1	无地址设置
X	X	X	X	X	—	1	0	串行设备地址设置为 8 位(A0~A7)
X	X	X	X	X	—	1	1	串行设备地址设置为 24 位(A0~A23)
X	X	X	0	0	—	X	X	数据传输速率设为 CPUCLK/16(缺省设置)
X	X	X	0	1	—	X	X	无用
X	X	X	1	0	—	X	X	数据传输速率设为 CPUCLK/8
X	X	X	1	1	—	X	X	数据传输速率设为 CPUCLK/32
1	X	X	X	X	—	X	X	设置 IOB0=SCK(串行接口时钟端口),IOB1=SDA(串行接口数据端口)。用户不必设置 IOB0 和 IOB1 的输入输出状态
0	X	X	X	X	—	X	X	用作普通的 I/O 口(默认)
X	1	X	X	X	—	X	X	设置数据帧的写传输
X	0	X	X	X	—	X	X	设置数据帧的读传输(默认)
X	X	1	X	X	—	X	X	关断读/写帧的传输
X	X	0	X	X	—	X	X	接通读/写帧的传输(默认)

2)P_SIO_Data(读/写)(0x701AH)

该单元为接收/发送串行数据的缓冲单元。向该单元写入或读出数据,可按串行方式发送或接收数据字节。用户须通过写入 P_SIO_Start (0x701FH)单元来启动 P_SIO_Data (0x701AH)单元与串行设备数据交换的过程。传输是从串行设备的起始地址(由 P_SIO_Addr_Low(如表 2.35), P_SIO_Addr_Mid(如表 2.36)和 P_SIO_Addr_High(如表 2.37)3 个单元指定)开始,然后是数据。

进行写操作时,第一次向 P_SIO_Data (写)(0x701AH 如表 2.34)单元写入数值是在写入 P_SIO_Start(写)单元任意一个数值之后,即必须先启动数据传输,随后,SIO 将从串行设备的起始地址开始传送,后面接着传送写入 P_SIO_Data 单元中的 8 位数据。

进行读操作时,第一次读 P_SIO_Data (读)(0x701AH)单元数据是在向 P_SIO_Start (写)(0x701FH)单元写入任一数值后,SIO 将首先传送串行设备的起始地址。

表 2.34　P_SIO_Data

b7	b6	b5	b4	b3	b2	b1	b0
D7	D6	D5	D4	D3	D2	D1	D0

3)P_SIO_Addr_Low(读/写)(0x701BH)

串行设备起始地址的低字节(默认值为 00H),如表 2.35 所示。

表 2.35　P_SIO_Addr_Low

b7	b6	b5	b4	b3	b2	b1	b0
A7	A6	A5	A4	A3	A2	A1	A0

4)P_SIO_Addr_Mid(读/写)(0x701CH)

串行设备起始地址的中字节(默认值为 00H),如表 2.36 所示。

表 2.36　P_SIO_Addr_Mid

b7	b6	b5	b4	b3	b2	b1	b0
A15	A14	A13	A12	A11	A10	A9	A8

5)P_SIO_Addr_High(读/写)(0x701DH)

串行设备起始地址的高字节(默认值为 00H),如表 2.37 所示。

表 2.37　P_SIO_Addr_High

b7	b6	b5	b4	b3	b2	b1	b0
A23	A22	A21	A20	A19	A18	A17	A16

6)P_SIO_Start(读/写)(0x701FH)

向 P_SIO_Start(写)(0x701FH 如表 2.38)单元写入任意一个数值,可以启动数据传输。接着,当对 P_SIO_Data (0x701AH)单元读写操作时会使 SIO 根据 P_SIO_Addr_Low、P_SIO_Addr_Mid 和 P_SIO_Addr_High 的内容传输读/写操作的起始地址,之后再读写 P_SIO_Data 单元时 SIO 将不再传输此起始地址。

如果需要重新指定一个起始地址进行数据传输,用户可以向 P_SIO_Stop (0x7020H)单元写入任意一个数值以停止 SIO 操作,然后向 P_SIO_Addr_Low、P_SIO_Addr_Mid 和 P_SIO_Addr_High 写入新的地址;最后,向 P_SIO_Start(写)(0x701FH)单元写入任意一个数值重新启动 SIO 操作。

读出 P_SIO_Start(0x701FH)单元可获取 SIO 的数据传输状态,该单元的第 7 位 Busy 为占用标志位,Busy=1 表示正在传输数据,传输操作完成后,该位将被清为"0",可以开始传输新的数据字节。

表 2.38　P_SIO_Start

b7	b6	b5	b4	b3	b2	b1	b0
Busy	—	—	—	—	—	—	—

7)P_SIO_Stop(写)(0x7020H)

向 P_SIO_Stop(写)(0x7020H)单元写入任一数值,可以停止数据传输。通常,停止数据传输的终止指令应出现在激活数据传输的启动指令之前。但上电复位后的第一个启动命令之前不需要终止命令。

2.4　SPMC75 系列微处理器内核的硬件结构

SPMC75 系列微控制器使用 CISC 架构,程序空间(Flash)和数据空间(SRAM)统一编址。其结构分为 CPU 内核、片内存储器、外围功能模块三部分。其中内核是芯片的基本部分,包括总线、算术运算逻辑单元等。片内存储器包括 32kW(32K×16)Flash,2kW(2K×16)SRAM。外围则包括定时/计数器、时钟系统、ADC 模块、UART 通信模块等。

2.4.1　SPMC75 系列微控制器的结构及其功能

SPMC75 系列微控制器共有两个系列(四颗芯片):SPMC75F2413A 和 SPMC75F2313A。每颗集成不同的外设功能模块,详见表 2.39。

表 2.39　SPMC75 系列单片机的外设功能模块

功能	型号	SPMC75F2313A	SPMC75F2413A
内部存储器	程序区(Flash)	32K words	32K words
	数据区(SRAM)	2K words	2K words
工作时钟		12~24 MHz	12~24 MHz
工作电压		4.5~5.5V	4.5~5.5V
输入/输出口(最多可达)		33	64
定时器	定时器 PDC	16 bit×2	16 bit×2
	定时器 TPM	16 bit×1	16 bit×1
	定时器 MCP	16 bit×1	16 bit×2
	CMT 定时器	16 bit×2	16 bit×2

SPMC75F2413A 和 SPMC75F2313A 的内部结构图如表 2.40 所示。

表 2.40　SPMC75 系列单片机的内部结构图

功能	型号	SPMC75F2313A	SPMC75F2413A
通用 PWM 输出		16 bit×8	16 bit×8
用于电机控制的 PWM 输出		16 bit×6	16 bit×12
捕获输入		8	8
位置检测		PDC 1 定时器	PDC 0,PDC 1 定时器
相位计数模式		PDC 1 定时器	PDC 0,PDC 1 定时器

功能 \ 型号	SPMC75F2313A	SPMC75F2413A
模/数转换	10 位 6 通道	10 位 8 通道
SPI	有	有
UART	300～115200 波特率	300～115200 波特率
看门狗定时器	5.46～699.05 ms	5.46～699.05 ms
蜂鸣器输出	无	1 通道 1.465～11.718 kHz
外部中断	无	2 通道
封装	42 pin/SDIP 44 pin/LQFP	64 pin/QFP 80 pin/QFP

SPMC75F2413A 功能框图如图 2.18 所示。SPMC75F2313A 功能框图如图 2.19 所示。SPMC75F2413A 芯片的管脚图在第 7 章的应用中详述。

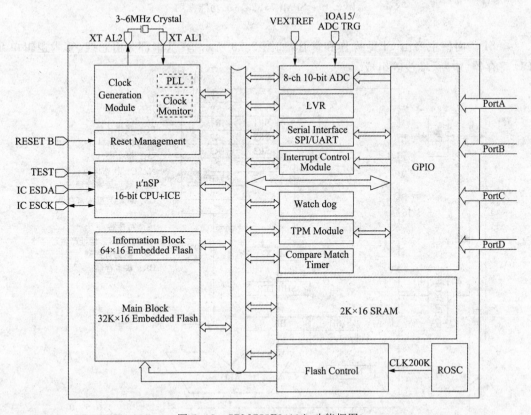

图 2.18 SPMC75F2413A 功能框图

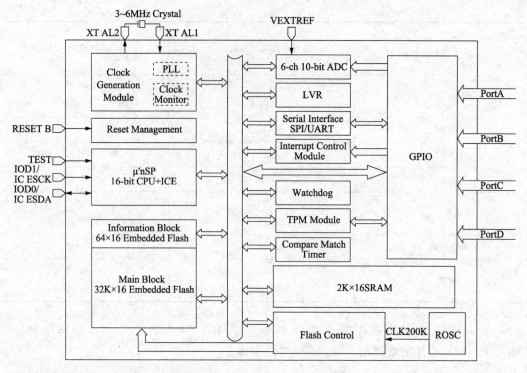

图 2.19 SPMC75F2313A 功能框图

$\mu'\text{nSP}^{\text{TM}}$ 内核主要由 CPU 操作和掌管，如图 2.20 所示，其基本部分由总线、算术逻辑单元、CPU 寄存器、中断、堆栈等组成。

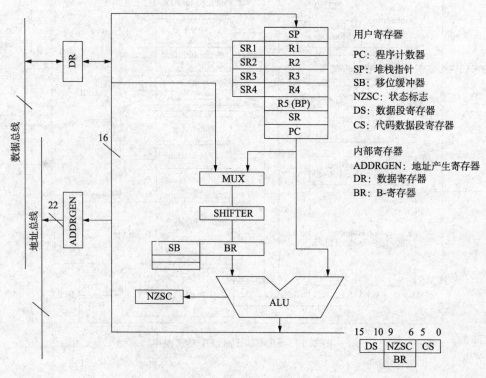

图 2.20 $\mu'\text{nSP}^{\text{TM}}$ 1.2 内核结构

2.4.2 SPMC75 的 CPU 寄存器

μ′nSP™内核有 13 个 16 位内部寄存器,分别是:程序指针 PC、堆栈指针 SP、状态标志寄存器 SR、CPU 标志寄存器 FR、基址寻址寄存器 BP(R5)、通用寄存器 R1~R4 和辅助通用寄存器 SR1~SR4。CPU 寄存器详述如表 2.41 所示。

表 2.41　SPMC75 的 CPU 寄存器

寄存器	长　度	描　述
PC	16Bit	程序计数器 PC(Program Counter),指向 CPU 即将执行的下一条指令的地址
SP	16Bit	堆栈指针,SP 中的内容指示当前堆栈的栈顶
SR	16Bit	状态标志寄存器 SR,包括 N、S、Z、C、DS(数据段)和 CS(程序段)
FR	16Bit	CPU 状态标志寄存器,包括 AQ、BNK、FRA、FIR 等状态标志
BP	16Bit	基址指针寄存器 BP,变址寻址的基地址
R1~R4	16Bit	通用寄存器,通常可分别用于数据运算或传送的源及目标寄存器
SR1~SR4	16Bit	辅助通用寄存器 SR1~SR4,与 R1~R4 的功能一样,SECBNK ON 后有效

除 CPU 标志寄存器 FR、辅助通用寄存器 SR1~SR4 外,其他寄存器功能与 SPCE061A 的寄存器功能相似,故这里只对 FR,SR1~SR4 作详细介绍,其他寄存器功能不再赘述。

1)CPU 状态标志寄存器 FR

状态标志寄存器 FR 功能如表 2.42 所示。

表 2.42　状态标志寄存器 FR 功能表

B15	B14	B13	B12	B11	B10	B9	B8
R	R	R	R	R	R	R	R
0	0	0	0	0	0	0	0
保留	AQ	BNK	FRA	FIR	SFTBUF		
B7	B6	B5	B4	B3	B2	B1	B0
R/W	R/W	R/W	R/W	R/W	R/W	R/W	R/W
0	0	0	0	0	0	0	0
SFTBUF	F	I	INE	IRQ PRI			

AQ:DIVS/DIVQ 除法指令执行的 AQ 标志,默认为零。

BNK:第二寄存器组模式标志,默认为零(SECBNK ON:1,SECBNK OFF:0)。

FRA:FRACTION MODE,默认为零(FRACTION MODE ON:1,FRACTION MODE OFF:0)。

FIR:FIR_MOVE MODE,默认为零(FIR_MOVE ON:0,FIR_MOVE OFF:1)。

SFTBUF:移位缓冲器或者 FIR 的保护位,默认为"0000"B。

F:FIQ 中断标志,默认为零。

I:IRQ 中断标志,默认为零。

INE:IRQ 嵌套模式标志,默认为零(IRQNEST ON:1,IRQNEST OFF:0)。

IRQ PRI:IRQ 优先级寄存器,复位后默认为"1000B",如果发生任何中断,IRQ PRI 寄存器

将被设为 IRQ 的优先级,只有具有更高优先级的 IRQ 才可将其中断。优先级顺序:

$$IRQ0 > IRQ1 > IRQ2 > IRQ3 > IRQ4 > IRQ5 > IRQ6 > IRQ7$$

注:如果 FIQ 使能,FIQ 依然具有高于任何 IRQ 的优先级。

例如:(1)如果 PRI 为 1000,所有 IRQ0~IRQ7 使能;(2)如果 PRI 为 0000,所有 IRQ 0~IRQ7 均被禁止。

2)辅助通用寄存器 SR1~SR4

SECBNK ON 指令后,所有对 R1~R4 的操作全部映射到 SR1~SR4,SECBNK OFF 后返回正常状态。

2.4.3 SPMC75 的中断

SPMC75 系列微控制器具有 38 个中断源。这些中断源可分为 BREAK(软件中断)、FIQ(快速中断请求)和 IRQ0~IRQ7(普通中断请求)三类。BREAK、FIQ、IRQ 之间的优先级顺序为:

$$BREAK > FIQ > IRQ0 > IRQ1 > IRQ2 > IRQ3 > IRQ4 > IRQ5 > IRQ6 > IRQ7$$

SPMC75 系列微控制器支持两种中断模式,普通中断模式和中断嵌套模式。普通中断模式不支持 IRQ 中断嵌套,即高优先级的 IRQ 中断不能打断低优先级中断服务程序的执行。但 FIQ 和 BREAK 中断可以打断任何 IRQ 中断服务的执行。中断嵌套模式支持 IRQ 中断的嵌套,即高优先级 IRQ 中断可以打断低优先级 IRQ 中断服务程序的执行,而且支持多级嵌套。在中断嵌套模式中 FIQ 和 BREAK 中断仍有最高优先级,可以打断任何 IRQ 中断服务的执行。值得注意的是,BREAK 中断在任何模式下均有最高优先级,它可以打断其他中断服务的执行,包括 FIQ。

1. 中断源和中断向量

SPMC75 系列微控制器的 IRQ 有 IRQ0~IRQ7 共 8 个中断向量。这 8 个中断向量被分配给系统的 38 个中断源。表 2.43 概述了每个 IRQ 中断向量的中断源分配情况。

表 2.43　SPMC75 的中断源列表

等　级	寄存器查询中断标志	名　　称	描　　述
IRQ0	P_INT_Status. FTIF 或 P_Fault1_Ctrl. FTPINIF	FTIN1_INT	故障输入引脚 1 中断
	P_INT_Status. FTIF 或 P_Fault2_Ctrl. FTPINIF	FTIN2_INT	故障输入引脚 2 中断
	P_INT_Status. FTIF 或 P_Fault1_Ctrl. OSF	OS1_INT	输出短路 1 中断
	P_INT_Status. FTIF 或 P_Fault2_Ctrl. OSF	OS2_INT	输出短路 2 中断
	P_INT_Status. OLIF 或 P_OL1_Ctrl. OLIF	OL1_INT	过载引脚 1 中断
	P_INT_Status. OLIF 或 P_OL2_Ctrl. OLIF	OL2_INT	过载引脚 2 中断
	P_INT_Status. OSCSF 或 P_Clk_Ctrl. OSCSF	OSCF_INT	振荡器故障中断
IRQ1	P_INT_Status. PDC0IF 或 P_TMR0_Status. TPRIF	TPR0_INT	定时器 0 TPR 中断
	P_INT_Status. PDC0IF 或 P_TMR0_Status. TGAIF	TGRA0_INT	定时器 0 TGRA 中断
	P_INT_Status. PDC0IF 或 P_TMR0_Status. TGBIF	TGRB0_INT	定时器 0 TGRB 中断
	P_INT_Status. PDC0IF 或 P_TMR0_Status. TGCIF	TGRC0_INT	定时器 0 TGRC 中断
	P_INT_Status. PDC0IF 或 P_TMR0_Status. PDCIF	PDC0_INT	定时器 0 位置改变侦测中断
	P_INT_Status. PDC0IF 或 P_TMR0_Status. TCVIF	TCV0_INT	定时器 0 计数器溢出中断
	P_INT_Status. PDC0IF 或 P_TMR0_Status. TCUIF	TUV0_INT	定时器 0 计数器下溢中断

等　级	寄存器查询中断标志	名　称	描　述
IRQ2	P_INT_Status. PDC1IF 或 P_TMR1_Status. TPRIF	TPR1_INT	定时器 1 TPR 中断
	P_INT_Status. PDC1IF 或 P_TMR1_Status. TGAIF	TGRA1_INT	定时器 1 TPRA 中断
	P_INT_Status. PDC1IF 或 P_TMR1_Status. TGBIF	TGRB1_INT	定时器 1 TPRB 中断
	P_INT_Status. PDC1IF 或 P_TMR1_Status. TGCIF	TGRC1_INT	定时器 1 TPRC 中断
	P_INT_Status. PDC1IF 或 P_TMR1_Status. PDCIF	PDC1_INT	定时器 1 位置改变侦测中断
	P_INT_Status. PDC1IF 或 P_TMR1_Status. TCVIF	TCV1_INT	定时器 1 计数器溢出中断
	P_INT_Status. PDC0IF 或 P_TMR1_Status. TCUIF	TUV1_INT	定时器 1 计数器下溢中断
IRQ3	P_INT_Status. MCP3IF 或 P_TMR3_Status. TPRIF	TPR3_INT	定时器 3 TPR 中断
	P_INT_Status. MCP3IF 或 P_TMR3_Status. TGDIF	TGRD3_INT	定时器 3 TGRD 中断
	P_INT_Status. MCP4IF 或 P_TMR4_Status. TPRIF	TPR4_INT	定时器 4 TPR 中断
	P_INT_Status. MCP4IF 或 P_TMR4_Status. TGDIF	TGRD4_INT	定时器 4 TGRD 中断
IRQ4	P_INT_Status. TPM2IF 或 P_TMR2_Status. TPRIF	TPR2_INT	定时器 2 TPR 中断
	P_INT_Status. TPM2IF 或 P_TMR2_Status. TGAIF	TGRA2_INT	定时器 2 TGRA 中断
	P_INT_Status. TPM2IF 或 P_TMR2_Status. TGBIF	TGRB2_INT	定时器 2 TGRB 中断
IRQ5	P_INT_Status. EXT0IF	EXT0_INT	外部中断 0
	P_INT_Status. EXT1IF	EXT1_INT	外部中断 1
IRQ6	P_INT_Status. UARTIF 或 P_UART_Status. RXIF	UART_RX_INT	UART 接受完成中断
	P_INT_Status. UARTIF 或 P_UART_Status. TXIF	UART_TX_INT	UART 发送就绪中断
	P_INT_Status. SPIIF 或 P_SPI_RxStatus. SPIRXIF	SPI_RX_INT	SPI 接受中断
	P_INT_Status. SPIIF 或 P_SPI_TxStatus. SPITXIF	SPI_TX_INT	SPI 发送中断
IRQ7	P_INT_Status. KEYIF	IOKEY_INT	IO 按键唤醒中断
	P_INT_Status. ADCIF 或 P_ADC_Ctrl. ADCIF	ADC_INT	模/数转换完成中断
	P_INT_Status. CMTIF 或 P_CMT_Ctrl. CM0IF	CMT0_INT	比较匹配定时器 0 中断
	P_INT_Status. CMTIF 或 P_CMT_Ctrl. CM1IF	CMT1_INT	比较匹配定时器 1 中断

2. 中断控制寄存器

SPMC75 系列微控制器的中断控制模块共有 3 个控制寄存器,如表 2.43 所示。通过这 3 个控制寄存器可以完成中断控制模块所有功能的控制。

1)中断状态标志寄存器:P_INT_Status (0x70A0H)

该寄存器为所有中断提供状态标志查询的功能。大多数状态标志都是由几个标志组成的,中断控制单元和中断单元功能如表 2.44、表 2.45 所示,只有 KEYIF、EXT1IF 和 EXT0IF 这几个标志是通过向该位写"1"来清除的,其他标志都是只读的,需要借助其他寄存器清除。

表 2.44　P_INT_Status

B15	B14	B13	B12	B11	B10	B9	B8
R/W	R	R	R/W	R/W	R	R	R
0	0	0	0	0	0	0	0
KEYIF	UARTIF	SPIIF	EXT1IF	EXT0IF	ADCIF	MCP4IF	MCP3IF

B7	B6	B5	B4	B3	B2	B1	B0
R	R	R	R	R	R	R	R
0	0	0	0	0	0	0	0
TPM2IF	PDC1IF	PDC0IF	CMTIF	保留	OLIF	OSCSF	FTIF

表 2.45　中断单元功能表

B15	KEYIF*	按键唤醒中断状态标志	0:未发生	1:已发生
B14	UARTIF	UART 中断状态标志	0:未发生	1:已发生
B13	SPIIF	SPI 中断状态标志	0:未发生	1:已发生
B12	EXT1IF*	外部中断 1 的状态标志	0:未发生	1:已发生
B11	EXT0IF*	外部中断 0 的状态标志	0:未发生	1:已发生
B10	ADCIF	模/数转换器中断的状态标志	0:未发生	1:已发生
B9	MCP4IF	MCP 定时器 4 的中断的状态标志	0:未发生	1:已发生
B8	MCP3IF	MCP 定时器 3 的中断的状态标志	0:未发生	1:已发生
B7	TPM2IF	TPM 定时器 2 的中断的状态标志	0:未发生	1:已发生
B6	PDC1IF	PDC 定时器 1 的中断的状态标志	0:未发生	1:已发生
B5	PDC0IF	PDC 定时器 0 的中断的状态标志	0:未发生	1:已发生
B4	CMTIF	比较匹配定时器(CMT)中断的状态标志	0:未发生	1:已发生
B3	保留			
B2	OLIF	过载中断的状态标志	0:未发生	1:已发生
B1	OSCSF	振荡器的状态标志	0:振荡器运行正常	1:振荡器故障
B0	FTIF	故障保护中断的状态标志	0:未发生	1:已发生

注:*表示写"1"清除该标志。

2)IRQ 与 FIQ 优先权选择寄存器:P_INT_Priority (0x70A4H)

此寄存器可将中断源设为 IRQ 或 FIQ。如表 2.46、表 2.47 所示,默认中断源为 IRQ。在 P_INT_Priority中,只能有一个中断源可被设为 FIQ。

表 2.46　P_INT_Priority

B15	B14	B13	B12	B11	B10	B9	B8
R/W	R/W	R/W	R	R/W	R/W	R/W	R/W
0	0	0	0	0	0	0	0
KEYIP	UARTIP	SPIIP	保留	EXTIP	ADCIP	MCP4IP	MCP3IP

B7	B6	B5	B4	B3	B2	B1	B0
R/W	R/W	R/W	R/W	R	R	R/W	R/W
0	0	0	0	0	0	0	0
TPM2IP	PDC1IP	PDC0IP	CMTIP	保留	OLIP	OSCIP	FTIP

表 2.47 优先级选择位功能表

B15	KEYIP	按键唤醒中断优先权选择位	0:IRQ7	1:FIQ
B14	UARTIP	UART 中断优先权选择位	0:IRQ6	1:FIQ
B13	SPIIP	SPI 中断优先权选择位	0:IRQ6	1:FIQ
B12	保留			
B11	EXTIP	外部中断优先权选择位	0:IRQ5	1:FIQ
B10	ADCIP	ADC 中断优先权选择位	0:IRQ7	1:FIQ
B9	MCP4IP	MCP 定时器 4 的中断优先权选择位	0:IRQ3	1:FIQ
B8	MCP3IP	MCP 定时器 3 的中断优先权选择位	0:IRQ3	1:FIQ
B7	TPM2IP	TPM 定时器 2 的中断优先权选择位	0:IRQ4	1:FIQ
B6	PDC1IP	PDC 定时器 1 的中断优先权选择位	0:IRQ2	1:FIQ
B5	PDC0IP	PDC 定时器 0 的中断优先权选择位	0:IRQ1	1:FIQ
B4	CMTIP	CMT 中断优先权选择位	0:IRQ7	1:FIQ
B3	保留			
B2	OLIP	过载中断优先权选择位	0:IRQ0	1:FIQ
B1	OSCIP	振荡器故障中断优先权选择位	0:IRQ0	1:FIQ
B0	FTIP	故障保护中断优先权选择位	0:IRQ0	1:FIQ

3)综合中断控制寄存器:P_MisINT_Ctrl(0x70A8H)

设置该寄存器可以允许中断。如表 2.48、表 2.49 所示,向某位写入"1"即可允许相应的中断。

表 2.48   P_MisINT_Ctrl

B15	B14	B13	B12	B11	B10	B9	B8
R/W	R/W	R/W	R/W	R/W	R	R	R
0	0	0	0	0	0	0	0
KEYIE	EXT1MS	EXT0MS	EXT1IE	EXT0IE	保留		
B7	B6	B5	B4	B3	B2	B1	B0
R	R	R	R	R	R	R	R
0	0	0	0	0	0	0	0
保留							

表 2.49   综合中断控制位表

B15	KEYIE	按键唤醒中断允许位	0:禁止	1:使能
B14	EXT1MS	外部中断 1 触发器边沿选择位	0:下降沿触发	1:上升沿触发
B13	EXT0MS	外部中断 0 触发器边沿选择位	0:下降沿触发	1:上升沿触发
B12	EXT1IE	外部中断 1 的允许位	0:禁止	1:使能
B11	EXT0IE	外部中断 0 的允许位	0:禁止	1:使能
B10－B0	保留			

2.5　SPMC75 系列微处理器的片内存储器

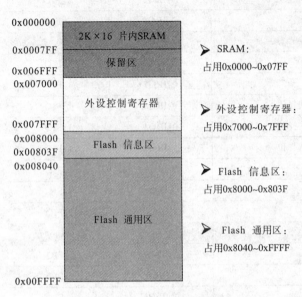

图 2.21　存储空间分配

SPMC75 系列微控制器的存储空间分为三部分：SRAM、Flash 和外设控制寄存器。2KB 的 SRAM，用于存放堆栈、变量或数据，芯片内 32K 字的 Flash 用于存储程序，外设控制寄存器用于控制外设模块。存储空间分配如图 2.21 所示。

2.5.1　SRAM 的功能

SPMC75 系列微控制器中的 SRAM 用于堆栈、变量和数据的存储。在 SRAM 中数据存储是由用户设定的，可以直接访问、间接访问或用指针访问。SPMC75 系列微控制器对 SRAM 最大可寻址空间为 0x0000 到 0x07FF 共 2K 字，堆栈指针 SP 最大允许指向 0x07FF。需要注意的是堆栈区与数据存储区不能交迭，否则会发生系统崩溃。

2.5.2　Flash 分区

SPMC75 系列微控制器 Flash 分为两区：信息区和通用区。在同一时间只能访问其中的一区。信息区包含 64 个字，寻址空间为 0x8000～0x803F。地址 0x8000 为系统选项寄存器 P_System_Option。其他地址空间可由用户自定义重要信息，比如：版本控制、日期、版权、项目名称等。信息区的内容只有在仿真或烧录的状态下才能改变。32K 字的内嵌 Flash 被划分为 16 页，每页 2K 字，每页可分为 8 块，这样 32K 字的 Flash 可分为 128 块。只有位于 00F000～00F7FF 区域的页在自由运行模式下可以设置为只读或可读可写，其他页均为只读。

SPMC75 系列微控制器的 Flash 模块共有 3 个控制寄存器，通过这 3 个控制寄存器可以完成 Flash 模块所有功能的控制。

1)Flash 访问控制寄存器：P_Flash_RW(0x704DH)

P_Flash_RW 是 Flash 访问控制接口。将页设置为只读或可读可写模式。为避免误操作，对其写入必须连续两次执行写操作方能完成。首先向该寄存器写入 0x5A5A，然后在 16 个 CPU 时钟周期内再向该寄存器写入相应的设置字。

注意：该寄存器除第 14 位为写使能标志位(0xF000H～0xF7FFH)，"0"表示读/写，"1"表示只读外，其他各位均保留。

2)内嵌的 Flash 控制命令寄存器：P_Flash_CMD(0x7555H)

该寄存器用于设置 Flash 命令。在执行任何一条命令前，用户都需要先向 P_Flash_Cmd 写入 0xAAAA，用于进入 Flash 命令模式。其命令总表如表 2.50 所示。

表 2.50　指令功能和操作流程

	块擦除	单字写模式	连续多字写模式
第一步		P_Flash_CMD=0xAAAA	
第二步	[P_Flash_CMD]=0x5511	[P_Flash_CMD]=0x5533	[P_Flash_CMD]=0x5544
第三步	设置擦除地址	写数据	写数据
第四步	自动等待 20ms 后结束	自动等待 40μs 后结束	自动等待 40μs
			未写完则转向第二步
			[P_Flash_CMD]=0xFFFF→操作结束令

3）系统选项寄存器：P_System_Option（0x8000H）

该寄存器位于 Flash 的信息区，用户只能在 ICE 环境下或通过烧录来设置该寄存器。该寄存器各位功能如表 2.51 所示。

表 2.51　系统选项寄存器各位功能

B15～B5	Verification Pattern	校验方式，在仿真或烧录时写入 01010101010		
B4	Security	信息保护使能	0：信息保护，无法访问通用 Flash 区	1：无信息保护，可读可写
B3	保留			
B2	LVR	低电压复位功能使能	0：禁止	1：使能
B1	WDG	看门狗使能	0：禁止	1：使能
B0	CLKS	时钟源选择	0：外部时钟输入/晶体振荡器输入，连接到 XTAL2 脚	1：晶振输入，连接到 XTAL1、XTAL2 脚之间

值得注意的是，在通用区中使用"块擦除"命令只能擦除该区的数据，但如果在信息区中使用该命令，则连同通用区和信息区都可擦除。假设信息区的信息保护选项有效，SPMC75F2413A 芯片在仿真或烧录时就不能从该区域读出数据。如果写保护选择位打开并在仿真使能模式下，通过仿真环境，虽不可访问 Flash 通用区，但可读取信息区内容。另外，在此模式下也无法访问（读/写）SRAM。

2.5.3　外设控制寄存器

SPMC75 系列微控制器的 CPU 通过外设控制寄存器完成对相应外设模块的控制。SPMC75 系列微控制器的外设控制寄存器分布在 0x7000～0x7FFF 共 4K 字的存储空间中。

2.6　SPMC75 系列微处理器的片内外设部件

本节将围绕 SPMC75 系列微控制器的结构设计特点和其外围设备进行介绍，包括 I/O 口、时钟系统、定时器、模/数转换器、SPI 标准外设接口。

2.6.1　I/O 端口

SPMC75 系列微控制器共有 4 个通用 IO 端口：IOA、IOB、IOC 和 IOD，均为 16 位。每个 I/O 引脚都可通过软件编程进行逐位配置。除端口 D 外，其他端口的 I/O 引脚都可通过编程来实现特殊功能，这些特殊功能是通过设置相应的特殊功能寄存器来实现的。当特殊功能有效时，通用 I/O 功能即被禁用。

表 2.52~表 2.54 对 IOA、IOB、IOC 端口的特殊功能及其设置进行描述。

表 2.52　端口 A 的特殊功能表

	特殊功能 引脚	类型	使能位	描　述
IOA15	ADCETRG	I	ADCEXTRIGEN	A/D 转换的外部触发输入
IOA14	TCLKD	I	TCLKDEN	外部时钟 D 的输入引脚(定时器 PDC1 相位计数模式 D 相位输入)
IOA13	TCLKC	I	TCLKCEN	外部时钟 C 的输入引脚(定时器 PDC1 相位计数模式 C 相位输入)
IOA12	TCLKB	I	TCLKBEN	外部时钟 B 的输入引脚(定时器 PDC0 相位计数模式 B 相位输入)
IOA11	TCLKA	I	TCLKAEN	外部时钟 A 的输入引脚(定时器 PDC0 相位计数模式 A 相位输入)
IOA10	TIO2B	User	TIO2BEN	TGRB_2 捕获输入/PWM 输出引脚 B
IOA9	TIO2A	User	TIO2AEN	TGRA_2 捕获输入/PWM 输出引脚 A
IOA8	—	—	—	—
IOA7	ADCCH7	I	ADCI7EN	ADC 通道 7 的模拟输入
IOA6	ADCCH6	I	ADCI6EN	ADC 通道 6 的模拟输入
IOA5	ADCCH5	I	ADCI5EN	ADC 通道 5 的模拟输入
IOA4	ADCCH4	I	ADCI4EN	ADC 通道 4 的模拟输入
IOA3	ADCCH3	I	ADCI3EN	ADC 通道 3 的模拟输入
IOA2	ADCCH2	I	ADCI2EN	ADC 通道 2 的模拟输入
IOA1	ADCCH1	I	ADCI1EN	ADC 通道 1 的模拟输入
IOA0	ADCCH0	I	ADCI0EN	ADC 通道 0 的模拟输入

表 2.53　端口 B 的特殊功能表

	特殊功能 引脚	类型	使能位	描　述
IOB[15：14]	—	—	—	—
IOB13	SDO/RXD1	O	SPISDOEB/ UARTX1OEB	SPIEN=1:输出为主从模式 UARTEN=1:通用串口数据发送 UARTX1OEB=1:UART 传输数据输出
IOB12	SDI/TXD1	I	SPIEN/UARTRXIEN	当 SPIEN=1 时数据输入 当 UARTRX1EN=1 时 UART 接收数据输入
IOB11	SCK	I/O	SCKOEB	SPIEN=1,从模式为输入而主模式为输出
IOB10	TIO0A	User	TIO0AEN	P_TMRO_TGRA 捕获输入引脚/PWM 输出引脚和位置侦测输入引脚
IOB9	TIO0B	User	TIO0BEN	P_TMRO_TGRB 捕获输入引脚/PWM 输出引脚和位置侦测输入引脚

特殊功能引脚	类型	使能位	描 述
IOB8 TIO0C	User	TIO0CEN	P_TMR0_TGRC 捕获输入引脚/PWM 输出引脚和位置侦测输入引脚
IOB7 OL1	I	OL1EN	过载保护输入 1
IOB6 FTINP1	I	FTIN1EN	外部故障保护输入 1
IOB5 TIO3A	O	$\overline{\text{TIO3A/U1EN}}$ TIO3HZ	U1 相输出引脚
IOB4 TIO3B	O	$\overline{\text{TIO3B/V1EN}}$ TIO3HZ	V1 相输出引脚
IOB3 TIO3C	O	$\overline{\text{TIO3C/W1EN}}$ TIO3HZ	W1 相输出引脚
IOB2 TIO3D	O	TIO3D/U1NEN TIO3HZ	U1N 相输出引脚
IOB1 TIO3E	O	TIO3E/V1NEN TIO3HZ	V1N 相输出引脚
IOB0 TIO3F	O	TIO3F/W1NEN TIO3HZ	W1N 相输出引脚

表 2.54 端口 C 的特殊功能表

特殊功能引脚	类型	使能位	描 述
IOC15 TIO4F/W2N	O	$\overline{\text{TIO4F/W2NEN}}$ TIO4HZ	W2N 相输出引脚
IOC14 TIO4E/V2N	O	$\overline{\text{TIO4E/V2NEN}}$ TIO4HZ	V2N 相输出引脚
IOC13 TIO4D/U2N	O	$\overline{\text{TIO4D/U2NEN}}$ TIO4HZ	U2N 相输出引脚
IOC12 TIO4C/W2	O	TIO4C/W2EN TIO4HZ	W2 相输出引脚
IOC11 TIO4B/V2	O	TIO4B/V2EN TIO4HZ	V2 相输出引脚
IOC10 TIO4A/U2	O	TIO4A/U2EN TIO4HZ	U2 相输出引脚
IOC9 FTIN2	I	FTIN2EN	外部故障保护输入引脚 2
IOC8 OL2	I	OL2EN	过载输入引脚 2
IOC7 TIO1C	User	TIO1CEN	TGRC1 捕获输入引脚/PWM 输出引脚或位置侦测输入引脚
IOC6 TIO1B	User	TIO1BEN	TGRB1 输入捕获引脚/PWM 输出引脚或位置侦测输入引脚
IOC5 TIO1A	User	TIO1AEN	TGRA1 输入捕获引脚/PWM 输出引脚或位置侦测输入引脚

特殊功能引脚	类型	使能位	描　述
IOC4	O	BZOEB	蜂鸣器输出
IOC3	I	EXTINT1EN	外部中断输入 1
IOC2	I	EXTINT0EN	外部中断输入 0
IOC1	O	UARTX2OEB	当 UARTEN＝1 时，UART 传输数据输出；当 UARTX2OEB＝1 时，为高阻态
IOC0	I	UARTRX2EN	当 UARTRX2EN＝1 时，UART 接收数据输入

（注：IOC4 行的特殊功能引脚为 BZO，IOC3 行为 EXINT1，IOC2 行为 EXINT0，IOC1 行为 TXD2，IOC0 行为 RXD2）

SPMC75 系列微控制器的 I/O 端口主要由 5 个控制寄存器控制：数据、缓冲器、方向、属性、锁存和特殊功能寄存器。其中，P_IOx_Data 为数据寄存器，P_IOx_Buffer 为缓冲寄存器，P_IOx_Dir 为方向寄存器，P_IOx_Attrib 为属性寄存器，P_IOA_Latch 为锁存寄存器，P_IOA_SPE、P_IOB_SPE、P_IOC_SPE 为特殊功能寄存器。SPMC75 系列微控制器的普通 I/O 功能是由 P_IOx_Data、P_IOx_Dir 和 P_IOx_Attrib 这几个控制寄存器来设置的。规则与 SPCE061A 的 I/O 配置相似，这里不再赘述。

2.6.2　时钟系统

SPMC75 系列单片机的时钟发生模块有两个。一是内部 RC 振荡器产生的 1600kHz 时钟经分频后为系统提供的 200kHz 辅助时钟源。另一个是系统时钟发生模块，包含一个晶体振荡器（外部连接无源石英晶体或陶瓷晶体）和一个四倍频的锁相环（PLL）模块。当使用无源石英晶体或者陶瓷晶体时（频率范围在 3～6MHz 之间），晶体振荡器的输出经锁相环（PLL）四倍频后输出，供系统使用。SPMC75 系列单片机的时钟发生模块还支持直接外部时钟输入方式，这时的时钟不经过锁相环倍频，直接供系统使用，时钟发生模块的结构如图 2.22 所示。

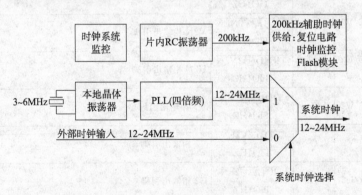

图 2.22　时钟模块结构图

注：PLL 模块在本地晶体振荡器停振的情况下会自动产生 1MHz 的工作时钟

1.RC 振荡器

1600kHz 的 RC 振荡器为系统提供 200kHz 的辅助时钟源。它为片内 Flash 模块（片内 Flash 模块的擦除和编程均以此时钟为基准）、系统复位模块和时钟失效检测提供基准时钟。为了节电,在 Standby 模式中 RC 振荡器关闭。

2. 外部时钟输入

寄存器 P_System_Option 中的 CLKS 位可用来进行时钟源选择,频率变化范围在 12～24MHz 之间。图 2.23 所示为外部时钟输入方式电路连接。

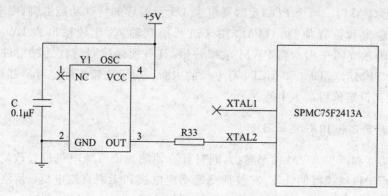

图 2.23　外部时钟输入方式电路连接

3. 晶振

芯片运行时钟由一个振荡发生系统提供,频率范围在 3～6MHz 之间。将晶体振荡系统的输入作为锁相环(PLL)的时钟源,然后由 PLL 电路将该时钟 4 倍频后输出。因此,如果晶体输入 6MHz,则统计工作时钟将是 24MHz。芯片接晶体振荡器时电路连接如图 2.24 所示。

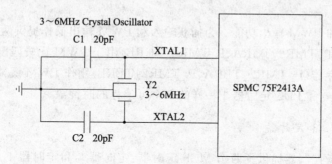

图 2.24　晶振电路连接

4. 时钟监控模块

用来监测晶体振荡器是否正常,如果监测到晶体停振,则会将定时器 MCP3 和定时器 MCP4 的 PWM(TIO3A～F、TIO4A～F)输出置为高阻态(这可以在电机驱动应用中避免时钟异常对驱动电路造成的损坏),同时会产生相应的中断通知 CPU。

5. 时钟系统控制寄存器:P_Clk_Ctrl(0x7007H)

用于监视 CPU 时钟状态,该寄存器第 15 位 OSCSF 为振荡器状态标志位,用来标识芯片内晶振是否正常。如果振荡器停振,此位将被置"1",向该位写入"1"将清除该标志。读出 0 表示振荡器运行正常,读出 1 表示振荡器失效。第 14 位 OSCIE 为振荡器失效中断使能位,"0"表示禁止,"1"表示使能。

2.6.3 定时器

SPMC75 系列微控制器提供 5 个通用定时器(PDC0、PDC1、TPM2、MCP3 和 MCP4)和 2 个比较匹配定时器(CMT)。每个 PDC 定时器包含 3 个可编程的特殊功能引脚,用来进行捕获、比较输出、PWM 输出和位置侦测。TPM2 用来进行捕获输入、比较输出和 PWM 输出。每个 MCP 定时器都有独立的三相六路 PWM 波形输出,具有死区控制、错误保护和过载保护功能。PDC0,PDC1,TPM2,MCP3 和 MCP4 有专门的中断。每个比较匹配定时器都具有一个 16 位计数器,当计数到设定值后产生中断。

1. PDC 定时器 0 和 PDC 定时器 1

用于捕获功能和产生 PWM 波形输出,同时具有侦测无刷直流电机位置改变的特性。PDC 定时器非常适用于机械速度的计算,其包括交流感应电机和无刷直流电机,侦测无刷直流电机(转子)位置而控制其换流。能够处理总计 6 路(每个路)捕获霍尔信号输入,或者输出 6 路 PWM 波形(每个路)。6 个定时通用寄存器(TGRAx/TGRBx/TGRCx,x=0,1),每个通道各有 3 个寄存器作为 PWM 输出或输入捕获。6 个定时缓冲寄存器(TBRAx/TBRBx/TBRCx,x=0,1),每个通道各有 3 个缓冲寄存器作为 PWM 缓冲输出或输入捕获。8 个可编程的时钟源,包括 6 个内部时钟($F_{CK}/1$、$F_{CK}/4$、$F_{CK}/16$、$F_{CK}/64$、$F_{CK}/256$、$F_{CK}/1024$),两个外部时钟(TCLKA 和 TCLKB)。

2. TPM 定时器 2

支持捕获输入和 PWM 输出功能。为捕获输入和 PWM 输出操作提供两个输入/输出引脚。有两个通用寄存器(P_TMR2_TGRA、P_TMR2_TGRB)用于 PWM 比较匹配输出或捕获输入。有两个定时缓冲寄存器(P_TMR2_TBRA、P_TMR2_TBRB)用作 PWM 缓冲或捕获输入缓冲。具有同 PDC 定时器 0 和 PDC 定时器 1 一样的 8 个可编程的时钟源。

3. MCP 定时器 3 和定时器 4

SPMC75 系列微控制器提供了两个 MCP 定时器:定时器 3 和定时器 4。MCP 定时器有两套独立的三相六路 PWM 波形输出。MCP 定时器 3 与 PDC 定时器 0 联合,MCP 定时器 4 与 PDC 定时器 1 联合能完成无刷直流电机和交流感应电机应用中的速度反馈环控制。MCP 模块有总计 12 路定时器输出用作电机控制操作,能够产生 12 路可编程的 PWM 波形。6 个通用定时寄存器(TGRAx/TGRBx/TGRCx,x=3,4),每个定时器有 3 个独立的寄存器,用于 PWM 比较匹配输出。6 个定时缓冲寄存器(TBRAx/TBRBx/TBRCx,x=3,4),每个定时器有 3 个独立的缓冲寄存器,负责 PWM 输出缓冲操作。具有同 PDC 定时器 0 和 PDC 定时器 1 一样的 8 个可编程的时钟源。

4. 比较匹配定时器

SPMC75 系列微控制器内嵌两个比较定时器。每个定时器可选择 8 种计数时钟源:$F_{CK}/1$,$F_{CK}/2$,$F_{CK}/4$,$F_{CK}/8$,$F_{CK}/16$,$F_{CK}/64$,$F_{CK}/256$,$F_{CK}/1024$。如果计数寄存器 P_CMTx_TCNT

$(x=0,1)$的值与相应的周期寄存器 P_CMTx_TPR$(x=0,1)$相匹配,则发生比较匹配中断。当起动寄存器 P_CMT_Start 中的 STx$(x=0,1)$置"1"后,计数器开始计数。

2.6.4 模/数转换器

SPMC75 系列微控制器内嵌一个 100Ksps 转换速率的高性能 10 位通用 ADC 模块,采用 SAR(逐次逼近)结构。它与 IOA[7~0]复用引脚作为输入通道,最多能提供 8 路模拟输入能力。同时,ADC 模块有多种工作模式可供选择,它的转换触发信号可以是软件产生也可以是来自外部(IOA15)、PDC 位置侦测、MCP 等定时器的信号,以满足不同的应用。此 ADC 模块可以同电机驱动定时器联合动作,实现电机驱动过程中电参量的同步测量,满足电机驱动的需要。此外,ADC 模块也可实现一些普通的模拟测量动作,如电压测量、温度信号测量、低频信号的采集等。

ADC 模块共有 4 个控制寄存器,通过这 4 个控制寄存器可以完成 ADC 模块所有功能的控制。

1. ADC 设置寄存器:P_ADC_Setup (0x7160H)

ADC 设定寄存器 P_ADC_Setup 如表 2.55 控制着 ADC 模块的电源开关、转换时钟和触发时间选择。

表 2.55　P_ADC_Setup

B15	ADCCS	ADC 功能模块电路供电	0:不为 ADC 功能模块供电	1:为 ADC 功能模块供电
B14	ADCEN	A/D 转换使能	0:禁止 ADC 模块	1:使能 ADC 模块
B13~B11	保留			
B10~B9	ADCFS*	A/D 转换时钟选择	00:$F_{CK}/8$	01:$F_{CK}/16$
			10:$F_{CK}/32$	11:$F_{CK}/64$
B8	ADCEXTRG	通过端口 IOA15 的高电平脉冲触发 A/D 转换	1:使能	0:禁止
B7	ASPEN※	自动采样模式使能	0:禁止	1:使能
B6~B0	保留			

注:* 代表 A/D 转换时时钟频率小于 1.5MHz,※表示写入"1"可清除此标志。

需要注意的是,当上电复位后,ADC 模块处于上电状态(ADCCS 位置"1")且 ADC 功能关闭(ADCEN 为 0)。同时,处于省电的目的,数据寄存器 P_ADC_Data 的值为 0xFFC0,但无 AD 转换完成信号(P_ADC_Ctrl 的 ADCRDY 位为 0)。如果用户此时将 ADCEN 置 1,AD 转换完成标志就会置位,且 P_ADC_Ctrl 中的 ADCIF 标志也置位。为了保护 ADC 的结果,请在 ADCEN 置"1"以后,不要读取第一个 ADC 数据。SPMC75 系列微控制器的 ADC 模块的工作时钟小于 1.5MHz。请不要将 ADC 模块的工作时钟设置在 1.5 MHz 以上,否则 ADC 的转换结果将是不准确的。

2. ADC 控制寄存器:P_ADC_Ctrl (0x7161H)

如表 2.56 所示,第 15 位 ADCIF 为 ADC 中断标志位。表示 ADC 转换完成的状态标志。

表 2.56 P_ADC_Ctrl

B15	ADCIF※	ADC 中断标志	0:中断未发生	1:中断发生
B14	ADCIE	ADC 中断使能	0:禁止	1:使能
B13~B8	保留			
B7	ADCRDY	ADC 转换完成	0:转换未完成,AD 转换结果无效	1:转换完成,AD 转换结果有效
B6	ADCSTR	手动启动 AD 转换	0:无效	1:启动转换
B5~B3	保留			
B2~B0	ADCCHS	选择 ADC 转换器信道输入	000:ADC 信道 0(IOA0)	001:ADC 信道 1(IOA1)
			010:ADC 信道 2(IOA2)	011:ADC 信道 3(IOA3)
			100:ADC 信道 4(IOA4)	101:ADC 信道 5(IOA5)
			110:ADC 信道 6(IOA6)	111:ADC 信道 7(IOA7)

注:※表示写入"1"可清除此标志。

3. ADC 输入通道使能寄存器:P_ADC_Channel(0x7166H)

用来使能 IOA[7~0]相应引脚的 ADC 模拟输入功能。需要注意的是:当 IOA[7~0]的相应引脚用 ADC 模拟输入时,相应的 I/O 功能应设为悬浮输入状态。该寄存器各位设置如表 2.57 所示。

表 2.57 P_ADC_Channel

B15~B8	保留			
B7	ADCCH7	ADC 输入信道 7 使能	1:IOA7 为 ADC 信道 7	0:IOA7 为 GPIO
B6	ADCCH6	ADC 输入信道 6 使能	1:IOA6 为 ADC 信道 6	0:IOA6 为 GPIO
B5	ADCCH5	ADC 输入信道 5 使能	1:IOA5 为 ADC 信道 5	0:IOA5 为 GPIO
B4	ADCCH4	ADC 输入信道 4 使能	1:IOA4 为 ADC 信道 4	0:IOA4 为 GPIO
B3	ADCCH3	ADC 输入信道 3 使能	1:IOA3 为 ADC 信道 3	0:IOA3 为 GPIO
B2	ADCCH2	ADC 输入信道 2 使能	1:IOA2 为 ADC 信道 2	0:IOA2 为 GPIO
B1	ADCCH1	ADC 输入信道 1 使能	1:IOA1 为 ADC 信道 1	0:IOA1 为 GPIO
B0	ADCCH0	ADC 输入信道 0 使能	1:IOA0 为 ADC 信道 0	0:IOA0 为 GPIO

4. ADC 数据寄存器:P_ADC_Data(0x7162H)

如表 2.58 所示,第 6~15 位为 ADDATA 位,用于 ADC 转换数据。转换完成后(控制寄存器 P_ADC_Ctr 第七位 ADCRDY 置1),AD 结果在此寄存器高 10 位。

表 2.58 P_ADC_Data

B15~B6	ADDATA	ADC 转换数据	
B5~B0	保留		

2.6.5 SPI 标准外设接口

SPMC75 系列微控制器内嵌一个 SPI 通信模块,该模块是一个 3 引脚的高速同步串行模块,支持全双工同步传输,支持主从两种工作模式(通过对 P_SPI_Ctrl 寄存器的 SPIMS 位的设定来选择),最高可以到 6M 的通信速度。一些参数可由编程设定,如:运行模式、时钟频率、时钟相位和极性等。

3 个外部引脚为:SCK 为时钟输入/输出(与 IOB11 复用);SDO 为数据输出(与 IOB13 复用);SDI 为数据输入(与 IOB12 复用)。

1. SPI 运行主模式

在主模式下,移位时钟(SPICLK)由 SPI 模块产生。在控制寄存器 P_SPI_Ctrl 中有两位用作对时钟相位(SPIPHA)和极性(SPIPOL)位的控制。在向发送缓冲寄存器 P_SPI_TxBuf 写入一个字节之后,数据被锁存到寄存器的内部发送缓冲器中。如果此时移位寄存器没有执行数据移位操作,该数据将被载入到移位寄存器中并在下一个 SPICLK 时钟开始传输。如果移位寄存器正在执行数据移位(由发送状态寄存器 P_SPI_TxStatus 中的第 13 位发送缓冲满标志位 SPITXBF 得知),新数据会等待当前的数据移出后再进行移位。

SPI 通过 SDO 引脚将数据从最高有效位(MSB)移到最低有效位(LSB)。8 位数据在 8 个 SCLK 周期后全部移出。同时,接收的数据也通过 SDI 引脚移入。当每组 8 位发送完成后,P_SPI_TxStatus 寄存器中的第 15 位 SPI 发送中断标志位 SPITXIF 置"1";如果该寄存器中的第 14 位发送中断使能 SPITXIE 被设置为"1",则会产生一个 SPI 发送中断。同样,当 SPI 接口成功地接收了一组 8 位字节时,接收到的数据将被锁存到接收缓冲器中。此时,接收状态寄存器 P_SPI_RxStatus 中的第 15 位接收中断标志位 SPIRXIF 被设置为"1",表示发生一个 SPI 接收中断。

2. SPI 运行从模式

在从模式下,移位时钟 SPICLK 来自外部 SPI 主设备,所以从第一个外部时钟周期开始传输。发送前,应在第一个来自主设备的 SPICLK 之前向其发送缓冲寄存器 P_SPI_TxBUF 写入数据。主设备与从设备都必须按相同的 SPICLK 相位和极性运行,以进行数据的发送与接收。如果时钟相位(SPIPHA)为"1",只要向 P_SPI_TxBUF 中写入数据,就开始移出第一个数据位。如果时钟相位(SPIPHA)为"0",则在第一个 SPICLK 边沿后才开始移出第一个数据位。

2.7 SPMC75 系列与 SPCE061A 芯片性能参数的比较

为了便于使用单片机时选型方便,这里对凌阳单片机 SPCE061A 和 SPMC75 系列芯片进行比较,如表 2.59 所示。

表 2.59 SPCE061A 和 SPMC75 系列芯片参数比较

性能参数	SPCE061A	SPMC75 系列
CPU 内核	16 位通用微控制器,采用凌阳 μ'nSP™ 内核,CPU 时钟 0.32~49.152MHz	高性能的 16 位 CPU 内核,凌阳 16 位 μ'nSP™ 微处理器,2 种低功耗模式(Wait/Standby),片内低电压检测电路,最高系统频率 24MHz
存储器	32Kwords Flash 2Kwords SRAM	32Kwords Flash 2Kwords SRAM 外设控制寄存器

性能参数	SPCE061A	SPMC75 系列
ADC	7 通道 10 位电压模/数转换器（ADC）和单通道声音模/数转换器	10 位的 ADC；8 个外部输入信道；可编程的换速率，最大转换速率 100ksps；可与 PDC 或是 MCP 等定时器联动，实现电机控制中的电参量测量
定时器	2 个 16 位可编程定时器/计数器；1 个看门狗定时器	2 个 PDC 定时器：PDC0 和 PDC1； 2 个 MCP 定时器：MCP3 和 MCP4； TPM 定时器 2； 2 个通用 16 位定时/计数器； 1 个看门狗定时器
串行通信接口	一路 SIO 和一路 UART	一路 SPI 和一路 UART
I/O 口数量	32 个	64 个
封装	PLLCC84 LQFP80	QFP64、QFP80 SDIP42、SDIP44

2.8 本章小结

本章主要介绍凌阳 SPCE061A 和 SPMC75 系列单片机的硬件结构及其功能，包括 SPCE061A 的单片机片内存储器和片内外设部件，SPMC75 系列单片机的片内存储器和片内外设部件，并对 SPMC75 系列与 SPCE061A 芯片的性能参数进行了比较，为单片机的软件开发和应用奠定了基础。

第3章 凌阳单片机的指令系统

指令系统就像是人的语言,是人与机器沟通的桥梁。SPCE061A 和 SPMC75 系列的凌阳单片机的指令系统相比,除了后者不具备语音功能但可方便地用于控制外,其他均通用。其指令系统在诸如指令格式、寻址方式等规则的基础上,架构出了五类指令:数据传送类、算术运算类、逻辑运算类、转移指令类、控制转移类。其结构紧凑且灵活,执行时间迅速,并提供了对高级语言的支持和对数字信号处理运算能力的支持。下文将对指令系统作详细介绍。

3.1 指令的分类

3.1.1 符号约定

以下符号是在指令系统叙述过程中所要用到的,在此统一约定如表 3.1 所示。

表 3.1 指令系统符号的统一约定

Rd	目标寄存器或目标存储器指针
Rs	源寄存器或源存储器指针
X,Y	源运算单元,依据不同的寻址方式具有不同的意义
Rx~Ry	序列寄存器,x、y 为序号
MR	由 R4、R3 组成的 32 位结果寄存器(R4 为高字组,R3 为低字组)
#	算术逻辑操作符
NZSC	SR 寄存器中的 4 个标志位
+,−,×	加法符号,减法符号,乘法符号
&,│,^,~	逻辑与符号,逻辑或符号,逻辑异或符号,逻辑取反符号
→	数据传送符号
SFT	寄存器移位操作符
nn	寄存器移位位数
IM6,IM16	6 位立即数,16 位立即数
A6,A16	6 位地址码,16 位地址码
PC,SP,BP	程序指针,堆栈指针,基指针
SR	段寄存器
CS,DS	SR 寄存器中的代码段选择字段和数据段选择字段
Offset	地址偏移量
Segment	地址页码
{ }	任选项
[ ]	寄存器间接寻址标志

D	非零页数据段寻址标志
++,--	指针单位字增量、减量操作符
ss	两个有符号数之间的操作
us	无符号数与有符号数之间的操作
If cond=1	如果 NZSC 标志条件满足
Label,sub_prog	程序标号,子程序标号
CPUCLK	CPU 时钟
n	内积运算项数
FIR	有限冲击响应(Finite Impulse Response)指数字信号处理中的一种具有线性相位及任意幅度特性的数字滤波器算法
//	注释符
RW	读等待态
SW	存储等待态
SRW	存储/读等待态

3.1.2 指令的分类

指令共有 41 种,可分为五类,如表 3.2 中所列。其中数据传送类和算术逻辑操作类里的大多数指令又有不同寻址方式的组合,具体可见后面的指令详述部分。初次接触,可能会使人感到有点眼花缭乱,但如果对其分门别类,学起来就会感到比较轻松。

表 3.2 指令类别

类别	指令汇集符	操作	长度	数目
数据传送类	LOAD,STORE	X→Rd,Rd→X	字、双字	2
	PUSH,POP	Rx~Ry→[Rs],[Rs]→Rx~Ry	字、双字	2
算术运算类	ADD,SUB	(X±Y)→Rd	字、双字	2
	ADC,SBC	(X±Y±C)→Rd	字、双字	2
	NEG,CMP	~X+1→Rd,X-Y 影响 NZSC 标志	字、双字	2
	MUL	Rd×Rs→MR	字	1
	MULS	[Rd]×[Rs]+MR→MR	字	2
	DIVS,DIVQ	Division	字	2
逻辑运算类	AND,OR,XOR	X&Y→Rd,X|Y→Rd,X-Y→Rd	字、双字	3
	TEST	X&Y 影响 NZSC 标志	字、双字	1
	SFT	(Rs SFT nn)#Rd→Rd	字	5
	Shift	Rd LSFT RS→Rd	字	5
转移控制类	BREAK	PC→[SP],SR→[SP+1],[0xFFF5]→PC,0→CS	字	1
	CALL Label	PC→[SP],SR→[SP+1],(A22)$_{16}$→PC,(A22)$_{16}$→CS	字、双字	1
	RETS,RETI	[SP]→SR,[SP-1]→PC	字	1
	Jcond,JMP Label	IF cond=1,PC±IM6;或者,PC±IM6,	字	2
	GOTO Label	A16→PC	字、双字	2
	GOTO MR	MR→PC	字	1

类别	指令汇集符	操作	长度	数目
其他 控制类	FIR_MOV ON/OFF	允许/禁止 FIR 滤波器运算过程中数据自动移动	字	2
	FIQ ON/OFF	开通/关断 FIQ 中断,开通/关断 IRQ 中断	字	4
	IRQ ON/OFF	设置允许/禁止 FIQ 和 IRQ 中断的标志	字	4
	INT	CPUCLK+5	字	1
	NOP			

3.2 寻 址 方 式

寻址方式像是语言中的方言。如同在不同的地方表达同一个意思可能会有不同的腔调,在对不同地址的操作数完成同一类操作可能需用不同的寻址方式。

多种寻址方式的采用,表明形成操作数最终目标地址的源可来自寄存器或寄存器之内容及地址偏移量等。

通过一些计算所形成的目标地址,我们称之为有效地址。指令中的有效地址按位数分大致有 3 种:6 位、16 位、22 位。其中 6 位和 16 位均为地址偏移量,即意味着操作数寻址只能在页内进行。而 22 位有效地址则意味着操作数寻址是在整个 64 页范围内的绝对空间进行。

单片机支持 6 种基本寻址方式供其访问 16 位的数据操作数或转移指令之地址操作数。指令系统里多数指令都可与这 6 种寻址方式组合产生一个指令子集。

表 3.3 给出了 6 种基本寻址方式。

表 3.3 基本寻址方式

寻址方式	寻址符号	有效地址的形成	操作数或指令寻址解释
变址寻址	[BP+IM6]	EA=BP+IM6	在零页范围内变址寻址
PC 相对寻址	PC±IM6	EA=PC±IM6	程序条件或无条件跳转到与 PC 相关的地址上,跳转到范围限制为 PC±63 字
存储器 绝对地址寻址	[A6]	EA=A6	在零页里前 64 个字存储单元绝对地址中寻址
	[A16]	EA=A16	在零页里 64 个字存储单元绝对地址中寻址
	[A22]	EA=A22	在 64 页代码段绝对地址范围内调用子程序
立即寻址	IM6		操作数即 IM6
	IM16		操作数即 IM16
寄存器 直接寻址	R		操作数在寄存器中
寄存器 间接寻址	[R]	EA:Offset=[R] Segment=[SR:DS]	在零页或 64 页数据段地址范围内寻址。地址偏移量取决于寄存器内容,页码取决于 SR 寄存器中的 DS 字段
		EA=[R]	在零页地址范围内寻址。地址偏移量取决于寄存器内容

3.3 指令集及编程方法

以下将按照指令类别的顺序,将指令集中各子集一一列出。

3.3.1 数据传送类指令及其编程方法

1. 立即数寻址

【格式】

    Rd = DATA16;   //16 位的立即数送入 Rd 寄存器
    Rd = DATA6;   //6 位的立即数扩展成 16 位后送入 Rd 寄存器

影响标志:N,Z 执行后 Rd 的结果将影响 N,Z。

2. 寄存器寻址

【格式】

    Rd = Rs;   //将 Rs 寄存器的数据送给 Rd 寄存器

影响标志:N,Z 执行后 Rd 的结果将影响 N,Z。

例 1 将 16 位立即数 0x1234 送入 R1 中,将 6 位立即数 0x3F 送入 R2 中,并且将 R1、R2 的数据分别保存于 R3、R4,R1 清零。

    R1 = 0x1234;   //16 位立即数 0x1234 送入 R1 中 N = 0,Z = 0
    R2 = 0x3F;   //6 位立即数 0x3F 扩展成 16 位送入 R2 中;N = 0,Z = 0
    R3 = R1;   //R1 的数据保存于 R3,N = 0,Z = 0
    R4 = R2;   //R2 的数据保存于 R4,N = 0,Z = 0
    R1 = 0;   //将 0 赋给 R1,N = 0Z = 1

例 2 直接地址寻址。

【格式】

    [A6] = Rs;   //把 Rs 数据存储到 A6 指出的存储单元
    [A16] = Rs;   //把 Rs 数据存储到 A16 指出的存储单元
    Rd = [A6];   //把 A6 指定的存储单元数据读到 Rd 寄存器
    Rd = [A16];   //把 A16 指定的存储单元数据读到 Rd 寄存器

影响标志:N,Z。

例 3 变址寻址。

【格式】

    [BP + DATA6] = Rs;   //把 Rs 的值存储到基址指针 BP 与 6 位的立即数之和指出的存储
                           //单元
    Rd = [BP + DATA6];   //把基址指针 BP 与 6 位的立即数的和指定的存储单元数据读到 Rd
                           //寄存器

影响标志:N,Z。

例 4 寄存器间接寻址,格式:

【格式】

    [Rd] = Rs;   //把 Rs 的数据存储到 Rd 的值所指的存储单元,Rd 中存放的是操作
                           //数的地址
    [+ + Rd] = Rs;   //首先把 Rd 的值加 1 而后 Rs 的数据存储到 Rd 的值所指的存储单
                           //元间接寻址的存储单元
    [Rd − −] = Rs;   //Rs 的数据存储到 Rd 的值所指的存储单元而后 Rd 的值减 1
    [Rd + +] = Rs;   // Rs 的数据存储到 Rd 的值所指的存储单元而后 Rd 的值加 1

Rd = [Rs];	//读取 Rs 的值所指的存储单元的值到 Rd
Rd = [+ + Rs];	//首先 Rs 的值加 1 然后读取 Rs 的值所指的存储单元而后存储到 Rd
Rd = [Rs - -];	//读取 Rs 的值所指的存储单元的值到 Rd 而后 Rs 的值减 1
Rd = [Rs + +];	//读取 Rs 的值所指的存储单元的值到 Rd 而后 Rs 的值加 1

影响标志：N,Z。

例 5 将 R3 的值保存于 0x25 单元。

R3 = 0x5678;	//把 16 位立即数 0x5678 赋给 R3

方法 1

[0x25] = R3;	//将 R3 的值存储于 0x25 存储单元(直接地址寻址)

方法 2

R2 = 0x25;	//立即数 0x25 送入 R2 中
[R2] = R3;	//将 R3 的值存储于 0x25 存储单元(寄存器间接寻址)

***方法 3**

BP = 0x20;	//立即数 0x20 送入 BP 中
[BP + 5] = R3;	//将 R3 的值存储于 0x25 存储单元(变址寻址),0x25 单元的内容为 0x5678

例 6 将 25h,26h,27h 单元清空。

方法 1

R1 = 0;	//影响标志位 Z = 1,N = 0
R2 = 0x25;	//立即数 0x25 送入 R2 中
[R2 + +] = R1;	//R1 的值存储于 0x25 存储单元,R2 = R2 + 1
[R2 + +] = R1;	//R1 的值存储于 0x26 存储单元,R2 = R2 + 1
[R2] = R1;	//R1 的值存储于 0x27 存储单元

方法 2

R1 = 0;	//影响标志位 Z = 1,N = 0
R2 = 0x27;	//立即数 0x27 送入 R2 中
[R2 - -] = R1;	//R1 的值存储于 0x27 存储单元,R2 = R2 - 1
[R2 - -] = R1;	//R1 的值存储于 0x26 存储单元,R2 = R2 - 1
[R2] = R1;	//R1 的值存储于 0x25 存储单元.

方法 3

R1 = 0;	//影响标志位 Z = 1,N = 0
R2 = 0x24;	//立即数 0x24 送入 R2 中
[+ + R2] = R1;	// R2 = R2 + 1,R2 = 0x25,而后 R1 的值存储于 0x25 存储单元
[+ + R2] = R1;	// R2 = R2 + 1,R2 = 0x26,而后 R1 的值存储于 0x26 存储单元
[+ + R2] = R1;	// R2 = R2 + 1,R2 = 0x27,而后 R1 的值存储于 0x27 存储单元

例 7 用不同方式读取存储器的值。

BP = 0x20;	//将立即数 0x20 赋给 BP
R1 = [BP + 5];	// BP + 5 = 0x25,读取 0x25 单元数据到 R1 中
R1 = [0x2345];	//读取 0x2345 单元数据到 R1 中
R1 = [BP];	//读取 0x20 单元的数据到 R1 中
R1 = [BP + +];	//读取 0x20 单元的数据到 R1 中,修改 BP = 0x21
R1 = [BP - -];	//读取 0x21 单元的数据到 R1 中,修改 BP = 0x20
R1 = [+ + BP];	//修改 BP = 0x21 读取 0x21 单元的数据

3. 堆栈指针 SP

堆栈指针 SP 总是指向栈顶的第一个空项,压入一个字后 SP 减 1。将多个寄存器同时压栈总是序号最高的寄存器先入栈,然后依次压入序号较低的寄存器直到序号最低的寄存器。所以执行指令 PUSH R1,R4 TO [SP] 与执行指令 PUSH R4,R1 TO [SP] 是等效的。即将 R4,R3,R2,R1 压栈出栈操作前,SP 总是指向栈底的第一个空项。因此在数据出栈前 SP 加 1,总是先弹出入栈指令中序号最低的寄存器,而后依次弹出序号较高的寄存器。

【格式】

```
push Rx,Ry TO [SP]
pop Rx,Ry FROM [SP]
```

例 8 将 r1,r2,r3,r4,r5 压栈,然后出栈。

```
push r1,r5 to [sp];        //将 r5,r4,r3,r2,r1 顺序压栈
push r2,r3 to [sp];        //将 r2,r3 压栈
push r3 to [sp];           //将 r3 压栈
pop r3 from [sp];          //r3 出栈
pop r2,r3 from [sp];       //r2,r3 出栈
pop r1,r5 from [sp];       //将 r1,r2,r3,r4,r5 顺序出栈
```

4. 数据传送类指令小结

功能描述:

(1)指令执行 Rd=X 的数据传送操作,即将源操作数 X 或源操作单元 R 中的数据存入目标寄存器 Rd。

(2)指令执行 X=Rd 的数据传送操作,即将寄存器 Rd 的内容存入目标操作单元 X。

(3)指令将 n(n=1~7,SIZE)个序列寄存器 Rx~Ry(Rx~Ry≠SP)中的字数据压入 Rs 指定的地址偏移量初值的寄存器中,且总是将序号高的寄存器内容先压入。或者将一组由 Rs 指定的地址偏移量初值的存储器中的字数据拷贝到 n(n=1~7,SIZE)个序列寄存器 Rx~Ry(Rx~Ry≠SP)中,且总是先拷贝数据到序号低的寄存器内。数据传送类指令如表 3.4 示。

表 3.4   数据传送类指令表

指令语法	指令格式					指令周期	寻址方式	标志位反应			
	第一字组				第二字组			N	Z	S	C
Rd=IM6	xxxx	Rd	xxx	IM6	无	3	IM6				
Rd=IM16	xxxx	Rd	xxxxxx	Rs	IM6	6/8	IM16				
Rd=[BP+IM6]	xxxx	Rd	xxx	IM6	无	8	[BP+IM6]				
Rd=[A6]	xxxx	Rd	xxx	A6	无	6/8	[A6]				
Rd=[A16]	xxxx	Rd	xxxxxx	Rs	A16	9/11	[A16]				
Rd=Rs	xxxx	Rd	xxxxxx	Rs	无	3/8	R	√	√	—	—
Rd={D:}[Rs] Rd={D:}[++Rs] Rd={D:}[Rs−−] Rd={D:}[Rs++]	xxxx	Rd	xxx D	@	Rs	无	7/9	[R]			

指令语法	指令格式				指令周期	寻址方式	标志位反应			
	第一字组			第二字组			N	Z	S	C
[BP+IM6]=Rd	xxxx	Rd	xxx	IM6	无	8	[BP+IM6]				
[A6]=Rd	xxxx	Rd	xxx	A6	无	6/8	[A6]				
[A16]=Rd	xxxx	Rd	xxxxxx	Rs	A16	9/11	[A16]				
{D:}[Rs]=Rd {D:}[++Rs]=Rd {D:}[Rs－－]=Rd {D:}[Rs++]=Rd	xxxx	Rd	xxx D	@	Rs	无	7/9	[R]	—	—	—	—
PUSH Rx,Ry to [Rs]	xxxx	Rd	xxx	SIZE	无	3n+4	[R]	—	—	—	—
PUSH Rx,Ry from [Rs]	xxxx	Rd	xxx	SIZE	无	3n+4/ 3n+6	[R]	√	√	—	—

3.3.2 算术运算类指令及其编程方法

单片机算术运算主要包括加,减,乘以及 n 项内积运算。加减运算按照是否带进位可分为带进位和不带进位的加减运算。带进位的加减运算在格式上以及寻址方式与不带进位的加减运算类似。这里按寻址方式详细介绍不带进位的加减运算,而对带进位的加减运算只作简要说明。

1. 加法运算

1)立即数寻址不带进位

【格式】

　　Rd + = DATA6 或 Rd = Rd + DATA6

操作:Rd+DATA6 给 Rd;　　　　　影响标志:N,Z,S,C;

说明:Rd 的数据与 6 位(高位扩展成 16 位)立即数相加,结果送 Rd;

【格式】

　　Rd = Rs + DATA16

操作:Rs+DATA16 给 Rd;　　　　　影响标志:N,Z,S,C;

说明:Rd 的数据与 16 位的立即数相加,结果送 Rd;

2)直接地址寻址

【格式】

　　Rd + = [A6]或 Rd = Rd + [A6]

操作:Rd+[A6]给 Rd;　　　　　影响标志:N,Z,S,C;

3)变址寻址

【格式】

　　Rd + = [Bp + DATA6] 或 Rd = Rd + [BP + DATA6]

操作:Rd+[Bp+DATA6]给 Rd;　　　　影响标志:N,Z,S,C;

4)寄存器寻址

【格式】

    Rd + = Rs

操作:Rd+Rs 给 Rd;   影响标志:N,Z,S,C;

例 9 求两个数 0x5588,0x2219 的和结果存放与 R1 中。

方法 1

    R1 = 0x5588;   //N = 0,Z = 0

    R1 + = 0x2219;   //N = 0,Z = 0,S = 0,C = 0

方法 2

    R2 = 0x5588;

    R1 = R2 + 0x2219;

例 10 求取 0x2222,0x2223 两个存储单元中的数据之和,结果存于 R1 中。

方法 1

    R1 = 0;   //R1 清空 N = 0,Z = 1

    R2 = 0x2222;   //R2 为地址指针指向 0x2222

    R1 + = [R2 + +];   //读取 R2 间接寻址的单元值,使 R2 的值加 1

    R1 + = [R2];   //求和

方法 2

    R1 = 0;

    R2 = 0x2223;   //指向 0x2223

    R1 + = [R2 - -];

    R1 + = [R2];   //求和

方法 3

    R1 = 0x2222;

    R1 = [R1];

    R2 = 0x2223;

    R1 + = [R2];

2. 减法运算

同不带进位的加法运算一样,不带进位的减法运算同样可分为立即数寻址、直接地址寻址、寄存器寻址、寄存器间接寻址等方式。IM6 为 6 位立即数,IM16 为 16 位立即数,A6 为 6 位地址码,A16 为 16 位地址码。

N,Z,S,C 为 SR 寄存器中的四个标志位

1)立即数寻址

【格式 1】

    Rd - = IM6 或 Rd = Rd - IM6

操作:Rd-IM6 送 Rd;   影响标志:N,Z,S,C;

说明:Rd 的数据减去 6 位(bit)立即数,结果送 Rd。

【格式 2】

    Rd = Rs - IM16

操作:Rs-IM16 送 Rd;   影响标志:N,Z,S,C;

说明:Rs 的数据减去 16 位(bit)立即数,结果送 Rd。

2)直接地址寻址

【格式1】

    Rd − = [A6] 或 Rd = Rd − [A6]

操作:Rd−[A6]送 Rd;   影响标志:N,Z,S,C;

说明:Rd 的数据减去[A6]存储单元中的数据,结果送 Rd。

【格式2】

    Rd = Rs − [A16]

操作:Rs−[A16]送 Rd;   影响标志:N,Z,S,C;

说明:Rs 的数据减去[A16]存储单元中的数据,结果送 Rd。

3)变址寻址

【格式】

    Rd − = [BP + IM6] 或 Rd = Rd − [BP + IM6]

操作:Rd−[BP+IM6]送 Rd;   影响标志:N,Z,S,C;

说明:Rd 的值减去基址加变址指定的存储单元的值,结果送 Rd。

4)寄存器寻址

【格式】

    Rd − = Rs

操作:Rd−Rs 送 Rd;   影响标志:N,Z,S,C;

说明:Rd 的数据减去 Rs 的数据,结果送 Rd。

5)寄存器间接寻址

【格式1】

    Rd − = [Rs]

操作:Rd−[Rs]送 Rd;   影响标志:N,Z,S,C;

说明:Rd 的数据与 Rs 所指定的存储单元中的数据相减,结果送 Rd。

【格式2】

    Rd − = [Rs + +]

操作:Rd−[Rs]送 Rd , Rs+1 送 Rs;   影响标志:N,Z,S,C;

说明:Rd 的数据与 Rs 所指定的存储单元中的数据相减,结果送 Rd, Rs 的值加 1。

【格式3】

    Rd − = [Rs − −]

操作:Rd−[Rs]送 Rd, Rs − 1 送 Rs;   影响标志:N,Z,S,C;

说明:Rd 的数据与 Rs 所指定的存储单元中的数据相减,结果送 Rd, Rs 的值减 1。

【格式4】

    Rd − = [+ + Rs]

操作:Rs+1 送 Rs,Rd−[Rs]送 Rd;   影响标志:N,Z,S,C;

说明:Rs 的值加 1,Rd 的数据与 Rs 所指定单元数据相减,结果送 Rd。

例 11   求 0x2048,0x2049 单元的差。

    R2 = 0x2048 ;

    R1 = [R2 + +];   //取 0x2048 单元的值送入 R1,且 R2 = R2 + 1

    R1 − = [R2];   // 0x2048 单元的值减去 0x2049 单元的值送入 R1

例 12 其他用法举例。

R2 - = 0x63;	//求 R2 与 0x63 的差
R2 - = [0x63];	//求 R2 与位于 0x63 存储单元中的数据的差
R1 = R2 - [0x1234];	//将 R2 与 0x1234 存储单元中的数据的差送给 R1
R1 = R2 - 0x1234;	//将 R2 与 0x1234 的差送给 R1;
R3 - = [BP + 0x08];	//将 R3 与 BP + 0x08 存储单元中的数据的差送给 R3

3. 带进/借位的加/减运算

由于带进位的加减运算与不带进位的加减运算在寻址方式周期数、指令长度、影响的标志位均相同,在格式上相似,故这里只给出格式供读者参考。

1)带进位的加法格式

Rd + = IM6,Carry;	Rd = Rd + IM6,Carry;
Rd = Rs + IM16,Carry;	Rd + = [BP + IM6] ,Carry
Rd = Rd + [BP + IM6] ,Carry;	Rd + = [A6] ,Carry
Rd = Rd + [A6] ,Carry;	Rd = Rs + [A16] ,Carry
Rd + = Rs,Carry;	Rd + = [Rs] ,Carry
Rd + = [+ + Rs] ,Carry;	Rd + = [Rs - -],Carry
Rd + = [Rs + +],Carry	

2)带借位的减法格式

Rd - = IM6,Carry;	Rd = Rd - IM6,Carry
Rd = Rs - IM16,Carry;	Rd - = [BP + IM6] ,Carry
Rd = Rd - [BP + IM6] ,Carry;	Rd - = [A6] ,Carry
Rd = Rd - [A6] ,Carry;	Rd = Rs - [A16] ,Carry
Rd - = Rs,Carry;	Rd - = [Rs] ,Carry
Rd - = [+ + Rs] ,Carry;	Rd - = [Rs - -],Carry
Rd - = [Rs + +],Carry	

3)取负运算

例 13 计算数 -600 与 0x2340 单元数据的差。

R1 = - 600	
BP = 0x2340;	//取该单元地址
R2 = - [BP];	//取此数的负数
R1 + = R2;	//相加结果送 R1

4. 乘法指令

【格式 1】

MR = Rd * Rs 或 MR = Rd * Rs,ss

功能:Rd 乘以 Rs 结果送 MR;

说明:ss 表示两个有符号数相乘,结果送 MR 寄存器;

标志位:无效(指 C 无效);

执行周期:12。

【格式 2】

MR = Rd * Rs,us

功能:Rd 乘以 Rs 结果送 MR;

说明:us 表式无符号数与有符号数相乘,结果送 MR 寄存器;

标志位:无效;

执行周期:12;

注:Rd,Rs 可用 R1~R4,BP,MR 由 R4,R3 构成,R4 是高位,R3 为低位。

例 14 计算一年 365 天共有多少小时,结果存放 R4(高位),R3(低位)。

```
R1 = 365;

R2 = 24;

MR = R1 * R2;                    //计算乘积
```

5. 内积运算指令

【格式】

```
MR = [Rd] * [Rs] {,ss} {,n}
```

功能:指针 Rd 与 Rs 所指寄存器地址内有符号数据之间或无符号与有符号字数据之间进行 n 项内积运算,结果存入 MR。符号的缺省选择为 ss,即有符号数据之间的运算,n 的取值为 1~16,缺省值为 1。

6. 比较运算

比较运算执行两数的减法操作,不存储运算结果,只影响标志位 N,Z,S,C。下面按寻址方式分别介绍比较运算的各条指令。

1)立即数寻址

【格式】

```
cmp Rd,IM6
```

说明:将 Rd 与 6 位立即数相减,结果影响标志位 N,Z,S,C。

```
cmp Rd,IM16
```

说明:将 Rd 与和 16 位立即数相减,结果影响标志位 N,Z,S,C。

2)直接地址寻址

【格式】

```
cmp Rd,[A6]
```

说明:此指令将 Rd 的值与 A6 指定地址单元的数据相减,结果影响标志位:N,Z,S,C。

【格式】

```
cmp Rd, [A16]
```

说明:此指令将 Rd 的值与 A16 指定地址单元的数据相减,结果影响标志位:N,Z,S,C。

3)寄存器寻址

【格式】

```
cmp Rd,Rs
```

说明:该指令将 Rd 与 Rs 的值相减,结果影响标志位:N,Z,S,C。

4)变址寻址

【格式】

```
cmp Rd,[BP + IM6]
```

说明:该指令将 Rd 与[BP+IM6]指定地址单元数据相比较,结果影响标志位:N,Z,S,C。

5)寄存器间接寻址

【格式】

```
cmp Rd,[Rs];                //将 Rd 的值与寄存器 Rs 指定存储单元的数据相比较
cmp Rd,[Rs++];              //将 Rd 的值与寄存器 Rs 指定存储单元的数据相比较并
                           //修改 Rs 的值,使 Rs+1
cmp Rd,[Rs--];             //将 Rd 的值与寄存器 Rs 指定存储单元的数据相比较并
                           //修改 Rs 的值,使 Rs-1
cmp Rd,[++Rs];            //修改 Rs 的值使 Rs 加 1,再将 Rd 的值与寄存器 Rs 指定存
                           //储单元的数据相比较,结果影响标志位
```

7. 算术运算类指令小结

算术运算类指令如表 3.5 所示。

表 3.5　算术运算类指令表

加法指令										
指令语法	指令格式				指令周期	寻址方式	标志位反应			
	第一字组			第二字组			N	Z	S	C
Rd+=IM6	xxxx	Rd	xxx	IM6	无	3	IM6				
Rd=Rd+IM16			xxx	IM6			IM6				
Rd=Rs+IM16	xxxx	Rd	xxxxxx	IM6	IM16	6/8	IM6				
Rd+=[BP+IM6]	xxxx	Rd	xxx	IM6	无	8	[BP+IM6]				
Rd=Rd+[BP+IM6]			xxx	IM6							
Rd+=[A6]	xxxx	Rd	xxx	A6	无	6/8	[A6]	√	√	√	√
Rd=Rd+[A6]											
Rd=Rs+[A16]	xxxx	Rd	xxxxxx	Rs	A16	9/11	A16				
Rd+=Rs	xxxx	Rd	xxxxxx	Rs	无	3/8	R				
Rd+={D:}[Rs]	xxxx	Rd	xxx	D	@	Rs	无	7/9	[R]			
Rd+={D:}[++Rs]											
Rd+={D:}[Rs--]											
Rd+={D:}[Rs++]											
减法指令										
Rd-=IM6	xxxx	Rd	xxx	IM6	无	3	IM6				
Rd=Rd-IM16											
Rd=Rs-IM16	xxxx	Rd	xxxxxx	IM6	IM16	6/8	IM6				
Rd-=[BP+IM6]	xxxx	Rd		IM6	无	8	[BP+IM6]				
Rd=Rd-[BP+IM6]											
Rd-=[A6]	xxxx	Rd	xxx	A6	无	6/8	[A6]	√	√	√	√
Rd=Rd-[A6]											
Rd=Rs-[A16]	xxxx	Rd	xxxxxx	Rs	A16	9/11	A16				
Rd-=Rs	xxxx		xxxxxx	Rs	无	3/8	R				
Rd-={D:}[Rs]	xxxx	Rd	xxx	D	@	Rs	无	7/9	[R]			
Rd-={D:}[++Rs]											
Rd-={D:}[Rs--]											
Rd-={D:}[Rs++]											

带进位/借位的加法/减法指令											
Rd±＝IM6,C Rd＝Rd±IM16,C	xxxx	Rd	xxx	IM6	无	3	IM6				
Rd=Rs±IM16,C	xxxx	Rd	xxxxxx	IM6	IM16	6/8	IM6				
Rd±＝[BP+IM6],C Rd＝Rd±[BP+IM6],C	xxxx	Rd	xxx	IM6	无	8	[BP+IM6]	√	√	√	√
Rd±＝[A6],C Rd＝Rd±[A6],C	xxxx	Rd	xxx	A6	无	6/8	[A6]				
Rd=Rs±[A16],C	xxxx	Rd	xxxxxx	Rs	IM16	9/11	A16				
Rd±＝Rs,C	xxxx	Rd	xxxxxx	Rs	无	3/8	R				
Rd±＝{D:}[Rs] Rd±＝{D:}[++Rs],C Rd±＝{D:}[Rs−−],C Rd±＝{D:}[Rs++],C	xxxx	Rd	xxx D @	Rs	无	7/9	[R]				
乘积运算指令											
MR=Rd * Rs{,ss} MR=Rd * Rs{,us}	xxxx	Rd	S xxxxx	Rs	无	12	R				
MR=Rd * Rs{,ss}{,n} MR=Rd * Rs{,us}{,n}	xxxx	Rd	S x	Rs	无	10n+8	[R]	—	—	—	—
比较指令											
CMP Rd,IM6	xxxx	Rd	xxx	IM6	无	3	IM6				
CMP Rs,IM16	xxxx	Rd	xxxxxx	Rs	IM16	6/8	IM16				
CMP Rd,[BP+IM6]	xxxx	Rd	xxx	IM6	无	8	[BP+IM6]				
CMP Rd,[A6]	xxxx	Rd	xxx	A6	无	6/8	[A6]				
CMP Rs,[A16]	xxxx	Rd	xxxxxx	Rs	A16	9/11	[A16]	√	√	√	√
CMP Rd,Rs	xxxx	Rd	xxxxxx	Rs	无	3/8	R				

CMP Rd,{D:}[Rs]
CMP Rd,{D:}[++Rs]
CMP Rd,{D:}[Rs−−]
CMP Rd,{D:}[Rs++]
	xxxx	RD	xxx D @	Rs	无	7/9	[R]				

3.3.3 逻辑运算类指令及其编程方法

1. 逻辑与

1)立即数寻址
【格式1】
　　Rd & = IM6 或 Rd = Rd & IM6

功能:Rd & IM6 送 Rd。　　　　影响标志位：N, Z。

说明:该指令将 Rd 的数据与 6 位立即数进行逻辑与操作,结果送 Rd 寄存器。

【格式 2】

    Rd = Rs& IM16

功能:Rs& IM16 送 Rd。   影响标志位:N, Z。

说明:该指令将 Rs 的数据与 16 位立即数进行逻辑与操作,结果送 Rd 寄存器。

2)直接地址寻址

【格式 1】

    Rd& = [A6] 或 Rd = Rd& [A6]

功能:Rd& [A6]送 Rd。

【格式 2】

    Rd = Rs& [A16]

功能:Rs& [A16]送 Rd。

3)寄存器寻址

【格式】

    Rd& = Rs

功能:Rd& Rs 送 Rd。   影响标志位:N, Z。

说明:将 Rd 和 Rs 的数据进行逻辑与操作,结果送 Rd 寄存器。

4)寄存器间接寻址

【格式 1】

    Rd& = [Rs]

功能:将 Rd 的数据与 Rs 指定的存储单元的数据进行逻辑与操作,结果送 Rd 寄存器。

【格式 2】

    Rd& = [Rs + +]

功能:Rd& [Rs]送 Rd, Rs+1 送 Rs。

【格式 3】

    Rd& = [Rs − −]

功能:Rd& [Rs]送 Rd, Rs−1 送 Rs。

说明:将 Rd 的数据与 Rs 指定的单元的数据进行逻辑与操作,结果送 Rd 寄存器,修改 Rs 的值使 Rs 减 1。

【格式 4】

    Rd& = [+ + Rs]

功能:Rs+1 送 Rs, Rd& [Rs]送 Rd。

说明:修改 Rs 的值 Rs 加 1 将 Rd 的数据与 Rs 指定的单元的数据进行逻辑与操作,结果送 Rd 寄存器。

例 15 取 R1 中的低 8 位。

方法 1

    R1& = 0x00ff;   //立即数寻址

    R2 = 0x00ff;

方法 2

    R1& = R2;   //寄存器寻址

方法 3

    R1& = [R2];   //寄存器间接寻址假设[r2]中也是 0x00ff

2. 逻辑或

1)立即数寻址
【格式 1】

    Rd | = IM6 或 Rd = Rd | IM6

功能:Rd | IM6 送 Rd。   影响标志位:N, Z。

说明:该指令将 Rd 的数据与 6 位立即数进行逻辑或操作,结果送 Rd 寄存器。

【格式 2】

    Rd = Rs | IM16

功能:Rs | IM16 送 Rd。   影响标志位:N, Z。

说明:该指令将 Rs 的数据与 16 位立即数进行逻辑或操作,结果送 Rd 寄存器。

2)直接地址寻址
【格式 1】

    Rd | = [A6] 或 Rd = Rd | [A6]

功能:Rd | [A6]送 Rd。   影响标志位:N,Z。

【格式 2】

    Rd = Rs | [A16]

功能:Rs | [A16]送 Rd。   影响标志位: N, Z。

3)存器寻址
【格式】

    Rd | = Rs

功能:Rd | Rs 送 Rd。   影响标志位: N, Z。

说明:将 Rd 和 Rs 的数据进行逻辑或操作,结果送 Rd 寄存器。

4)寄存器间接寻址
【格式 1】

    Rd | = [Rs]

功能:Rd | [Rs]送 Rd。

【格式 2】

    Rd | = [Rs + +]

功能:Rd | [Rs]送 Rd,Rs+1 送 Rs。

【格式 3】

    Rd | = [Rs − −]

功能:Rd | [Rs]送 Rd,Rs−1 送 Rs。

【格式 4】

    Rd | = [+ + Rs]

功能:Rs+1 送 Rs,Rd | [Rs]送 Rd。

例 16 将 R1 的高 8 位置 1。

方法 1

    R1 | = 0xff00;   //立即数寻址

方法 2

    R2 = 0xff00;

    R1 | = R2；   //寄存器寻址
方法 3
    R1 | = [R2]；   //寄存器间接寻址(假定[R2]的数据为 0xff00)

3. 逻辑异或

1)立即数寻址

【格式 1】

    Rd^ = IM6 或 Rd = Rd^IM6

功能：Rd^IM6 送 Rd。   影响标志位：N，Z。

说明：指令将 Rd 的数据与 6 位立即数进行逻辑异或操作,结果送 Rd 寄存器。

【格式 2】

    Rd = Rs^IM16

功能：Rs^IM16 送 Rd。   影响标志位：N，Z。

说明：该指令将 Rs 的数据与 16 位立即数进行逻辑异或操作,结果送 Rd 寄存器。

2)直接地址寻址

【格式 1】

    Rd^ = [A6] 或 Rd = Rd^[A6]

功能：Rd^[A6]送 Rd；   影响标志位：N,Z。

【格式 2】

    Rd = Rs^[A16]

功能：Rs^[A16]送 Rd。   影响标志位：N，Z。

说明：将 Rd 和 A6 指定存储单元中的数据进行逻辑异或操作,结果送 Rd 寄存器。

3)寄存器寻址

【格式】

    Rd^ = Rs

功能：Rd^Rs 送 Rd。   影响标志位：N，Z。

说明：将 Rd 和 Rs 的数据进行逻辑异或操作,结果送 Rd 寄存器。

4)寄存器间接寻址

【格式 1】

    Rd^ = [Rs]

功能：Rd^[Rs]送 Rd。

【格式 2】

    Rd^ = [Rs + +]

功能：Rd^[Rs]送 Rd,Rs+1 送 Rs。

【格式 3】

    Rd^ = [Rs - -]

功能：Rd^[Rs]送 Rd,Rs-1 送 Rs。

【格式 4】

    Rd^ = [+ + Rs]

功能：Rs+1 送 Rs,Rd^[Rs]送 Rd。

例 17 将 R1 的低 8 位取反。

方法 1

    R1^ = 0x00ff;   //立即数寻址

方法 2

    R2 = 0x00ff;

    R1^ = R2;   //寄存器寻址

方法 3

    R1^ = [R2];   //寄存器间接寻址(假定[R2]的数据为 0x00ff)

                                //由于 0^0 = 0；1^1 = 0；1^0 = 1；0^1 = 1

4. 测试 Test

测试指令执行指定两个数的逻辑与操作,但不写入寄存器,结果影响 N,Z 标志。

例 18 测试 R1 的 bit0 是否为 1。

    TEST R1,0x0001;   //立即数寻址

    R2 = 0x0001;

    TEST R1,R2;   //寄存器寻址

    TEST R1,[R2];   //寄存器间接寻址(假定[R2]的数据为 0x0001)

5. 移位操作

SPCE061A 的移位运算包括逻辑左移逻辑右移、循环左移循环右移、算术右移等操作。移位的同时还可进行其他运算,如加减比较、取负、与、或、异或、测试等。指令长度 1 指令周期 3/8,影响 N,Z 标志。由于硬件原因对于移位操作每条指令可以移 14 位。

1)逻辑左移

【格式】

    Rd = Rs LSL n

说明:该指令将 Rs 左移 n(1～4)位,低位用 0 补足,结果送 Rd 寄存器。

2)逻辑右移

【格式】

    Rd = Rs LSR n

说明:该指令将 Rs 右移 n(1～4)位,高位用 0 补足,结果送 Rd 寄存器。

3)循环右移

【格式】

    Rd = Rs RSR n

说明:该指令将 Rs 右移 n(1～4)位,SB 寄存器的低 n(1～4)进入 Rs 的高位,结果送 Rd 寄存器。

4)循环左移

【格式】

    Rd = Rs RSL n

说明:该指令将 Rs 左移 n(1～4)位,SB 寄存器的低 n(1～4)进入 Rs 的低位,结果送 Rd 寄存器。

5)算术右移

【格式】

    Rd = Rs ASR n

说明:该指令将 Rs 右移 n(1～4)位并对最高有效位进行扩展,结果送 Rd 寄存器。

另外:进行移位的同时还可进行其他运算。

Rd + = Rs ASR n {, Carry}　　　　　//将 Rs 移位后的结果与 Rd 带进位相加,结果送 Rd 寄存器

Rd − = Rs ASR n {, Carry}　　　　　//将 Rs 移位后的结果与 Rd 带进位相减,结果送 Rd 寄存器

CMP Rd, Rs ASR n　　　　　　　　//将 Rs 移位后的结果与 Rd 相比较

Rd = − Rs ASR n　　　　　　　　　//取 Rs 移位后的结果的负值,结果送 Rd 寄存器

Rd& = Rs ASR n　　　　　　　　　//将 Rs 移位后的结果与 Rd 逻辑相与,结果送 Rd 寄存器

Rd | = Rs ASR n　　　　　　　　　//将 Rs 移位后的结果与 Rd 相或,结果送 Rd 寄存器

Rd^ = Rs ASR n　　　　　　　　　//将 Rs 移位后的结果与 Rd 相异或,结果送 Rd 寄存器

TEST Rd, Rs ASR n　　　　　　　//测试 Rd 中 Rs 移位后结果中为 1 的位

例 19　比较 R1 的高 8 位与 R2 的低 8 位

方法 1

R1 = R1 LSR 4;

R1 = R1 LSR 4;　　　　　　　　//R1 右移 8 位

R1& = 0x00ff;

R2& = 0x00ff;　　　　　　　　　//保留低 8 位

Cmp R1, R2;

方法 2

R1 = R1 LSR 4;　　　　　　　　// R1 右移 4 位

Cmp R2, R1 LSR 4;　　　　　　// R1 右移 4 位后再与 R2 比较

6. 算术运算类指令小结

算述运算类指令小结见表 3.6。

表 3.6　算术运算类指令表

指令语法	指令格式					指令周期	寻址方式	标志位反应			
	第一字组				第二字组			N	Z	S	C
逻辑运算类指令(X 表示与'&'或'│'异或'^'运算中的任一种)											
Rd X＝IM6 Rd=Rd X IM16	xxxx	Rd	xxx		IM6	无	3	IM6				
Rd X=Rs X IM16	xxxx	Rd	xxxxxx		Rs	IM16	6/8	IM16				
Rd X＝[BP+IM6] Rd=Rd X [BP+IM6]	xxxx	Rd	xxx		IM6	无	8	[BP+IM6]				
Rd X＝[A6] Rd=Rd X [A6]	xxxx	Rd	xxx		A6	无	6/8	[A6]	√	√	—	—
Rd=Rs X [A16]	xxxx	Rd	xxxxxx		Rs	A16	9/11	[A16]				
Rd X＝Rs	xxxx	Rd	xxxxxx		Rs	无	3/8	R				
Rd X＝{D:}[Rs] Rd X＝{D:}[++Rs] Rd X＝{D:}[Rs−−] Rd X＝{D:}[Rs++]	xxxx	Rd	xxx	D@	Rs	无	7/9	[R]				
移位类指令(X 表示 ASR、LSL、LSR、ROR、ROL 移位中的任一种)											

指令语法	指令格式			指令周期	寻址方式	标志位反应			
	第一字组		第二字组			N	Z	S	C
Rd+=Rs X nn{,C} Rd−=Rs X nn{,C} CMP Rd，Rs ASR nn	xxxx	Rd	xx	nn	无	3/8	R	√	√	√	√
Rd=−Rs X nn Rd&=Rs X nn Rd|=Rs X nn Rd˙=Rs X nn TEST Rd，Rs ASR nn Rd=Rs X nn	xxxx	Rd	xx	nn	无	3/8	R	√	√	—	—

3.3.4 控制转移类指令

条件转移指令列于表3.7(指令长度2,周期3/5)所示。

控制转移类指令主要有中断、中断返回、子程序调用、子程序返回、跳转等指令,以下列表说明其用法和功能。

表 3.7 条件转移指令表(指令长度 2,周期 3/5)

助记符	操作数类型	条 件	标志位状态
JB	无符号数	小于	C=0
JNB		不小于	C=1
JAE		大于等于	C=1
JNAE		小于	C=0
JA		大于	Z=0 and c=1
JNA		不大于	Not (z=0 and c=1)
JBE		小于等于	Not(z=0 and c=1)
JNBE		大于	Z=0 and c=1
JGE	有符号数	大于等于	S=0
JNGE		小于	S=1
JL		小于	S=1
JNL		大于等于	S=0
JLE		小于等于	Not (z=0 and s=0)
JNLE		大于	z=0 and s=0
JG		大于	z=0 and s=0
JNG		小于等于	Not (z=0 and s=0)
JVC		无溢出	N=s
JVS		溢出	N!=s
JCC		进位为0	C=0
JCS		进位为1	C=1
JSC		符号位为0	S=0
JSS		符号位为1	S=1

助记符	操作数类型	条　件	标志位状态
JNE		不等于	Z=0
JNZ		非 0	Z=0
JZ	有符号数	为负	Z=1
JMI		为负	N=1
JPL		为正	N=0
JE		相等	Z=1

下面对表 3.7 中的每一种操作类型举一个例子进行说明：

1)无符号数的跳转指令

判"C"的转移指令 JB 和 JNB：

```
JB loop1
JNB loop1
```

这两条指令都是通过判断标志位"C"的值来决定程序的走向，它们的执行过程见图 3.1。

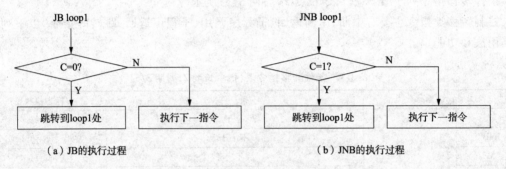

（a）JB的执行过程　　　　　　　　　　（b）JNB的执行过程

图 3.1　指令 JB 和 JNB 的执行过程

2)有符号数的跳转指令

判"S"跳转指令 JGE 和 JNGE：

```
JGE loop1
JNGE loop1
```

JGE 表示"大于等于"通过对标志位"S"的判断来决定程序走向。S 为 0 则产生跳转,若 S 为 1 则继续执行下一语句。JNGE 表示"小于",当 S 为 1 时产生跳转,S 为 0 时则继续执行下一语句。这两条指令的执行过程如图 3.2。

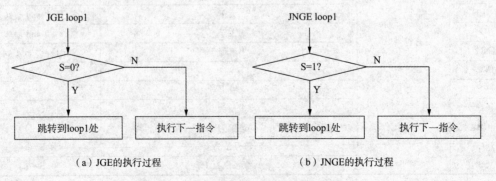

（a）JGE的执行过程　　　　　　　　　　（b）JNGE的执行过程

图 3.2　指令 JGE 和 JNGE 的执行过程

3)其他跳转指令

判"C"跳转指令 JCC 和 JCS

    JCC loop1

    JCS loop1

JCC 是以"C＝0"作为判断的标准决定程序的跳转。JCS 是以"C＝1"作为判断的标准决定程序的跳转，这两条指令的执行过程如图 3.3。

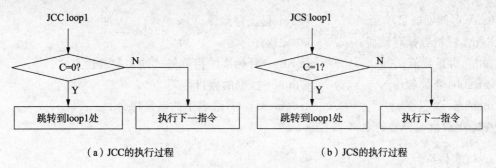

（a）JCC的执行过程　　　　　　　　　　　（b）JCS的执行过程

图 3.3　指令 JCC 和 JCS 的执行过程

3.3.5　其他控制类指令

其他控制类指令如表 3.8 所示。

表 3.8　其他控制类指令表

指令语法	指令长度（word）	指令周期	功能描述
Break	1	13	产生一个指令控制的中断，CPU 会跳到中断向量[0xfff5]处执行中断服务子程序
Retf	1	12	子程序返回指令从堆栈中恢复 SR 和 PC 的值
Reti	1	12	中断返回指令从堆栈中恢复 SR 和 PC 的值
Call Label	2	13	子程序调用
Jmp Label	1	3/5	在 256 字范围的跳转指令
Goto Label	2	12	在 64k 字范围内的远转移指令

3.3.6　伪指令

μ′nSP™汇编伪指令与汇编指令不同，它不会被编译，而仅被用来控制汇编器的操作。伪指令的作用有点像语言中的标点符号，它能使语言中的句子所表达的意思结构更加清晰，因而成为语言中不可缺少的一部分。在汇编语言中正确使用伪指令，不仅能使程序的可读性增强，而且能使汇编器的编译效率倍增。

1. 伪指令的语法格式及特点

伪指令可以写在程序文件中的任意位置，但在其前面必须用一个小圆点引导，以便与汇编指令区分开。伪指令行中方括弧里的参量是任选项，即不是必须带有的参量。如果某一个参量使用双重方括弧括起来，则说明这个任选项参量本身就必须带着方括弧。例如[[count]]表示引用该任选参量时必须写出[count]才可。

μ'nSP™的汇编器规定的标准伪指令不必区分字母的大小写,亦即书写伪指令时既可全用大写,也可全用小写,甚至可以大小写混用。但所有定义的标号,包括宏名、结构名、结构变量名、段名及程序名则一律区分其字母的大小写。

2. 伪指令符号约定

bank 存储器的页单元;　　　　　ROM 程序存储器;

RAM 随机数据存储器;　　　　　label 程序标号;

value 常量数值;　　　　　　　　IEEE 一种标准的指数格式的实数表达方式;

variable 变量名;　　　　　　　　number 数据的数目;

filename 文件名;　　　　　　　　argument# 参量表中的参量序号;

ASCII 数值或符号的 ASCII 代码。

3. 标准伪指令

伪指令依照其用途可分为五类:定义类、存储类、存储定义类、条件类及汇编方式类。它们的具体分类及用途详见表3.9所示。

表3.9　伪指令类别表

类　别	用　途	伪　指　令
定义类	用于对以下内容进行定义的伪指令: 1. 程序; 2. 程序中所用数据的性质、范围或结构; 3. 宏或结构; 4. 程序; 5. 其他	1. CODE、DATA、TEXT 2. IRAM、ISRAM、ORAM、OSRAM、RAM、SRAM 3. MACRO、MACEXIT、ENDM 4. PROC、ENDP、STRUCT、ENDS 5. DEFINE、 VAR、 PUBLIC、 EXTERNAL、 EQU、VDEF
存储类	以指定的数据类型存储数据或设定程序地址等	DW、DD、FLOAT、DOUBLE、END
存储定义类	定义若干指定数据类型的数据存储单元	DUP
条件类	对汇编指令进行条件汇编	IF、ELSE、ENDIF;IFMA、IFDEF、IFNDEF
汇编方式类	包含汇编文件或创建用户定义段	INCLUDE;SECTION

1)定义类伪指令

DEFINE

【类别】定义类;

【功能描述】定义常量符号。

【语法格式】. DEFINE variable [value][,…]

【应用解释】给常量符号所赋之值既可是一已定义过的常量符号,亦可是一表达式。切忌符号超前引用,即如果赋值引用的符号不是在引用前定义的,则会出现"非法超前引用"的错误。

【举例】

```
. DEFINE BODY 1;
. DEFINE IO_PORT 0x7016;
. IFDEF BODY;
```

```
        R1 = 0xFFFF;
        [IO_PORT] = R1;
        .ENDIF
```

PUBLIC

【类别】定义类;

【功能描述】声明将被引用在其他文件中的全局标号。

【语法格式】. PUBLIC label[,label][,…]

【应用解释】本伪指令用来在文件中声明将被引用在外部文件中的全局标号。故在外部文件中用伪指令 EXTERNAL 所声明的标号必须是用 PUBLIC 伪指令声明过的。类似地,当要声明多个全局标号时,要用逗号(,)将每一标号分开。

【举例】

```
    .PUBLIC sym1;               //声明要引用在其他文件中的全局标号
    .PUBLIC sym1,sym2;          //声明多个全局标号需用逗号将每一标号分开,空格会被
                                //忽略
```

EXTERNAL

【类别】定义类;

【功能描述】在某文件中声明已在其他文件里定义过的标号、变量或函数。

【语法格式】. EXTERNAL label[,label][,…]

【应用解释】这是在已定义过某些标号、变量或函数的文件之外的文件里,要引用这些标号、变量或函数之前需对其进行声明时所要用到的伪指令。以此避免标号、变量或函数在不同的文件里被引用时发生重复定义错误。如果同时要声明多个这样的外部标号,需用逗号(,)将每一个标号分开。本伪指令后禁止将两个或多个标号进行算术或逻辑操作。

【举例】

```
    EXTERNAL num_var1,num_var2;         //声明在其他文件中定义过的标号
    EXTERNAL int SACM_A2000_Initial();  //声明在其他文件中定义过的函数
    EXTERNAL _Keycode;                  //声明在其他文件中定义过的变量
```

RAM

【类别】定义类;

【功能描述】切换定义预定义段 RAM。

【语法格式】. RAM

【应用解释】RAM 段用来存放无初始值的变量。RAM 段不能跨 bank 链接,且在链接时所有与其同名或同属性的各段都会被合并在一起而被定位在 RAM 中。(参见后面"段的定义与使用"内容)。

【举例】

```
    .RAM
    start:.DW ?                 //申请一个整型数据单元
    .VAR num,max;               //定义变量 num、max
```

2)存储类伪指令

DW

【类别】存储类;

【功能描述】以 16 位整型数据的形式来存储常量或变量。

【语法格式】[label:] . DW [value][,value][,…]

【应用解释】本伪指令是把一系列 16 位整型常量或变量值存入连续的整型数据单元中。整型常量或变量值可以是多种类型的操作数。需用逗号(,)将多个数值分开。特别地,若定义的数值较多,需多行书写时,在一行当中最后一个数值输毕,用回车键结束此行输入之前切莫丢掉逗号。若存储的常量中含有 ASCII 字符串,则必须用引号(' ')将其括起来。如果.DW 后面未输入任何数值,则会自动存入一个整型零常量。

【举例】

```
.ISRAM
Label:
.DW 'Hello',0x000D;                //在申请的序列整型数据单元中存放字符串常量"Hello"的
                                   // ASCII 码和整型常量 0x000D
```

DD

【类别】存储类;

【功能描述】以 32 位长整型数据的形式存储双字常量或变量。

【语法格式】label:.DD [value][,value][,…]

【应用解释】申请若干连续的 32 位长整型数据单元,用来存放双字常量或变量序列。常量(变量值)与常量(或变量值)之间应当用逗号(,)隔开。存放的常量可以任何一种数制格式输入,但最终由汇编器将其转换成十六进制格式存放。

【举例】

```
label1:.DD 0x0A10                  //存放一个十六进制数 0x0A10
label2:.DD'High'                   //以 4 个 32 位长整型数据单元来存放字符串'High'的 ASCII 码
                                   //0x0048,0x0069,0x0067,0x0068
```

3)条件类伪指令

IF

【类别】条件类;

【功能描述】引出在条件汇编结果为真时所要汇编的程序指令。

【语法格式】.IF value

【应用解释】所谓条件汇编结果为真是指参量 value 的值不为零。value 既可为在此之前已定义过的某一符号常量或一字符串常量,亦可为一算术表达式。

【举例】

```
.DEFINE var1 0x01;    .IF var1
var2 = var1 + 0x10;   .ENDIF
```

ELSE

【类别】条件类;

【功能描述】引出 IF 伪指令设置的条件汇编结果为假时所要汇编的程序指令。

【语法格式】.ELSE

【应用解释】若本伪指令前面的 IF 伪指令设置的条件汇编结果为假时引出另一部分汇编程序指令。本伪指令必须与 IF 伪指令结合使用。

【举例】

```
.IF (Cond1)
[0x7016] = R1; //条件表达式 Cond1 结果为真时的若干汇编指令
.ELSE
```

[0x7016] = R2；//条件表达式 Cond1 结果为假时的若干汇编指令

    . ENDIF

ENDIF

【类别】条件类；

【功能描述】用来结束条件汇编组合的定义。

【语法格式】. ENDIF

【应用解释】本伪指令用来结束条件汇编组合定义。它必须与 IF 伪指令成对使用，否则会产生"条件不匹配"的错误。

【举例】

    . IF（Const1）

    R1 = Const1

    . ENDIF；//结束条件汇编，其后的程序指令或数据会接着被汇编。

4）汇编方式类伪指令

INCLUDE

【类别】汇编方式类；

【功能描述】在汇编文件里包含某个文件。

【语法格式】. INCLUDE filename

【应用解释】本伪指令用来通知汇编器把指定的文件包含在文件中一起进行汇编。其中参量 filename 包括文件的扩展名，且可指明搜索文件所需的路径。注意，每一条 INCLUDE 伪指令只能包含一个文件。已包含某些文件的文件可再被包含在其他文件中。

【举例】

    . INCLUDE hardware. inc； . INCLUDE key. h；

    . INCLUDE hardware. h；

SECTION

【类别】汇编方式类；

【功能描述】创建用户定义段。

【语法格式】label：. SECTION . attribute

【应用解释】除了上面提到的一些预定义段用于存放指令代码或数据以外，编程者还可以根据需要用本伪指令定义某些段。其中属性参量 attribute 可以是以下预定义段名当中的任意一个：CODE，DATA，TEXT，RAM，SRAM，IRAM，ISRAM，ORAM，OSRAM（参见后面"段的定义与调用"内容）。

【举例】

    section1：. SECTION . CODE   //定义一个段名为 section1 的段，其链接属性与预定义段 CODE 相同

4. 宏定义与调用

1）宏定义

所谓宏（Macro）是指在源程序里将一序列的源指令行用一个简单的宏名（Macro Name）所取代。这样做的好处是使程序的可读性增强。

宏在使用之前一定要先经过定义。可分别用伪指令 . MACRO 和 . ENDM 来起始和结束宏定义。定义的宏名将被存入标号域。在汇编器首次编译通过汇编指令时，先将宏定义存储起来，待指令中遇有被调用的宏名则会用同名宏定义里的序列源指令行取代此宏名。宏定义里可以包

括宏参数,这些参数可被代入除注释域之外的任何域内。

2)宏标号

宏定义里可以用显式标号(由用户定义),亦可用隐含标号(由汇编器自动定义)。汇编器不会改变用户定义的显式标号。在宏标号后加上后缀符"#"则表明该标号为隐含标号,汇编器会自动生成一个后缀数字符号"_×_××××"(×表示一位数符,××××表示4位扩展数符)来取代这个隐含标号中的后缀符"#",可见下面程序汇编例子。隐含标号中的字母字符及其后缀数符总共不能超过32个字符。

```
instruction:.MACRO arg,val;    arg
lab# :.DW val ;
.ENDM
//调用前面定义的宏:
instruction NOP,7;
//汇编后会产生以下结果:
NOP ; lab_1_6416:.DW 7 ;
```

3)宏调用

在调用宏时,可以使用任何类型的参数:直接型、间接型、字符串型或寄存器型。只有字符串型参数才能含有空格,但必须用引号将此空格括起,即' '或" "。(而字符串参数中的单引号,必须用双引号将其括起,即"'")。只要在宏嵌套中的形参名相同,则这些参数就可以穿过嵌套的宏使用。宏嵌套使用唯一所受的限制是内存空间的容量。宏的多个参数应以逗号隔开,参数前的空格及Tab键都将被忽略。单有一个逗号,而后面未带有任何参数会被汇编器表示为参数丢失错误。

宏参数分隔符:在一个宏体中,宏参数的有效分隔为标点符号中的逗号,即","。

宏内字符串连接符:符号"@"(40H)是字符串连接符。注意,字符串连接只能在宏内进行。

以下宏应用举例。

例20 数的比较。

```
cmp_number:.MACRO arg1
.IFMA 0
.MACEXIT
.ENDIF
.IF 1 = = arg1, month:.DW 1;
.MACEXIT
.ENDIF
.IF 2 = = arg1, month:.DW 2;
.MACEXIT
.ENDIF
.IF 3 = = arg1, month:.DW 3;
.MACEXIT
.ENDIF
.IF 4 = = arg1, month:.DW 4;
.MACEXIT
.ENDIF
.IF 5 = = arg1, month:.DW 5;
```

```
. MACEXIT
. ENDIF
. IF 6 = = arg1, month:. DW 6;
. MACEXIT
. ENDIF
. ENDM
```

例 21　将标号名传入程序代码。

```
store_label:. MACRO arg1
. DW @arg1;
. ENDM
```

//调用前面定义的宏:

```
store_label label1
```

//汇编器将宏展开成:

```
. DW label1;
```

例 22　操作数域内的宏参数替换。

```
employee_info1:. MACRO arg1,arg2,arg3
name:. DW arg1;
department:. DW arg2;
date_hired:. DD arg3;
. ENDM
employee_info1 "John Doe", personnel,101085;　//调用前面定义的宏
```

//汇编器将宏展开成:

```
name:. DW "John Doe"; department:. DW personnel;
date_hired:. DD 101085;
```

例 23　将宏参数传入标号域。这样做可以使程序的结构改变。

```
employee_info2:. MACRO arg1,arg2,arg3
arg1:. DW 0x30; arg2:. DW 0x10;
arg3:. DD 1999;
. ENDM
employee_info2 name,department,date_hired; //调用前面定义的宏
```

//汇编器将宏展开成:

```
name:. DW 0x30; department:. DW 0x10;
date_hired:. DD 1999;
```

例 24　宏的递归调用。在本例宏的递归调用中,由参数 arg1(计数)控制着递归的次数。宏的每一次递归中保存有 4 个字型数据,其值分别由参数 arg2、arg3、arg4 和 arg5 来指定。每执行一次递归调用计数 arg1 减 1。

```
reserve:. MACRO arg1,arg2,arg3,arg4,arg5
count:. VDEF arg1;
. IF count = = 0
. MACEXIT
. ENDIF
count:. VDEF count - 1
. DW arg2,arg3,arg4,arg5;
```

```
    reserve count,arg2,arg3,arg4,arg5
    . ENDM
    reserve 10,0x0A,0x0B,0x0C,0x0D; //调用前面定义的宏
    //汇编后会产生以下结果:
    count:. VAR 10;
    . IF count = = 0;
    . MACEXIT
    . ENDIF
    count:. VAR count - 1;
    . DW 0x0A,0x0B,0x0C,0x0D;reserve count,0x0A,0x0B,0x0C,0x0D …
    count:. VAR count;
    . IF count = = 0
    . MACEXIT
    . ENDIF
        ……
    . ENDM
```

一个递归的宏调用另一个递归的宏是完全合法的,这样的调用可以至多层。不必担心从宏里退出时条件会失衡,汇编器会自动将条件恢复到原来的均衡状态。

5. 段的定义与调用

段其实就是应用在汇编器 Xasm16 中的地址标签。Xasm16 除了定义的预定义段以外,还可由用户自己定义段。

1)预定义段

在 Xasm16 里共定义有 9 个预定义段:CODE、DATA、TEXT、ORAM、OSRAM、RAM、IRAM、SRAM 及 ISRAM 段。这些预定义段都分别被规定了以下内容:

段内存储数据类型:指令/数据,无初始值的变量/有初始值的变量;

存储介质类型:ROM/RAM(SRAM);

存储范围:零页(或零页中前 64 个字)或当前页/整个 64 页;

定位排放方式:合并排放/重叠排放。

当用户以这些预定义段的伪指令来定义自己程序的数据块以后,Xasm16 在汇编时会采取相应的措施进行处理,实际上为链接器的链接处理贴好了地址标签。各预定义段的具体规定可参见相应的预定义段的伪指令内容介绍。

2)用户定义段

为了使程序在链接时具有更大的灵活性,用户可以用伪指令 . SECTION 来定义段。定义的段名最多不可超过 32 个字符,且最多可定义 4096 个段,但不可嵌套使用。用户段定义的格式为:

label:. SECTION . attribute

其中属性参数 . attribute 可以是上述 9 个预定义段中的任意一个,表明用户定义段的链接属性与这个预定义段相同。定义一个段之后,可以将该段名作为助记符,用来进行段的转换。详细可参见 . SECTION 伪指令内容。例如:

```
    . CODE              //设置 CODE 预定义段
    NOP;
    . DATA                    //转换到 DATA 预定义段
```

```
        .DW 0x20                        //该字节将被存放到 DATA 段
        section1:.SECTION .CODE         // 定义一个新的段,其属性与 CODE 预定义段相同
        R3 = R3 - 0x10;                 // 该指令将被存入 section1 段
        .CODE                           // 转换到 CODE 段
        R1 = 1;                         // 该指令将被存入 CODE 段
        .section1;                      // 转换到用户定义段 section1
        R1 = R1 + 2;                    // 该指令将被存入 section1
        .DW 0x30;                       // 任何用户定义段都可包含代码或数据或同时包含二者
        .TEXT                           // 转换到 TEXT 预定义段
```

6. 结构的定义与调用

像在 ANSI-C 那样,汇编器可以把不同类型的数据组织在一个结构体里,为处理复杂的数据结构提供了手段,并为在过程间传递不同类型的参数提供了便利。

1)结构的定义

结构作为一种数据构造类型在 μ'nSP™ 汇编语言程序中也要经历定义—说明—使用的过程。在程序中使用结构时,首先要对结构的组成进行描述,即结构的定义。定义的一般格式如下:

```
        结构名:.STRUCT                   //定义结构开始
              .ENDS                     //定义结构结束
```

2)数据存储类型定义

结构的定义以伪指令 .STRUCT 和 .ENDS 作为标识符。结构名由用户命名,命名原则与标号等相同。在两个伪指令之间包围的是组成该结构的各成员项数据存储类型的定义。例如:

```
        test1:.STRUCT                   //定义了一个结构'test1'
        ad:.DW 10                       //它包括 3 个成员'ad','bs','gh',
        bs:.DW 'abcd'
        gh:.DD 0x0FFFC                  //且分别被初始化为 10,'abcd',0x0FFFC
        .ENDS                           //结构定义结束
```

3)结构变量的定义——结构的说明

某个结构一经定义后,便可指明使用该结构的具体对象,这被称为结构的说明,其一般形式如下:

```
        结构变量名:. 结构名[结构成员表]
```

其中[结构成员表]用来存放结构变量中成员的值。例如:

```
        Stru_var1:.test1 [20,'ad',0x7D]
        Stru_var2:.test1 [10,,0x7D]     //第二个成员未被存入新值,因此它的初值可被保留。
```

4)结构变量的引用

结构是不同数据类型的若干数据变量的集合体。在程序中使用结构时不能把结构作为一个整体来参加数据处理,参加各种运算和操作的应是结构中各个成员项数据。结构成员项引用的一般形式为:结构变量名 . 成员名

例如:

```
        R1 + = [stru_var1.ad]           // 'stru_var1'是一个定义过的结构变量,'ad'是它的一个成员。
```

7. 过程的定义与调用

过程在实际程序中可以是一个子程序块。它有点类似 ANSI-C 中的函数,可以把一个复杂、规模较大的程序由整化零成一个个简单的过程,以便程序的结构化。

1)过程的定义

过程的定义就是编写完成某一功能的子程序块,用伪指令 .PROC 和 .ENDP 作为定义的标识符。

定义的一般格式为:

过程名:.PROC

程序指令列表

RETF

.ENDP

由此格式可以看出,过程的定义主要由过程名和两个伪指令之间的过程体组成。过程名由用户命名,其命名规则同标号。例如:

```
qw:.PROC //定义一个过程'qw'
label1:R1 + = 0x20;   R2 = R1; JMP label1; RETF;
.ENDP //过程定义结束
```

2)过程的调用

在程序中调用一个过程时,程序控制就从调用程序中转移到被调用的过程,且从其起始位置开始执行该过程的指令。在执行完过程体中各条指令并执行到 RETF 指令时,程序控制就返回调用过程时原来断点位置继续执行下面的指令。过程调用的一般格式为:

CALL 过程名

例 25 过程调用举例

```
sub1:.PROC                      //定义一个过程'sub1'
label1:R1 + = 0x0020;R2 = R1; JMP label1; RETF;
.ENDP                           //过程定义结束
……;
CALL sub1;                      //调用过程'sub1'
```

3.4 汇编程序设计举例

例 26 计算 1~100 所有整数的和结果存于 R1 中。

```
F_Calculate Sum:
R1 = 0                  //数据传送指令
R2 = 0
L_Sum Loop:
R1 + = R2               //加法指令
R2 + = 1
Cmp R2,0x65             //比较指令如果小于 100 继续
Jb L_SumLoop            //小于 100 返回
Retf                    //函数返回
```

例 27 计算 1~200 所有奇数的和.

```
        F_Calculate Odd Sum:
        R1 = 0; R2 = 0;
    L_Sum Odd Loop:
        Test r2,0x01;                //测试奇偶,
        Jnz L_AddIt;                 //奇数转
        R2 + = 1; Cmp R2,200;
        Jnb L_Loop Finish;           //不小于结束.
    L_AddIt:
        R1 + = R2; R2 + = 1;
    L_Sum Odd Loop
    L_Loop Finish:
        Retf                         //函数返回
```

例 28 函数调用。

```
call F_Calculate Sum;call F_Calculate Odd Sum
```

例 29 中断服务练习。

```
_IRQ1: //允许 IRQ 中断
push r1,r5 to [sp];
call F_IRQ1_Service;             //调用中断服务
pop r1,r5 from [sp];
reti
F_IRQ1_Service:
R1 = Data_entry;                 R2 = Conf_Entry;
Fir_mov on;                      //允许自由移动
Mr = [r1] * [r2],15
Fir_mov off;                     //禁止自由移动
R1 = r4 lsl 1,carry;             //r4 左移 1 位,
R4 = r3 lsr 15,carry;            // r3 右移 1 位
[P_DAC] = r4
Retf
```

例 30 利用 IOA0~7 的按键唤醒功能确定键码,并将相应键值通过七段数码管显示出来。
IOA0~7 设置为具有唤醒功能的输入口,IOB0~7 设置为带缓冲器的输出口,七段数码管采用
共阴极接法,数码管与程序流程图见图 3.4。

```
//A 口的 IOA0-IOA7 接 LED(低电平点亮 LED)
. INCLUDE Hardware. inc;         //将 Hardware. inc 文件包含进来
//. DEFINE FoscCLK 0x20;         //Fosc = 20.480MHz 为 FoscCLK 赋值
. DEFINE FoscCLK 0x00;           //Fosc = 24.576MHz 为 FoscCLK 赋值
. IF FoscCLK = = 0x20;           //条件汇编
. DEFINE CPUCLK 0x00;            //CPUCLK 选 Fosc
. ELSE
. DEFINE CPUCLK 0x02;            //CPUCLK 选 Fosc/4
. ENDIF                          //结束条件汇编
Delay:. MACRO TIM                //宏定义,有一个宏参数 TIM
```

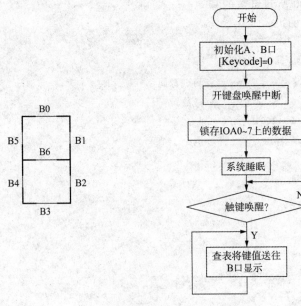

图 3.4　数码管与程序流程图

```
    R3 = TIM;
DelayLoop1＃：
    //隐含标号,程序编译时会将宏展开,为了避免标号重复定义,必须使用隐含标号
    R4 = 0xFFFF;
DelayLoop2＃：                    //隐含标号
    R4 - = 1;
    JNZ DelayLoop2＃;
    R3 - = 1;
    JNZ DelayLoop1＃;
    . ENDM                        //结束宏定义
    . CODE
    . PUBLIC _main
    _main:
    CALL Init_IO;                 //调用过程
    R1 = FoscCLK;                 //Fosc
    R1｜= CPUCLK;                  //CPUCLK
    [P_SystemClock] = R1;         //系统时钟选择设置
MainLoop:
    R1 = 0x00FF;                  //LED 灭(输出低电平亮)
    [P_IOA_Data] = R1;
    Delay 5;                      //宏调用,用实参 5 代替宏定义中的 TIM
    R1 = 0x00;                    //LED 亮
    [P_IOA_Data] = R1;
    Delay 18;                     //宏调用,用实参 18 代替宏定义中的 TIM
    JMP MainLoop;
```

```
        Init_IO:.PROC                    //过程定义
        R1 = 0x00FF;
        [P_IOA_Dir] = R1;                //设置 IOA0-IOA7 为同相低电平输出
        [P_IOA_Attrib] = R1;
        R1 = 0;
        [P_IOA_Data] = R1;
        RETF;
        .ENDP //结束过程定义
```

程序说明：

INCLUDE filename 伪指令用来通知汇编器把指定的文件包含在程序文件中一起进行汇编。其中参量 filename 为要指定的文件名（含扩展名），且可指明搜索文件所需的路径。例子中将 Hardware.inc 文件包含进来（路径由工程中的 DIRECTORIES 指定，如果没有指定，则在当前目录下查找）。

伪指令 DEFINE 用于定义常量。给常量所赋的值既可是已定义过的常量符号，亦可是表达式。切忌符号超前引用，即如果赋值引用的符号不是在引用前定义的，则会出现"非法超前引用"的错误。

条件汇编伪指令 IF 引出在条件为真时所要汇编的程序指令，ELSE 引出 IF 伪指令设置的条件为假时所要汇编的程序指令，END 结束条件汇编。例子中如果前面定义 FoscCLK 的值为 0x20，则定义 CPUCLK 值为 0x00，否则定义 CPUCLK 值为 0x02。MACRO 伪指令用来起始宏定义。结束宏定义则用 ENDM 伪指令，二者应成对使用。宏定义里可以用显式标号（由用户定义），亦可用隐含标号（由汇编器自动定义）。汇编器不会改变用户定义的显式标号。在宏标号后加上后缀符"♯"则表明该标号为隐含标号，汇编器会自动生成一个后缀数字符号"_✕_✕✕✕✕"（✕表示一位数符，✕✕✕✕表示 4 位扩展数符）来取代这个隐含标号中的后缀符"♯"。隐含标号中的字母字符及其后缀数符总共不能超过 32 个字符。在汇编器首次编译通过汇编指令时，先将宏定义存储起来，待指令中遇有被调用的宏名则会用同名宏定义里的序列源指令行取代此宏名。因此为了避免宏展开时出现标号重复，应该用隐含标号。本例中 Delay 宏完成一段延时，延时时间由宏调用时参数 TIM 的实参值确定。

PROC 伪指令用于起始程序的定义，应与结束程序定义的伪指令 ENDP 成对使用，过程就是一段子程序。本例中 Init_IO 过程用来初始化 IOA 口。

例 31 A2000 的中断服务程序流程图如图 3.5，下面是解释与程序。

```
        //══════════════════════════════════════════════════════
        //程序开始；                        //描述:FIQ 中断服务函数
        //函数:FIQ();                      //语法:void FIQ(void)
        //参数:无；                          //返回:无
        //══════════════════════════════════════════════════════
        .PUBLIC _FIQ;
        _FIQ:
        PUSH R1,R4 TO [sp];              R1 = 0x2000;
        TEST R1,[P_INT_Ctrl];
        JNZ L_FIQ_TimerA;               R1 = 0x0800;
        TEST R1,[P_INT_Ctrl];           JNZ L_FIQ_TimerB;
        L_FIQ_PWM:
```

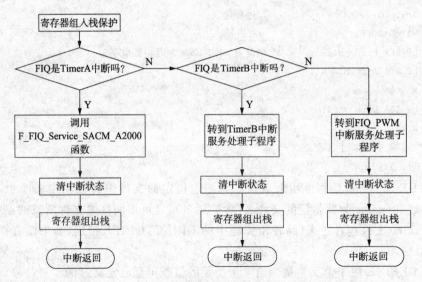

图 3.5　A2000 中断服务程序中采用的分支结构的程序设计

```
R1 = C_FIQ_PWM;                    [P_INT_Clear] = R1;
POP R1,R4 from[sp];                RETI
L_FIQ_TimerA:                      [P_INT_Clear] = R1;
CALL F_FIQ_Service_SACM_A2000;     //调用 A2000 中断服务函数
POP R1,R4 FROM [sp];               RETI
L_FIQ_TimerB:
[P_INT_Clear] = R1;                POP R1,R4 FROM [sp];
RETI
//* * * * * * * * * * * * * * * * * * * * * * * * * * * * * * * * * * */
void F_FIQ_Service_SACM_A2000();来自 sacmv25.lib,API 接口函数。
//* * * * * * * * * * * * * * * * * * * * * * * * * * * * * * * * * * */
```

例 32　延时程序。

向 B 口送 0xffff 数据,点亮 LED 灯,延时 1 秒后,再向 B 口送 0x0000 数据,熄灭 LED 灯。程序代码如下,其中延时子程序的流程图如图 3.6 所示。

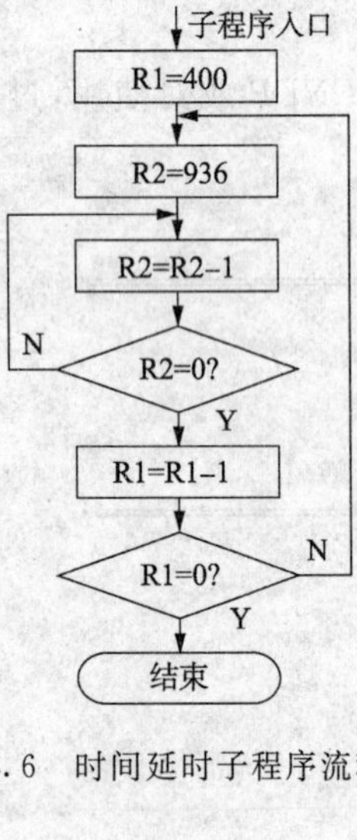

```
//* * * * * * * * * * * * * * * * * * * * * * * * * */
//程序开始:
//描述:延时程序,向 B 口送 0xffff 数据,点亮 LED 灯,延时 1 秒后,再
//向 B 口送 0x0000 数据,熄灭 LED 灯
//* * * * * * * * * * * * * * * * * * * * * * * * * */
.DEFINE P_IOB_DATA 0x7005;
.DEFINE P_IOB_DIR 0x7007;
.DEFINE P_IOB_ATTRI 0x7008;
.CODE
//========================================
// 函数:main();                           // 描述:主函数
//========================================
```

图 3.6　时间延时子程序流程图

```
.PUBLIC _main;
_main:
R1 = 0xffff;                    [P_IOB_DIR] = R1;
[P_IOB_ATTRI] = R1;             R1 = 0x0000;
[P_IOB_DATA] = R1;              //设 B 口为同相的低电平输出
L_MainLoop:
R2 = 0xffff;
[P_IOB_DATA] = R2;              //向 B 口送 0xffff
CALL L_Delay;                   //调用 1 秒的延时子程序
R2 = 0x0000;
[P_IOB_DATA] = R2;              //向 B 口送 0x0000
CALL L_Delay;                   //调用 1 秒的延时子程序
JMP L_MainLoop;
//================================================================
//函数:L_Delay();                //语法:void L_Delay(int A,int B,int C)
//描述:延时子程序;               //参数:无
//返回:无
//================================================================
L_Delay:.PROC                   //延时 1 秒的子程序
R1 = 400;
L_Loop1:                        R2 = 936;
L_Loop2:                        R2 - = 1;
JNZ L_Loop2;                    R1 - = 1;
JNZ L_Loop1;
RETF
.ENDP
//* * * * * * * * * * * * * * * * * * * * * * * * * * * * * * * * */
// main.c 结束
//* * * * * * * * * * * * * * * * * * * * * * * * * * * * * * * * */
```

　　下面分析一下如何进行时间延时,延时时间主要与两个因素有关:其一是循环体(内循环)中指令执行的时间;其二是外循环变量(时间常数)的设置。上例选用系统默认的 FOSC,CPU-CLK,CPUCLK=FOSC/8=24M/8=3M(Hz),所以一个机器周期为 1/3M(s)。执行一条 R1=400 指令的时间为 6 个机器周期,执行 R2-=1 指令的时间为 3 个机器周期,执行 JNZ Loop2 指令的时间为 3 或 5 个机器周期(当条件满足时为 5 个机器周期,条件不满足时为 3 个机器周期)。所以上例子中的时间延时子程序的时间为:6+(((3+5)×936-2)+3+5+6)×400-2=3000004 个机器周期,约为 1 秒。故在进行精确的时间延时,一般不采用这种方法,而是采用中断来延时,因为 SPCE061A 单片机有丰富的定时中断源,如:2Hz,4Hz,128Hz 等。当然在一般的延时程序也可以采用指令延时,它也挺方便的。在上例的延时程序中只要改变 R1 的值就可以很方便地改变延时时间,比如:R1=4,那么它的延时时间为 10ms。

3.5　C 语言程序设计

　　是否具有对高级语言 HLL(High Level Language)的支持已成为衡量微控制器性能的标准

之一。显然,在 HLL 平台上要比在汇编级上编程具有诸多优势:代码清晰易读、易维护、易形成模块化、便于重复使用从而增加代码的开发效率。

HLL 中又因 C 语言的可移植性最佳而成为首选。因此,支持 C 语言几乎是所有微控制器设计的一项基本要求。μ'nSP™指令结构的设计就着重考虑了对 C 语言的支持。GCC 是一种针对 μ'nSP™操作平台的 ANSI-C 编译器。

3.5.1 μ'nSP™支持的 C 语言算术逻辑操作符

在 μ'nSP™的指令系统算逻操作符与 ANSI-C 运算符号大同小异,见表 3.10。

表 3.10 μ'nSP™指令的算术逻辑运算符号

算术逻辑操作符	作　用
＋、－、＊、/、%	加、减、乘、除、求余运算
&&、‖	逻辑与、或
&、｜、^、<<、>>	按位与、或、异或、左移、右移
>,>=,<,<=,==,! =	大于、大于或等于、小于、小于或等于、等于、不等于
=	赋值运算符
? :	条件运算符
,	逗号运算符
＊、&	指针运算符
.	分量运算符
sizeof	求字节数运算符
〔　〕	下标运算符

3.5.2 C 语言支持的数据类型

μ'nSP™支持 ANSI-C 中使用的基本数据类型如表 3.11 所示。

表 3.11 μ'nSP™对 ANSI-C 中基本数据类型的支持

数据类型	数据长度(位数)	值　域
char	16	$-32768\sim32767$
short	16	$-32768\sim32767$
int	16	$-32768\sim32767$
long int	32	$-2147483648\sim2147483647$
unsigned char	32	$0\sim65535$
unsigned short	16	$0\sim65535$
unsigned int	16	$0\sim65535$
unsigned long int	32	$0\sim4294967295$
float	32	以 IEEE 格式表示的 32 位浮点数
double	64	以 IEEE 格式表示的 64 位浮点数

3.5.3 程序调用协议

由于 C 编译器产生的所有标号都以下画线"_"为前缀,而 C 程序在调用汇编程序时要求汇编程序名也以下画线"_"为前缀。

模块代码间的调用,是遵循 $\mu'nSP^{TM}$ 体系的调用协议(Calling Convention)。所谓调用协议,是指用于标准子程序之间一个模块与另一模块的通信约定;即使两个模块是以不同的语言编写而成,亦是如此。

调用协议是指这样一套法则:它使不同的子程序代码之间形成一种握手通信接口,并完成由一个子程序到另一个子程序的参数传递与控制,以及定义出子程序调用与子程序返回值的常规规则。

调用协议包括以下一些相关要素:

(1)调用子程序间的参数传递;

(2)子程序返回值;

(3)调用子程序过程中所用堆栈;

(4)用于暂存数据的中间寄存器。

$\mu'nSP^{TM}$ 体系的调用协议的内容如下:

1)参数传递

参数以相反的顺序(从右到左)被压入栈中。必要时所有的参数都被转换成其在函数原型中被声明过的数据类型。但如果函数的调用发生在其声明之前,则传递在调用函数里的参数是不会被进行任何数据类型转换的。

2)堆栈维护及排列

函数调用者应切记在程序返回时将调用程序压入栈中的参数弹出。

各参数和局部变量在堆栈中的排列如图3.7所示。

3)返回值

16 位的返回值存放在寄存器 R1 中。32 位的返回值存入寄存器对 R1、R2 中,其中低字在 R1 中,高字在 R2 中。若要返回结构则需在 R1 中存放一个指向结构的指针。

4)寄存器数据暂存方式

编译器会产生 prolog/epilog 过程动作来暂存或恢复 PC、SR 及 BP 寄存器。汇编器则通过"CALL"指令可将 PC 和 SR 自动压入栈中,而通过"RETF"或"RETI"指令将其自动弹出栈来。

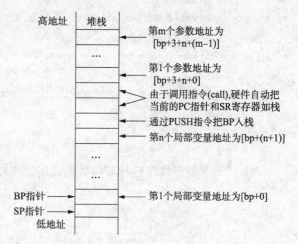

图 3.7 程序调用参数传递的堆栈调用

5)指针

编译器所认可的指针是 16 位的。函数的指针实际上并非指向函数的入口地址,而是一个段地址向量_function_entry,在该向量里由 2 个连续的 word 的数据单元存放的值才是函数的入口地址。

下面以具体实例来说明 $\mu'nSP^{TM}$ 体系的调用协议。

6)在 C 程序中调用汇编函数

在 C 中要调用一个汇编编写的函数,需要首先在 C 语言中声明此函数的函数原型。尽管不作声明也能通过编译并能执行代码,但是会带来很多潜在的 bug。

例 33 下面首先观察最简单的 C 调用汇编的堆栈过程:

```
//*********************************************/
```

```
//程序开始;                          // 描述:无参数传递的C语言调用汇编函数
//* * * * * * * * * * * * * * * * * * * * * * * * * * * * * * * * * */
void F_Sub_Asm(void);               //声明要调用的函数的函数原型,此函数没有任何参数的传递
//═══════════════════════════════════════════════════════════════════
// 函数;main();                     // 描述:主函数
//═══════════════════════════════════════════════════════════════════
int main(void){
while(1)
F_Sub_Asm();
return 0;
}
//* * * * * * * * * * * * * * * * * * * * * * * * * * * * * * * * * */
//void F_Sub_Asm(void); 来自于 asm.asm。延时程序,无入口出口参数。
// main.c 结束
//* * * * * * * * * * * * * * * * * * * * * * * * * * * * * * * * * */
//汇编函数如下:
//═══════════════════════════════════════════════════════════════════
//描述:延时程序;                    //函数: F_Sub_Asm()
//语法:void F_Sub_Asm(void);       //参数:无
//返回:无
//═══════════════════════════════════════════════════════════════════
.CODE
.PUBLIC _F_Sub_Asm
_F_Sub_Asm:
NOP;
RETF
```

在 IDE 开发环境下运行可以看到调用过程堆栈变化十分简单,如图 3.8 所示。

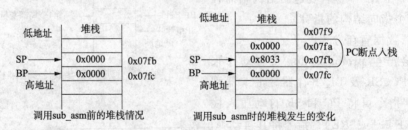

图 3.8 具有局部变量的 C 程序调用时的堆栈变化

进一步,我们为函数 sub_asm 传递三个参数 i,j,k(如图 3.9 所示)。同样来观察堆栈的变化,来理解调用协议。

例 34 C 向汇编函数传递参数。
```
//* * * * * * * * * * * * * * * * * * * * * * * * * * * * * * * * * */
// 描述:C向汇编函数传递参数
//* * * * * * * * * * * * * * * * * * * * * * * * * * * * * * * * * */
void F_Sub_Asm(int a, int b, int c); //声明要调用的函数的函数原型
//═══════════════════════════════════════════════════════════════════
```

```
// 函数:main();                    // 描述:主函数
//════════════════════════════════════════════════════════════════
int main(){
int i = 1, j = 2, k = 3;
while(1)
{
F_Sub_Asm(i,j,k);
i = 0;  i + + ;  j = 0; j + + ;
k = 0; k + + ;
}
return 0;
}
// * * * * * * * * * * * * * * * * * * * * * * * * * * * * * * * * * * * * */
//void F_Sub_Asm(int a, int b, int c); 来自于 asm. asm。测试传递参数,a,b,c 所传递的参数,无出
//口参数
// main. c 结束
// * * * * * * * * * * * * * * * * * * * * * * * * * * * * * * * * * * * * */
汇编函数如下:
//════════════════════════════════════════════════════════════════
//函数: F_Key_Scan();             //语法:void F_Key_Scan(int a, int b, int c)
//描述:测试传递参数;             //参数:a,b,c 所传递的参数
//返回:无
//════════════════════════════════════════════════════════════ . CODE
. PUBLIC _F_Sub_Asm
_F_Sub_Asm:
NOP
RETF
```

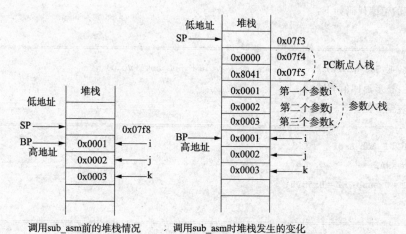

调用sub_asm前的堆栈情况   调用sub_asm时堆栈发生的变化

图 3.9　C 程序调用时的利用堆栈的参数传递

　　通过以上三个例子,我们了解到 C 调用函数时是如何进行参数传递的。另外的一个问题就是关于函数的返回值,是怎样实现的。

函数的返回相对简单,在汇编子函数中,返回时寄存器 R1 里的内容,就是此函数 16 位数据宽度的返回值。当要返回一个 32 位数据宽度的返回值时,则利用的是 R1 和 R2 里的内容:R1 为低 16 位内容,R2 为高 16 位的内容。下面的代码说明了这一过程。

例 35 函数的返回值程序。

```
//* * * * * * * * * * * * * * * * * * * * * * * * * * * * * * * * * */
//程序开始,// 描述:测试函数的返回值
//* * * * * * * * * * * * * * * * * * * * * * * * * * * * * * * * * */
int F_Sub_Asm1(void); //声明要调用的函数的函数原型
long int F_Sub_Asm2(void); //声明要调用的函数的函数原型
//===================================================================
// 函数:main()
// 描述:主函数
//===================================================================
int main(){
    int i;
    long int j;
    while(1){
        i = F_Sub_Asm1(); j = F_Sub_Asm2();
            }
    return 0;
      }
//* * * * * * * * * * * * * * * * * * * * * * * * * * * * * * * * * */
//void F_Sub_Asm1(void); 来自于 asm.asm。此函数没有任何参数的传递,但返回整形值
//void F_Sub_Asm2(void); 来自于 asm.asm。此函数没有任何参数的传递,但返回一个长整型值
// main.c 结束
//* * * * * * * * * * * * * * * * * * * * * * * * * * * * * * * * * */
被调用的汇编代码如下:
. code
//===================================================================
//函数:F_Sub_Asm1();          //语法:void F_Sub_Asm1(void)
//描述:整形返回值测试;          //参数:无
//返回:整形值。
//===================================================================
. PUBLIC _F_Sub_Asm1
_F_Sub_Asm1:
    R1 = 0xaabb; R2 = 0x5555;
   RETF
//===================================================================
//函数:F_Sub_Asm2();          //语法:void F_Sub_Asm2(void)
//描述:长整型值返回值测试;       //参数:无
//返回:一个长整型值
//===================================================================
. PUBLIC _F_Sub_Asm2
```

```
_F_Sub_Asm2:
    R1 = 0xaabb; R2 = 0xffcc;
RETF;
```

程序调用的结果,i = 0xaabb;j = 0xffccaabb。

3.5.4 汇编程序中调用 C 函数

在汇编函数中要调用 C 语言的子函数,那么应该根据 C 的函数原型所要求的参数类型,分别把参数压入堆栈后,再调用 C 函数。调用结束后还需再进行弹栈(出栈),以恢复调用 C 函数前的堆栈指针。此过程很容易产生 bug,所以需要程序员细心处理。下面的例子给出了汇编调用 C 函数的过程。

例 36 汇编调用 C 的函数

```
.EXTERNAL _F_Sub_C
.CODE
.PUBLIC _main;
//==========================================================
// 函数:main();              // 描述:主函数
//==========================================================
_main:
R1 = 1;
PUSH R1 TO [SP];                //第 3 个参数入栈
R1 = 2;
PUSH R1 TO [SP];                //第 2 个参数入栈
R1 = 3;
PUSH R1 TO [SP];                //第 1 个参数入栈
CALL _F_Sub_C;
POP R1,R3 FROM [SP];            //弹出参数回复 SP 指针
GOTO _main;
RETF
//* * * * * * * * * * * * * * * * * * * * * * * * * * * * * * * * * /
//void F_Sub_C(int i,int j,int k);来自于 asm.c。延时程序,入口参数 i,j,k;返回 i
// main.asm 结束
//* * * * * * * * * * * * * * * * * * * * * * * * * * * * * * * * * /
```

C 语言子函数如下:

```
//==========================================================
//函数: F_Sub_C();          //语法:void F_Sub_C(int i,int j,int k)
//描述:延时程序;            //参数:i,j,k
//返回:i
//==========================================================
int F_Sub_C(int i,int j,int k)
{
i + + ; j + + ; k + + ;
return i;
}
```

3.6 本章小结

本章主要介绍了凌阳单片机的指令系统,包括指令的分类、指令集、汇编程序设计举例和 C 语言程序设计,重点介绍了指令集中的数据传送类指令、算术运算类指令、逻辑运算类指令、转移指令类指令、控制转移类指令,并给出了各类指令的编程方法和实例。

第4章　集成开发环境 IDE

前几章介绍的主要是 SPCE061A 和 SPMC75 系列单片机的内核硬件结构以及软件体系。凌阳科技将软件编译、链接以及下载 SPCE061A 程序代码的各种工具集成在一个 Windows 操作系统下,做成一个功能强大的集成开发环境 μ'nSP™ IDE(Integrated Development Environment)。它集程序的编辑、编译、链接、调试以及仿真等功能为一体,具有友好的交互界面、下拉菜单、快捷键和快速访问命令列表等,使人们的编程、调试、操作更加方便且高效。此外,它的软件仿真功能可以在不连接仿真板的情况下模拟硬件的各项功能来调试程序。下文将对其做详细介绍。

4.1　μ'nSP™ IDE 窗口界面总览

4.1.1　μ'nSP™ IDE 的安装

μ'nSP™ IDE 能够在 Windows95、Windows98、Windows2000、Winxp 以及 Windows NT4.0 系统环境下运行。在运行 μ'nSP™ IDE 之前,需通过运行安装程序把它安装在计算机中。本书介绍的 IDE 环境是 μ'nSPIDE184 版本,下面将介绍 μ'nSP™ IDE 的安装步骤。

1)运行安装文件 μ'nSPIDE184.exe,屏幕上将出现一个欢迎安装使用的界面,如图 4.1 所示。屏幕上的 Next 键用于确定安装,而 Cancel 键则用于取消安装。

图 4.1　μ'nSP™ IDE 欢迎安装使用界面

2)出现安装路径的选择窗口,用户可根据自己的磁盘空间情况或者个人喜好设置安装后的文件所在的位置。

3）老版本的 IDE 安装程序会出现在系统的提示下选择安装类型：典型安装（Typical）、紧凑安装（Compact）和定制安装（Custom）。推荐使用的是 Typical 类型，它适用了大多数用户；Compact 类型只安装 μ'nSP™IDE 必需的基本组件，适用于硬盘空间小的计算机；Custom 类型允许用户选择安装组件，适于系统管理高手操作。

4）安装完成后需要关闭计算机上所有应用程序，并重新启动机器。启动后可按下"开始"菜单键，选择"程序"选项里的 Sumplus 子项，并单击其中的"μ'nSPIDE 184"命令键开始运行 μ'nSPIDE。或者双击桌面上的 μ'nSPIDE 184"S"型图标。

4.1.2　μ'nSP™IDE 窗口界面总览

μ'nSP™IDE 支持多文档窗口操作，用户可以在主界面里同时打开多个窗口，如图 4.2 所示。这是因为用户的程序可能是由多个文档组成。μ'nSP™IDE 对于多文档程序采用的处理方法是为这些文档建立起一个项目，以便让用户在此可以随意的添加或删除程序文档，对其进行管理，并便于以后对某部分重新编辑过的程序的编译及链接。

主界面里通常有三个主要窗口：Workspace（工作区）窗口、Edit（编辑）窗口和 Output（输出）窗口。进行窗口切换只需在各窗口单击鼠标左键即可。此外，主界面里还提供下拉菜单、工具栏等。

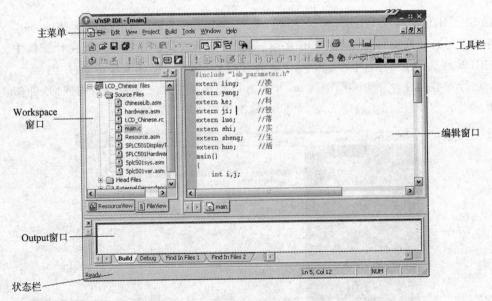

图 4.2　μ'nSP™IDE184 主界面

1. 主菜单

菜单栏中的菜单命令提供了开发、调试和保存应用程序所需要的工具。μ'nSP™IDE 菜单栏共有七项，即文件（File）、编辑（Edit）、视图（View）、项目（Project）、编制（Build）、工具（Tools）和帮助（Help）。每个菜单项含有若干个菜单命令，执行不同的操作。用鼠标单击某个菜单项，即可打开该菜单，然后用鼠标单击菜单中的某一条就能执行相应的菜单命令。主菜单功能如表 4.1 所示。

菜单中的命令分为两种类型，一类是可以直接执行的命令，这类命令的后面没有任何信息

（例如保存项目）；另一类在命令名后面带省略号（例如打开项目），需要通过打开对话框来执行。在用鼠标单击一条命令后，屏幕上将显示一个对话框，利用对话框可以执行各种有关的操作。在有些命令的后面还带有其他信息，例如：

打开项目（Ctrl＋O）。

其中 Ctrl＋O 叫做"热键"。在菜单中，热键列在相应的菜单命令之后，与菜单命令具有相同的作用；使用热键方式，不必打开菜单就能执行相应的菜单命令。例如：按 Ctrl＋O，可以立即执行"打开项目"命令。注意，只有部分菜单命令能通过热键执行。

表 4.1　主菜单功能

主菜单	下拉菜单	功　能	快捷键
文件 （File）	新建（New）	新建项目或各种文件	Ctrl＋N
	打开（Open）	打开项目或各种文件	Ctrl＋O
	关闭（Close）	关闭文件窗口	
	打开项目（Open Project）	用来关闭当前的项目，装入新的项目。执行该命令后，将打开一个对话框，可以在该对话框中，输入要打开项目名称	
	保存项目（Save Project）	保存当前项目及其所有文件	
	打包项目（Pack Project）	将当前项目的相关信息打包保存	
	关闭项目（Close Project）	关闭当前项目	
	下载程序（Load Program）	将程序下载到仿真板或本机内存中	
	保存（Save）	保存当前的文件	Ctrl＋S
	另存（Save As）	用于改变存盘文件的名称。执行该命令后，将弹出一个对话框，可以在这个对话框中输入存盘的文件名	
	全部保存（Save All）	保存目前所有的文件和项目	
	打印设置（Print Setup）	在执行该命令后，将显示标准的"打印设置"对话框，在该对话框中设置打印机、页面方向、页面大小、纸张来源以及其他打印选项	
	打印预览（Print Preview）	预览所要打印的文件	
	打印（Print……）	把窗体及代码在由 Windows 设定的打印机打印出来	Ctrl＋P
	近期文件（Recent File）	打开最近使用的 10 个文件，主要是方便开发者在最短的时间内找到并打开所需的文件	
	近期项目（Recent Project）	打开最近使用的 10 个项目，主要是方便开发者在最短的时间内找到并打开所需的项目	
	退出（Exit）	退出开发环境	
编辑 （Edit）	撤销键入（Undo）	取消最近的编辑操作	Ctrl＋Z
	重复键入（Redo）	恢复撤销键入之前的编辑内容	Ctrl＋U
	剪切（Cut）	删除选中的文件内容或文件，可以复制	Ctrl＋X
	复制（Copy）	拷贝选中的文件内容或文件	Ctrl＋C
	粘贴（Paste）	粘贴到指定的位置	Ctrl＋V
	删除（Delete）	删除选中的文件内容或文件	Del
	全选（Select All）	选中所有的文件内容或文件	Ctrl＋A

主菜单	下拉菜单	功　能	快捷键
编辑 (Edit)	查找(Find…)	查找文件内容或文件	Ctrl+F
	在指定文件内查找(Find in File)	在指定文件内查找文件内容或文件	
	查找下一个(Find Next)	用来查找并选择在"查找"对话框的"查找内容"框中指定的文本的下一次出现位置	F3
	查找前一个(Find Previous)	用来查找并选择在"查找"对话框的"查找内容"框中指定的文本的上一次出现位置	Ctrl+F3
	替换(Replace…)	替换指定的文本,执行该命令后,将显示一个对话框,在对话框的两个栏内分别输入要查找的文本和替换文本,即可一个一个的替换或一次全部替换	Ctrl+H
	定位(Go to…)	定位到某一行或列	Ctrl+G
	标记(Bookmark)	在指定的位置设置标记	Alt+F2
	下一个标记(NextBookmark)	光标指到下一个标记处	F2
	前一个标记(Previous)	光标指到前一个标记处	Ctrl+F2
	清除所有标记(Clear All Bookmark)	清除文件内所有标记	Shift+F2
	断点(Breakpoints)	设置光标所在处为断点	Alt+F9
	外部编译器(External Editor)	目前基本不用	Ctrl+E
视图 (View)	全屏(Full Screen)	编辑窗口为全屏	
	工作区(Workspace)	单击后,弹出 Workspace 窗口	Alt+0
	输出(Output)	单击后,弹出 Output 窗口	Alt+1
	调试窗口 (Debug Windows)	调试时使用。其包括: 1)变量表 Watch 窗口 2)反汇编窗口 Disassemble 窗口	Alt+C Alt+D
	常用工具栏 (Toolbar)	包括: 1)标准工具栏 2)编译工具栏 3)调试工具栏	
	状态栏(Status Bar)	提示光标所在的行、列数	
	(Control Bar Captions)		
	(Gradiend Captions)		
	(Tab Flat Borders)		
项目 (Project)	加到项目(Add to Project)	包括:向项目中加源文件和资源文件	
	项目选项设置(Setting…)	包括:General、Option、Link、Section、Hardware、Device 属性页设置(后有描述)	Alt+F7
	选择芯片体(Select Body)	选择要进行开发的目标芯片体	

主菜单	下拉菜单	功　能	快捷键
编制 (Build)	编译(Compile)	编译目前文件	Ctrl+F7
	编制(Build)	编译后链接文件	F7
	停止编制(Stop Build)	停止编制目前文件	Ctrl+Break
	编制所有文件(Build All)	编制该项目中的所有文件	
	清除(Clean)	清除刚编制过的文件	
	开始调试(Start Debug)	调试刚编制过的文件,包括:下载、单步调试等	
	执行(Execute)	运行文件	
	分析(Profile…)	详细分析软件执行效率	
工具 (Tools)	制作库文件(Lib Maker)	将所需的 Obj 文件转换成库文件,方便开发时用	
	存储器地图(Memory Map)	用户自定义存储器的分配	
	卸出文件(Dump File)	将 .TSK 文件反灌为 .MEM 文件	
	用户自定义(Customize)	用户自定义下拉菜单及快捷方式等	
	选项(Option…)	包括:编辑窗口格式设置、库文件的路径设置	
帮助 (Help)	键盘表(Keyboard map)	关于主菜单的各项功能的描述及快捷方式键	
	帮助主题(Help Topics)	介绍 IDE 环境	
	关于 IDE(About IDE)	IDE 的版本号、开发公司、所占空间	

2. Workspace 窗口

用户的程序文档通常分三种类型。一种是程序文件,它包括程序本身、程序接口及说明硬件配置情况的文件。这类文件一般需放在"Files"文件包里。第二种是资源文件,它是一些数据资源,譬如语音数据等。资源文件应放在"Resource"文件包里。两种文件包可分别打开显示在File 及 Resource 两个视窗中。

Workspace 窗口可以切换显示 FileView、ResourceView 两个视窗。如图 4.3 所示。分别用鼠标左键单击该窗口的 ResourceView、FileView 视窗标签,便可在 Workspace 窗口中切换这两个视窗。Resource视窗列出当前项目中用到的所有资源文件。File 视窗则用树形结构(称之为资源树)显示出当前项目的所有程序文件及文件之间的逻辑关系。注意,此处的逻辑关系并非代表文件在机器硬盘上的物理位置,而仅是一个从属关系。

3. Edit 窗口

在 Edit 窗口里,既可以文本编辑器的形式打开用户的程序文件进行编辑,也可以二进制代码编辑器的形式打开二进制代码文件进行查看或修改。

（1）文本编辑器

文本编辑器可以用来编辑程序,包括 μ'nSP™ 汇编语言程序及 C 语言程序。在项目中打开某个源程序文件,该文件中的所有内容便会显示在文本编辑器中待编辑,见图 4.4(a)。

（2）二进制代码编辑器

二进制代码编辑器可以十六进制数符或 ASCII 字符的形式来编辑项目中的二进制代码的资源文件。如图 4.4(b)所示。

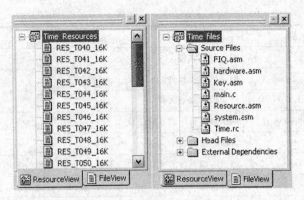

图 4.3 Workspace 窗口

（a）文本编辑器

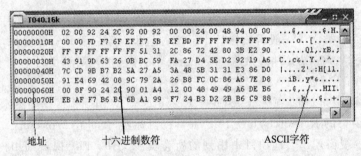

地址　　　　十六进制数符　　　　　　　　ASCII字符

（b）二进制代码编辑器

图 4.4 Edit 窗口

4. Output 窗口

Output 窗口底部用于显示编译、调试以及查找项目文件字符的结果，如图 4.5 所示。

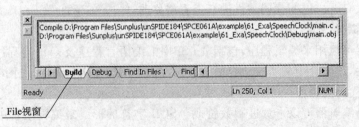

File视窗

图 4.5 Output 窗口

在窗口底部也有几个视窗标签：Build、Debug 及 Find in Files 等。分别用鼠标左键单击这些标签，可在 Output 窗口中进行视窗的切换，其内容列于表 4.2。

表 4.2　Output 窗口中切换视窗的内容

视窗标签	视窗内容描述
Build	显示编译及连接过程中产生的相关信息，包括文件编制过程中产生的错误或警告信息等
Debug	显示调试过程中出现的相关信息
Find in Files	显示在文件中查找文本字符的结果

5. 其他窗口

μ'nSP™IDE 的一些窗口在默认状态下是隐式的，调试必要时，View 菜单里的各调试窗口可以被激活。总共有以下几种。

1) Command 窗口

实际上 μ'nSP™IDE 的操作通过主菜单或工具栏就足以完成。但是，μ'nSP™IDE 的设计者没有忘记那些习惯于 DOS 操作系统下以命令行方式来操作的老主顾们，特意为他们开辟了一个独特的 Command 窗口，使他们可以一边喝着浓郁的哥伦比亚咖啡，一边在窗口通过各项命令与 μ'nSP™IDE 交流，来一展昔日的风采。

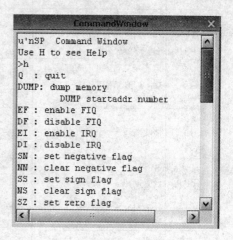

图 4.6　Command 窗口

用鼠标左键单击 View 菜单的 Command Window 选项，即可打开 Command 窗口。诸多命令，孰能记得？不必担心，在该窗口列表框下面的文本输入框中键入帮助字符"H"并确认后，会在列表框中列出 μ'nSP™IDE 的所有命令及相应的功能描述，见图 4.6 及表 4.3 所示。

表 4.3　μ'nSP™IDE 的命令及其功能描述

命　令	功能描述	语法格式及语例
Q	退出 μ'nSP™IDE	
Dump	转储内存中的字数据	Dump ＜起始字节＞＜转储字数＞ Dump100 100 //转储 0x100－0x1ff 中的字数据
EF	允许产生 FIQ 中断	
DF	禁止产生 FIQ 中断	
EI	允许产生 IRQ 中断	
DI	禁止产生 IRQ 中断	
SN	设置负标志	
NN	清除负标志	
SS	设置符号标志	
NS	清除符号标志	
SZ	设置零标志	

命　　令	功能描述	语法格式及语例
NZ	清除零标志	
SC	设置进位标志	
NC	清除进位标志	
X	复位	
RX	设定寄存器的值	Rx　＜寄存器号＞＜设定值＞ Rx　3　ABCD　//设定 R3＝0xABCD
O	设定内存单元中的值	O　＜内存地址＞＜设定值＞ O　0x7016　ABCD　　// 将 0x7016 单元的值设为 0xABCD
F	设定内存区中的值	F　＜内存起始地址＞＜内存结束地址＞＜设定值＞ F 200 2ff ABCD　//将 0x200－0x2ff 的值设定为 0x ABCD
BC	清除断点	BC　＜断点地址＞＜断点标志＞＜断点数据＞ BC 8000 8082 ABCD　//清除当向 0x28000 单元中写入数据 0xABCD 时的条件断点
BP	设置断点	BP　＜断点地址＞＜断点标志＞＜断点数据＞ BP　8000 8082 ABCD　//设置当向 0x28000 单元中写入数据 0xABCD 时的条件断点
G	连续运行程序	
S	单步运行程序	
L	将二进制文件装入内存	L ＜文件名＞＜起始地址＞＜结束地址＞＜内存的起始地址＞ L test. bin 100 1ff　//将 test. bin 文件中第 0x100－0x1ff 单元的数据//装入内存 0x8000 单元
RF	将内存中的数据内容转储到 文件中	RF ＜起始地址＞＜内存单元个数＞＜文件名＞ RF 100 100 test. bin　//将 0x100－0x1ff 单元的内容转储至 test. bin 文件中
H	显示命令帮助信息	显示 μ′nSP™ IDE 的所有命令及其内容描述

（1）命令的检索：在如此多的命令里找自己所需要的那个岂不很费力？这里有一个巧妙的办法。用鼠标左键点中列表框中的某一命令，在 PC 机键盘上键入该命令的第一个字符，列表框中当前命令的指向会在所有首字符同键入字符的命令之间移动。据此功能可在列表框中列出的诸多命令中迅速检索到所需的命令。

（2）命令的操作：按照列表中列出的命令格式在文本输入框中正确键入某命令字符并确认后，该命令便会被执行。

（3）命令的进一步解释：聪明的使用者或许早已看出上面表中的一些问题了，譬如断点的设置与清除。

断点是程序调试过程中为暂停程序运行而设置的一种操作。用户可根据需要在运行程序之前进行断点的设置与清除。μ′nSP™ IDE 可以设置或清除两种类型的断点：条件断点和无条件断点。条件断点是指该断点在满足某种条件下触发。对于无条件断点其操作较简单，只要在

Edit 窗口的当前文件中,在要设置断点的程序语句处单击鼠标左键,按下 PC 机键盘上的 F9 键,出现红点时表示断点设置完成,再次按下 F9 键红点消失,则表示断点清除。

条件断点可用上表中 BP 或 BC 命令来设置或清除。命令格式中断点标志的内容如图 4.7 所示。

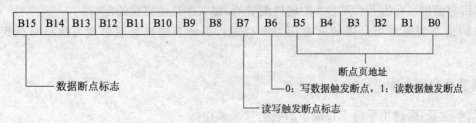

图 4.7　断点标志内容

条件断点可设为两种:地址断点和数据断点。若为前者,上图中的断点标志只有 B0～B5 有意义,它们指出断点的页地址。若为后者,须将断点标志的 B15 置为"1"。如果需要设定当读或写该断点地址中的数据时才触发断点,则 B7 需置为 1,且须由 B6 指明是向断点地址单元里写入数据还是从其读出数据时触发断点。

条件断点最多只能设三个:BP0～BP2。对于第三个断点 BP2 只能设为地址断点。譬如欲设一个条件断点 BP0:当向地址单元 0x2fed 里写入数据 0xabcd 时触发 BP0,则断点标志应设为 0x8082。

2)Debug 窗口

Debug 窗口用于调试程序,它是由 Watch(变量表)、Register(寄存器)、Memory(内存)及 Disassembly(反汇编)等几个窗口组成。其用法简单介绍如下。

内存窗口(Memory Window):显示或修改内存单元的内容。该窗口上方的 Address 文本输入框可直接指定一个内存单元地址,实现快速查看功能。

寄存器窗口(Register Window):显示 CPU 各寄存器、中断标志、指令周期数的值。

断点窗口(BreakPoint Window):显示或设置断点信息。

变量窗口(Watch Window):显示变量或表达式的值,用户可以输入变量名及编辑表达式。

反汇编窗口(Disassembly Window):显示内存中程序的反汇编代码。通过双击鼠标左键或 Ctrl＋G 热键可激活 Goto Address 对话框,实现快速跳转到指定地址的反汇编行的功能。

缓存区窗口(History Buffer Window):显示已执行的指令、状态等信息。

4.2　$\mu'nSP^{TM}IDE$ 的项目

项目,我们在前面提到过。在此,要特别重申一下,它是指为用户调试程序建立起来的一个开发环境,为用户提供程序及资源文档的编辑和管理,并提供各项环境要素的设置途径,最后通过对用户程序及数据库的编制(包括编译、汇编以及链接等)提供一个良好的调试环境。因此,用户从编程到调试程序之前实际上都是围绕着项目而操作。

1. 项目的操作

项目的操作大致有三类:文档操作、设置操作以及编制操作。

项目的文档操作包括新建项目、打开或关闭项目以及保存项目等。当一个项目被建立或打开之后,用户可根据需要在其中添加或移动文件,添加、修改或删除目标代码,以及更新当前项目中文件之间的从属关系。

　　项目的设置即环境要素的设置。譬如环境中使用的各个工具,包括编译器、汇编器、链接器等。还有用户使用 $\mu'\mathrm{nSP}^{\mathrm{TM}}$ 系列芯片的硬件配置等,都属于环境要素的范畴。

　　项目的编制便是对项目中的所有相关文档进行编译及链接最后形成可执行目标代码的过程。

　　2. 项目操作的途径

　　(1)菜单途径:通过主界面下拉菜单的各选项来操作。
　　(2)热键途径:通过在主界面的各个窗口下用鼠标右键单击而弹出热键菜单操作。

4.2.1　项目的文档操作

　　1. 新建项目

　　这是启动 $\mu'\mathrm{nSP}^{\mathrm{TM}}\mathrm{IDE}$ 运行之后首先要进行的一项操作,操作步骤如下:
　　(1)用鼠标左键单击 File 菜单的 New 选项,会弹出一个 New 对话框,见图 4.8。

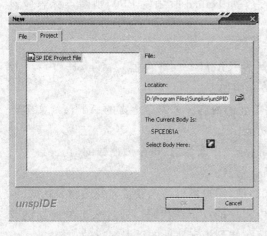

图 4.8　New 对话框

　　(2)在 New 对话框里选中 Project 标签并在 File 文本框中键入要建立的项目名称。

　　(3)在 Location 文本框中输入项目的存取路径,或利用该文本框右端的浏览按钮指定项目的存储位置。

　　(4)点击对话框右下部 ![图标] 图标,选择要调试的目标 CPU 型号。

　　(5)用鼠标左键单击 New 对话框里的 OK 按钮,则项目建立完成。

　　当项目被建立以后, $\mu'\mathrm{nSP}^{\mathrm{TM}}\mathrm{IDE}$ 会自动生成两种文件(*.scs 和 *.rc,用户不可直接对其进行修改);并在 Workspace 窗口的 File 视窗里建立起三个称为“元组”的文件夹,用户可在这些元组里添加源文件、头文件以及资源文件等。详细可见表 4.4。值得注意的是, $\mu'\mathrm{nSP}^{\mathrm{TM}}\mathrm{IDE}$ 根据 Resource视窗里的资源数的结构建立起一个资源表,而此资源数的结构可通过用鼠标对各资源文件名的拖拽来改变。

　　当按照上面所述步骤新建一个名为 test 的项目后, $\mu'\mathrm{nSP}^{\mathrm{TM}}\mathrm{IDE}$ 会自动为新建项目产生 test. src、test. rc、Resource . asm、Resource. inc、Makefile 等一系列文件;并在该项目中的 File 视窗、Resource 视窗里建立起各自的元组。

表 4. 4 μ'nSP™ IDE 新建项目的结果

自动生成文件			File 视窗建立元组	
名称	文件名或文件扩展名	包含信息	Source Files	用于存放源文件,经编译生成扩展名 .obj 的目标文件
项目文件	. scs	当前项目中源文件的信息	Head Files	用于存放头文件,通常是一些要包含在源文件中的接口
资源文件	. rc	当前项目中源文件的信息		
资源表	Resource. asm		External Dependencies	用来存放文档记录或项目说明等文件
资源表头文件	Resource. inc		Resource 视窗建立 Resource 元组	
MAKE 文件	Makefile	当前项目中重新编辑的文件信息	用来存放项目的资源文件	

2. 在项目中添加或删除文件

添加文件的操作步骤:

(1)通过菜单途径用鼠标左键单击 Project 菜单里 Add to Project 选项中的 Files 或 Resource 子项,激活 Add Files 对话框;或者通过热键途径在弹出的热键菜单里用鼠标左键单击 Add Files To Folder 选项亦可激活 Add Files 对话框。

(2)在 Add Files 对话框的文件列表中选择一个或多个文件。

(3)用鼠标左键单击 Add Files 对话框里的 Open 按钮便完成了在项目中添加文件。

删除文件的操作步骤:

在 File 视窗或 Resource 视窗里选中元组中的某个文件,通过单击鼠标右键,在弹出的热键菜单里选中 Remove 选项,则会从元组中将该文件删除。

3. 打开、存储及关闭项目

这几项操作均是通过用鼠标左键单击 File 菜单里的选项进行的,如表 4.5 所示。

表 4. 5 打开、存储及关闭项目的操作

操作内容	File 菜单选项	关键操作提示/其他途径
打开项目	Open Project	在 Open 对话框里的 Files of type 下拉列表框中选择 μ'nSP™ IDE Projects(. scs) 文件类型,并在 File name 列表框中选择一个项目文件,然后点击 Open 按钮
存储项目	Save Project	只保存当前的项目文件 .scs
	Save All	保存当前项目中所有打开的文件
关闭项目		除此菜单选项外,当打开其他项目或新建一个项目时均会关闭当前项目

4. 在项目中使用资源

当在项目里的资源元组中添加资源文件时,该资源文件的存储路径及名称会自动被记入项目中的 .rc 文件中,并以 RE S_∗ 的缺省文件名格式被赋予一个新的文件名(此处"∗"是指资源文件在其存储路径上的文件名)。同时,添入的资源文件还会被安排一个文件标识符 ID。

用鼠标右键单击 Workspace 窗口下资源文件夹中的某一资源文件,会弹出一个热键菜单。表 4.6 列出菜单上的命令选项及其操作内容。

表 4.6　资源文件命令选项及操作内容

命令选项	操作内容
Open	在 Edit 窗口下以二进制格式打开选中的资源文件
Remove	从当前项目中删除选中的资源文件
Hide	将主界面上的 Workspace 窗口隐藏起来
Properties	用于更改选中的资源文件的位置、文件标识符 ID,选择相应的外部滤镜文件。该滤镜文件用链接将资源文件转换为 Sunplus 格式。外部滤镜的文件格式如下: Fileter. exe＜input filename＞＜output. sp＞,其中 input filename 为要转换格式的资源文件名称

5. 在项目中建立目标

目标是指当前项目的二进制可执行输出文件。μ'nSP™ IDE 是依据项目中的源文件以及项目描述来生成目标文件的,具体地有如下一些标准:

(1)二进制可执行输出文件的类型(s37 或 TSK 格式);

(2)编译器、链接器等工具的设置;

(3)目标文件运行的目的:是为调试还是为确立代码。

用鼠标左键单击 View 菜单的 Build Toolbar 选项,会在 μ'nSP™ IDE 的主界面里出现一个 Build Toolbar 工具栏。用户在任何时候都可从该工具栏里的下拉列表框中选择 Debug 或 Release 列表选项,用以确定是建立一个含有调试信息的目标还是去掉任何调试信息的目标。

6. 项目中元组的操作

除了系统自动生成的三个元组外,用户还可根据需要通过热键等途径对元组进行添加、删除、移动、复制以及重命名等操作,但要注意的是,系统自动生成的三个元组不能被删除或移动。

4.2.2　项目选项的设置

项目选项的设置是针对不同目标而对开发环境的各个要素进行的设置。其设置步骤如下:

1. 激活设置

打开一个项目,用鼠标左键单击 Project 菜单的 Setting 选项,在弹出的 Setting 对话框中,将会看到几个属性页标签,如图 4.9 所示。用鼠标左键单击这些标签便会进入相应的属性页里进行项目的各项设置。

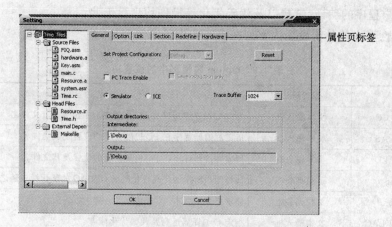

图 4.9 Settings 对话框及 General 属性页

以下将以列表的形式对属性页中的各个设置项含义进行逐一描述。

2. General 属性页

μ'nSP™IDE 的一些基本设置都在这个属性页里列出。譬如 μ'nSP™IDE 运行方式的选择，项目目标方式的选择，是否需要配合程序指针轨迹跟踪的功能及其所需内存空间的设置，项目在编译过程一些中间文件的存放位置以及项目目标的存取位置，等等。通过它，你可以初步了解到 μ'nSP™IDE 的一些行为特征。

如图 4.9 所示，在进入 Setting 对话框时 General 属性页已被激活，其中的各项设置列在表 4.7中。

表 4.7 General 属性页中的设置项

设置项	设置形式	设置内容描述
Set Project Configuration	下拉列表框	选择项目的目标方式：Debug 位调试方式，Release 为确定方式
DMA Version	复选框	如果使用支持 DMA 的 CPU 芯片，必须选中此选项
PC Trace Enable	复选框	设置程序指针的轨迹跟踪功能
Save Instruction Only	复选框	除了指令获取需占用的内存空间外，其他所有用于程序指针轨迹跟踪的读写内存都将被释放
Simulator/ICE	单选按钮	选择 μ'nSP™IDE 的运行方式：Simulator 为软件仿真运行，其中的声音数据将被存入文件中，最终通过 PC 机的扬声器实现声音回放。ICE 为硬件仿真运行，必须通过一个并口将仿真板与 PC 机相连
Trace Buffer Size	文本输入框	指定程序指针的轨迹跟踪所需占用内存字节数
Intermediate	文本输入框	指定产生于编译过程中的中间文件的存取目录
Output	文本框	显示目标文件的存取目录，此目录与中间文件的制定目录相同

3. Option 属性页

这个属性页里列出的是关于 μ'nSP™IDE 使用的所有软件工具项的设置，包括工具的文件位置及其文件名，以及各工具运行和代码优化的标志。可以说，这部分内容涉及 μ'nSP™IDE 的要害环节。用户程序的编译、链接以及代码优化等操作均出自于此。

Option 属性页中的各项设置内容列在表 4.8 中。

表 4.8　Option 属性页中的设置项

设置项		设置形式	设置内容描述
工具设置	CC	文本输入框	指定 C 编译器程序在 PC 机硬盘上的位置及其文件名
	AS	文本输入框	指定汇编器程序在 PC 机硬盘上的位置及其文件名
	LD	文本输入框	指定链接器程序在 PC 机硬盘上的位置及其文件名
Optimization		下拉列表框	选择用户所需的代码优化类型 CFLAG 的优化标志随之改变
ISA Selector		下拉列表框	显示指令集版本
工具标志	CFLAG	文本输入框	指定 C 编译器运行及代码优化标志
	ASFLAG	文本输入框	指定汇编器运行标志
	LDFLAG	文本输入框	指定链接器运行标志
Additional include dir		文本输入框	指定包含文件的路径
Additional library dir		文本输入框	指定库文件的路径

在 Debug 和 Release 模式里，CFLAG，ASFLAG，LDFLAG 可被指定不同的参数。系统根据用户选择的不同模式，自动更改参数。

4. Link 属性页

这里列出的是关于 μ'nSP™IDE 链接器操作的一些设置选项。譬如选择链接器输出文件的格式，也就是用户程序的可执行代码文件的格式；以及需要链接的外部符号表和库文件的存放位置和名称等。它是对 Option 属性页的一个补充。

Link 属性页中的各项设置列在表 4.9 中。

表 4.9　Link 属性页中的设置项

设置项	设置形式	设置内容描述
Output file name	文本输入框	指定二进制输出文件名
TSK/S37	单选按钮	选择两种二进制格式的目标文件类型：TSK 和 S37
Include Interrupt Vector Table	复选框	选中该项，在链接过程里包含中断向量表
Include Start-Up Code	复选框	选中该项，在链接过程里包含缺省的启动程序
Align all resource with	复选框、文本框	根据输入的数据把所有资源对齐
External Symbol Files	文本输入框	需要链接在工程里的另外的符号表文件（*.sym）
Library modules	文本输入框	指定和显示当前工程内的所包含的库模块

5. Section 属性页

属性页仍然是关于 μ'nSP™IDE 链接器操作的一些设置选项。在 Section 页里，显示当前工程中所有目标模块、库模块、合并段与非合并段，且可以设置当前工程的非合并段的地址、定位基址。

Section 属性页中的各项设置列在表 4.10 中。

表 4.10　Section 属性页中的设置项

设置项	设置形式	设置内容描述
Obj& Lib modules	列表框	显示当前工程里的所有 obj 和 lib 文件
Merged section	列表框	显示当前工程里的所有合并段
Non-merged section	列表框	显示当前工程里的所有非合并段。可以双击列表框内的 ROM 栏来改写这些段的地址或定位基址。在重链接工程后,这些指定段均会被定位到由定位基址引导的合适的地址上

6. Redefine 属性页

在 Redefine 页里,可对库文件进行重定义。Redefine 属性页中的各项设置列在表 4.11 中。

表 4.11　Redefine 属性页中的设置项

设置项	设置形式	设置内容描述
Alias	按钮	在 Librarys 列表框内选择某个段,再选择 Alias,改变当前段的名称
Edit	按钮	被改变名称的各段的数据被列在 Redefine table 列表框内。用户选择某一行,再选择 Edit,也可选择双击这一行,再次改变段的名称
Delete	按钮	删除 Redefine table 列表框内的内容

7. Hardware 属性页

Hardware 属性页顾名思义,是设置 μ'nSP^{TM} 系列芯片的一些硬件相关信息。它包括芯片的型号和芯片体内部的 ROM、RAM 的地址范围、中断向量、I/O 口地址范围、CPU 工作时钟频率以及使用仿真板的型号等。只有当这部分内容设定之后,μ'nSP^{TM} IDE 的其他设置选项才有实际意义。因此,通常在此属性页里会有相应的缺省设置已含在其中。

Hardware 属性页中的各项设置列在表 4.12 中。

表 4.12　Hardware 属性页中的设置项

设置项	设置形式	设置内容描述
Body	下拉列表框	选择 Probe 型号。链接器和仿真器根据芯片的设置来进行链接和仿真
Probe	下拉列表框	标识当前使用的 Simulator 和 ICE 的动态连接库的版本信息
Emulator	下拉列表框	根据 Probe 型号选择周边设备的仿真程序。这些程序实际为指定在 cpt 文件里的动态链接库
Timer	文本输入框	设定系统时钟
Body property	文本列表	显示内存映射结构

4.3　项目的编制

项目的编制,其实就是对项目中的程序进行编译,并将编译出来的二进制代码与库中的各个模块链接成一个完整的、地址统一的可执行目标代码文件和符号表文件,供用户调试使用。还记得前一章中叙述的编译器、汇编器、链接器等工具的操作吗?

在 μ'nSP™IDE 中,可以对项目中的程序及库进行编制(Build)或重新编制(Rebuild)两种不同的操作。若是编制,μ'nSP™IDE 只处理项目中截止到上一次项目编制完成后又经编辑修改过的文件。若为重新编制,则要重新处理项目中的所有文件。当用户的程序改动之处不多时用编制操作会为其节省大量的程序编译时间,使编制项目的效率大大提高。

编制项目之前首先要确定目标类型。Debug 目标含有足够的符号调试信息,这些调试信息仅供 μ'nSP™IDE 的调试器使用。调试时所有的优化选项都将无效,以免增加调试难度。Release 目标则不含有任何符号调试信息,且设置的任何优化选项都会有效。

根据用户在系统安装过程以及项目创建过程所作的选择,μ'nSP™IDE 可能会为用户提供一个缺省目标,里面包含了一些缺省的项目选项设置。通过修改这些选项设置便可建立一个适合用户项目的新目标。

编制当前的项目目标的基本操作是通过用鼠标左键单击主界面的 Build 菜单中各个选项来完成的,如表 4.13 所示。

编制过程中的操作信息将显示在 Output 窗口的 Build 视窗中,如图 4.5 所示,其中包括程序编译过程中产生的错误和警告信息。如果没有错误则说明项目的文件编译通过,接下去可以进行程序的调试。在文件编译的等待过程中还可利用 μ'nSP™IDE 完成其他操作。不过,此时有些菜单命令或工具栏中的按钮将会无效。

当用户发出 Stop Build 命令后,μ'nSP™IDE 首先试图阻止并关闭编制中当前工具的运行。若阻止不了,则会等待当前工具运行结束才终止编制过程。

表 4.13 编制项目目标的基本操作

Build 菜单选项	操 作 内 容
Compile	对编辑窗口中当前文件进行编译
Build	编制当前项目目标
Rebuild All	重新编制当前项目目标,将处理当前项目中的所有文件
Stop Build	终止当前项目目标的编制

4.4 程序运行及调试

完成了项目的编制,μ'nSP™IDE 的承诺才仅仅实现了一半。另一半是逐步促使用户的程序向无误、优化的方向逼近,完成产品设计的最后阶段。

用户程序中的语法错误通过编译而排除后,便可借助 μ'nSP™IDE 的集成调试器来运行、调试程序,从而查找出程序中存在的逻辑错误。在调试器中用户能够以连续、单步及断点的运行方式来运行程序。同时可以借助调试窗口来查看变量、寄存器及内存的数值,以观察了解程序运行的各个细节,判断程序的正误。

4.4.1 控制程序运行

控制程序运行的目的是为了迅速查找程序中存在的错误。用户可根据程序调试的状态或结果以及错误目标搜索的需要来选择合适的控制方法。

通过用鼠标左键单击 Build 菜单里的 Start Debug 选项中任意子项便可启动程序调试。一旦启动调试便可直接通过主界面上新出现的 Debug 菜单中的各命令来实现程序运行的各种控制。当然，亦可通过 PC 机键盘上的一些功能热键来快速实现此过程。

表 4.14 将 Debug 菜单中各命令及其对程序运行的控制操作列出。

表 4.14　程序运行的控制命令功能

Debug 菜单命令/热键	控制功能
Download/F8	将用户程序的可执行代码载入到仿真板中的仿真 RAM
Restart/Ctrl+Shift+F5	从起始地址重新运行程序
Stop Debug/Shift+F5	终止程序的调试，返回到编辑状态。系统会自动保存所有调试状态的设置，以便下次调试再用
Break/Ctrl+Break	中止程序运行
Go/F5	从当前程序指针处运行程序，直到遇到断点/程序结尾处停止运行
Step Into/F11	单步运行程序，当下条指令是函数时会进入被调用函数继续单步执行
Step Over/F10	单步运行程序，当下条指令是调用函数时会将被调用函数整体当做一步执行完，然后接着单步执行函数指令的下一条指令
Step Out/Shift+F11	单步运行程序，当下条指令是调用函数时会从被调用函数执行程序指令直至返回主程序的指令处继续单步执行
Run to Cursor/Ctrl+F10	从当前指令行执行到光标所在指令行为止

4.4.2　Debug 窗口

当启动调试后，View 菜单里的各 Debug 窗口选项被激活。用户可以用鼠标左键单击这些选项从而激活相应的调试窗口供其调程用。表 4.15 将这些窗口选项及其窗口显示内容列出。

表 4.15　Debug 窗口选项及其窗口显示内容

Debug 窗口选项	窗口显示内容
Watch	显示变量或表达式的值，用户可以输入变量名及编辑表达式
Register	显示 CPU 各寄存器的当前内容
Memory	显示内存单元的内容。可在该窗口中直接修改某内存单元的内容。在该窗口上方有一个 Address 文本输入框，用于直接指定一个内存单元地址并可快速察看或修改其中的内容
Disassembly	显示内存中程序的反汇编代码。通过 Ctrl+G 热键激活 Goto Line 对话框，用于快速查找指定地址的反汇编行

Debug 菜单中程序运行的各控制命令及 Debug 窗口的各选项均会在启动程序调试后以快捷按钮的形式出现在主界面的工具栏中。此工具栏里还有一个小手形的快捷按钮，当用鼠标左键单击此按钮时，会弹出一个 Breakpoints 对话框，供用户设置各类条件断点用。此外，亦可在 Command 窗口中以命令行的方式进行条件断点的设置，参见前述的 Command 窗口介绍。

· 115 ·

4.4.3 代码剖视器功能

μ'nSP™ IDE 的代码剖视器是一个强有力的分析工具。一旦通过编译确定了程序代码,就可在调试程序过程中应用此工具来剖析、优化程序代码。具体地,此工具具有以下一些功能:

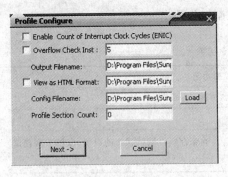

图 4.10 Profile Configure 对话框

(1)提供代码优化的准确信息。对部分程序进行诸多重要因素的剖析,包括某段程序的执行花费了多少个指令周期,程序中的标号流等一些有助于提高程序效率的信息。

(2)检测并分析程序运行当中算法有效性之高低。

(3)检查用户程序的代码段是否面临处在系统测试程序区的危险。

剖视器的设置操作如下步骤:

(1)用鼠标左键单击 Build 菜单的 Profile 选项,激活 Profile Configure 对话框,如图 4.10 所示。

图 4.10 对话框中有些设置选项的内容列在表 4.16 中。

表 4.16 Profile Configure 对话框中设置选项及其内容

设置项	设置形式	设置内容描述
Enable Count of Interrupt Clock Cycles (ENIC)	复选框	ENIC 选项是为在 IRQ 中断服务子程序中仍可连续剖视代码所设。若要求剖视的代码段处于 IRQ 子程序中,则须选中此项
Overflow Check Inst	文本输入框	设定当运算产生溢出时多少个指令内未检查溢出标志便产生警告
Output Filename	文本输入框	指定容纳最终的剖视结果的文件名称
View as HTML Format	复选框及文本框	选择是否需以网页格式来察看剖视代码结果,若需要则应在文本框中指定网页格式的剖视结果文件名称
Config Filename	文本输入框	指定存储配置参数的文件名称,用于每次调程开始时重新装入
Profile section count	文本输入框	指定需要剖视程序段的段数

(2)用鼠标左键单击 Profile Configure 对话框中的 Next 按钮,会出现如图 4.11 所示的对话框。用户可在此对话框里的文本框中输入地址或直接在程序文件的指令行中双击鼠标左键来指定程序剖视结束的地址,且须在接下去的对话框中指定每个剖视段的结束地址并启动剖视器,见图 4.11(a)、(b)。

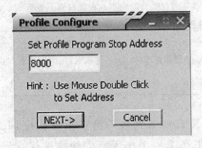

(a) 设定程序剖视结束地址对话框

(b) 启动剖视器工作的对话框

图 4.11 剖视段结束地址设定及启动剖视器

（3）鼠标左键单击图 4.11(b)的对话框中的 Profile 按钮来启动剖视器且打开一个 MS-DOS 窗口。

（4）在 MS-DOS 窗口下按下 PC 机键盘的任意键可关闭该窗口且结束剖视器的操作。此时，用户可在屏幕上打开的一个剖视文件的窗口里查看剖视结果。剖视器的操作可能会由于剖视区域的大小及存储剖视结果的文件路径等因素而执行得很慢。

当用户对开发环境越来越熟悉时，会发觉开发环境的有些地方不尽如人意，希望对其进行修改，以适应自己工作的风格或习惯。比如显示在编辑窗口中文本的字体、颜色以及工具栏的颜色、形状等。Tools 菜单中的 Options 菜单项，提供了一种直接方式来修改那些控制开发环境行为的开关项和任选项。

4.5 本 章 小 结

本章主要介绍了凌阳单片机的开发环境 IDE，包括 μ'nSP™ 单片机的 IDE 窗口界面总览、项目的建立及其选择方法、项目的编制、程序运行及其调试；给出了集程序的编辑、编译、链接、调试以及仿真等功能为一体的开发环境 IDE 的各个模块的功能及其程序的开发方法。

第5章 精简开发板"61板"

凌阳科技提供了简易系统开发板"61板"进行课程设计、生产实习、毕业设计和电子竞赛。本章将介绍"61板"外观尺寸、功能模块、开发方式、自检程序。一套单片机实验"61板"包括实验板、电池盒、Probe连接器、扬声器。

5.1 "61板"的主要内容

"61板"是 SPCE061A EMU BOARD 的简称，是以 16 位单片机 SPCE061A 为核心的精简开发仿真实验板，是凌阳大学计划专为大学生与电子爱好者等设计的简易开发装置，也可作为单片机项目初期研发使用。"61板"除了具备单片机最小系统电路外，还包括有电源电路、音频电路(含 MIC 输入部分和 DAC 音频输出部分)、复位电路等。而且体积小、采用电池供电，方便学生随身携带，使学生能够在掌握软件的同时熟练单片机硬件的设计制作。在锻炼学生动手能力的同时，也为单片机学习者和开发者提供了一个良好的学习和创新的平台。

5.1.1 "61板"基本组成介绍

"61板"的外观及功能模块如图 5.1 所示。

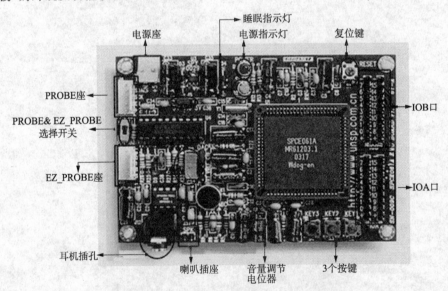

图 5.1 SPCE061A 简易开发板的外观及功能模块

"61板"具体可以完成以下实验内容：

(1)20 多个基础实验。"61板"内含单片机常用的若干功能，包括 I/O 口、中断、定时、A/D 转换和 D/A 转换等。

(2)综合实验。搭配必要的电路以配合学校对学生动手能力的要求，包括键盘、数码管、液晶

(LCD)、USB 及外扩 FLASH 等模组。

（3）语音处理实验。提供三种应用于不同场合、不同压缩比的放音、录音（DVR）及语音辨识等实验。同学们可以通过简单的操作实现放音或录音，了解一般语音处理的功能。这些实验大大丰富了同学们的单片机知识，还能提高学生们学习的兴趣。

另外，SPCE061A 具有 16×16 位乘法运算和内积运算的 DSP 功能。这不仅为它进行复杂的语音数字信号的压缩编码与解码提供了便利，还可以做成数字滤波器（Digital Filter）。

5.1.2 "61 板"开发

SPCE061A 的开发是通过在线调试器 PROBE 实现的。PROBE 既是一个编程器（即程序烧录器或烧写器），又是一个实时在线调试器。它可以替代在单片机应用项目开发过程中常用的两件工具——硬件在线实时仿真器和程序烧写器。它利用了 SPCE061A 片内置的在线仿真电路 ICE(In-Circuit Emulator)和凌阳公司的在线串行编程技术。PROBE 工作于凌阳 IDE 集成开发环境软件包下，其 5 芯的仿真头直接连接到目标电路板 SPCE061A 的相应管脚上，从而实现直接在目标电路板上进行 CPU——SPCE061A 的调试和运行。PROBE 的另一头是标准的 25 针打印机接口，直接连接到计算机打印口与上位机进行通讯（如图 5.2），从而在计算机 IDE 集成开发环境软件包下，实现在线调试功能。

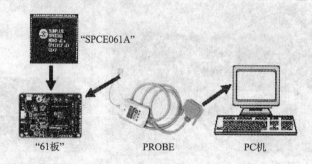

"SPCE061A"

"61板"   PROBE   PC机

图 5.2   用户目标板、Probe、计算机三者之间的连接图

另外，凌阳科技提供了一款名为"EZ_probe"的工具，它相当于一个简易的"写入器"。当学生在自己的 PC 机上将程序调试通过并编译后，可以通过执行一个应用程序，将编译后的文件通过该"EZ_probe"写入芯片中。

5.1.3 "61 板"自检方法

"61 板"的自检按如下步骤进行。

第一步：接上电池盒，如图 5.3 所示。如果"61 板"上的电源指示灯点亮表明电池盒的开关已经打开，为正常现象，此时系统开发板已经供电。

图 5.3   供电电源示意图

第二步:如果电池盒里没有电池,则需要开发者自己装入。然后打开电池盒开关给开发板供电。其具体位置如图 5.4 所示。将电池盒开关扳向 ON,如果一切正常,则电源指示灯将点亮。

图 5.4 "61"板供电示意图

第三步:接上喇叭。将喇叭的接口插入"61 板"上标有 SPK 的 2pin 座上,其各个接口位置如图 5.5 所示。

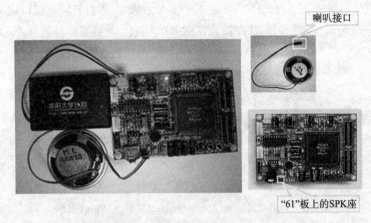

图 5.5 扬声器连接示意图

第四步:按复位键,其具体位置如图 5.6 所示,开始从头执行系统程序。这时单片机会有语音提示:"欢迎进入自检模式"。

图 5.6 复位键的位置

第五步:按 KEY1 键,位置如图 5.7 所示。这时会出现语音提示"睡眠测试成功",睡眠指示灯点亮 0.5s 后熄灭。

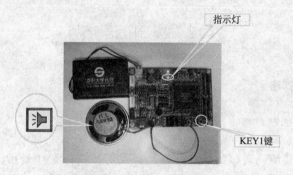

图 5.7　睡眠测试示意图

第六步:接排线。具体方法:将 A 口低 8 位和 B 口低 8 位用排线短接,注意 A0~A7,B0~
B7。将 A 口高 8 位和 B 口高 8 位用排线短接,注意 A8~A15,B8~B15。如图 5.8 所示。

图 5.8　IO 口测试示意图

第七步:按 KEY2 键,其位置如图 5.9 所示。这时会出现语音提示"AD 测试成功"。

图 5.9　AD 测试示意图

第八步:按 KEY3 键,其位置如图 5.10 所示。这时喇叭会发出声音,表明所有测试成功,单
片机工作正常,可以进行开发。

图 5.10　KEY3 键位置示意图

5.2 凌 阳 语 音

5.2.1 凌阳音频压缩算法

1. 音频概述

要了解音频,首先要明确音频的特点及分类。我们所说的音频是指频率在 20 Hz~20 kHz 的声音信号,分为波形声音、语音和音乐三种。其中波形声音就是自然界中所有的声音,是声音数字化的基础。语音也可以表示为波形声音,但波形声音表示不出语言、语音学的内涵。语音是对讲话声音的一次抽象,是语言的载体,是人类社会特有的一种信息系统,是社会交际工具的符号。音乐与语音相比更规范一些,是符号化了的声音。但音乐不能对所有的声音进行符号化。乐谱是符号化声音的符号组,表示比单个符号更复杂的声音信息内容。

2. 数字音频的采样和量化

数字音频的采样和量化是指将模拟的(连续的)声音波形数字元化(离散化),以便于数字计算机进行处理。其主要包括采样和量化两个方面。

数字音频的质量取决于采样频率和量化位数这两个重要参数。此外,声道的数目、相应的音频设备也是影响音频质量的原因。

3. 音频格式

音频文件通常分为两类:声音文件和 MIDI 文件。

(1)声音文件指通过声音录入设备录制的原始声音,是直接记录了真实声音的二进制采样数据,通常文件较大;

(2)MIDI 文件是一种音乐演奏指令序列,相当于乐谱,可以利用声音输出设备或与计算机相连的电子乐器进行演奏。其由于不包含声音数据,文件较小。

声音文件的格式:

1)WAVE 文件—— *.wav

WAVE 文件使用三个参数来表示声音,它们是:采样位数、采样频率和声道数。在计算机中采样位数一般有 8 位和 16 位两种,而采样频率一般有 11025Hz(11kHz)、22050Hz(22kHz)、44100Hz(44kHz)三种。我们以单声道为例,一般 WAVE 文件的比特率可达到 88~704kbps。具体介绍如下:

(1)WAVE 格式是 Microsoft 公司开发的一种声音文件格式,它符合 RIFF(Resource Interchange File Format)文件规范;

(2)用于保存 Windows 平台的音频信息资源,被 Windows 平台及其应用程序广泛支持;

(3)WAVE 格式支持 MSADPCM、CCITT A Law、CCITT μ Law 和其他压缩算法,支持多种音频位数、采样频率和声道,是 PC 机上最为流行的声音文件格式。

(4)其文件尺寸较大,多用于存储简短的声音片段。

2)AIFF 文件——AIF/AIFF

(1)AIFF(Audio Interchange File Format)是音频交换文件格式的英文缩写,是苹果计算机公司开发的一种声音文件格式；

（2）被 Macintosh 平台及其应用程序所支持，Netscape Navigator 浏览器中的 LiveAudio 也支持 AIFF 格式，SGI 及其他专业音频软件包同样支持这种格式；

（3）AIFF 支持 ACE2、ACE8、MAC3 和 MAC6 压缩，支持 16 位 44.1kHz 立体声。

3）Audio 文件——＊.Audio

（1）Audio 文件是 Sun Microsystems 公司推出的一种经过压缩的数字声音格式，是 Internet 中常用的声音文件格式；

（2）Netscape Navigator 浏览器中的 LiveAudio 也支持 Audio 格式的声音文件。

4）MPEG 文件——＊.MP1/＊.MP2/＊.MP3

（1）MPEG（Moving Picture Experts Group）是运动图像专家组的英文缩写，MPEG 音频层（MPEG Audio Layer）代表 MPEG 标准中的音频部分；

（2）MPEG 音频文件的压缩是一种有损压缩，根据压缩质量和编码复杂程度的不同可分为三层（MPEG Audio Layer1/2/3），分别对应 MP1、MP2 和 MP3 这三种声音文件；

（3）MPEG 音频编码具有很高的压缩率，MP1 和 MP2 的压缩率分别为 4∶1 和 6∶1 到 8∶1，而 MP3 的压缩率则高达 10∶1 到 12∶1。也就是说一分钟 CD 音质的音乐，未经压缩需要 10MB 存储空间，而经过 MP3 压缩编码后只有 1MB 左右，同时其音质基本保持不失真。因此，目前使用最多的是 MP3 文件格式。

5）RealAudio 文件——＊.RA/＊.RM/＊.RAM

（1）RealAudio 文件是 RealNerworks 公司开发的一种新型流式音频（Streaming Audio）文件格式；

（2）它包含在 RealMedia 中，主要用于在低速的广域网上实时传输音频信息；

（3）网络连接速率不同，客户端所获得的声音质量也不尽相同：对于 28.8kbps 的连接，可以达到广播级的声音质量；如果拥有 ISDN 或更快的线路连接，则可获得 CD 音质的声音。

6）MIDI 文件——＊.MID/＊.RMI

（1）MIDI（Musical Instrument Digital Interface）是乐器数字接口的英文缩写，是数字音乐/电子合成乐器的统一国际标准；

（2）它定义了计算机音乐程序、合成器及其他电子设备交换音乐信号的方式，还规定了不同厂家的电子乐器与计算机连接的电缆和硬件及设备间数据传输的协议，可用于为不同乐器创建数字声音，可以模拟大提琴、小提琴、钢琴等常见乐器；

（3）在 MIDI 文件中，只包含产生某种声音的指令，这些指令包括使用什么 MIDI 设备的音色、声音的强弱、声音持续多长时间等，计算机将这些指令发送给声卡，声卡按照指令将声音合成出来。MIDI 在重放时可以有不同的效果，这取决于音乐合成器的质量；

（4）相对于保存真实采样的声音文件，MIDI 文件显得更加紧凑，其文件尺寸通常比声音文件小得多。

4. 语音压缩编码基础

语音压缩编码中的数据量定义如下：数据量＝（采样频率×量化位数×声道数目×时间）/8。

压缩编码的目的：通过对资料的压缩，达到高效率存储和转换资料的结果。即在保证一定声音质量的条件下，以最小的比特率来表达和传送声音信息。

压缩编码的必要性：实际应用中，未经压缩编码的音频资料量很大，进行传输或存储是不现实的。所以要通过对信号趋势的预测和冗余信息处理,进行资料的压缩,这样就可以使我们用较少的资源表达更多的信息。

举个例子,没有压缩过的 CD 品质的资料,一分钟的内容需要 11MB 的内存容量来存储。如果将原始资料进行压缩处理,在确保声音品质不失真的前提下,将数据压缩一半,5.5MB 就可以完全还原效果。而在实际操作中,可以依需要来选择合适的算法。

常见的几种音频压缩编码:

(1)波形编码:将时间域信号直接变换为数字代码,力图使重建语音波形保持原语音信号的波形形状。波形编码的基本原理是在时间轴上对模拟语音按一定的速率抽样,然后将幅度样本分层量化,并用代码表示。译码是其反过程,将收到的数字序列经过译码和滤波恢复成模拟信号。

如:脉冲编码调制(Pulse Code Modulation,PCM)、差分脉冲编码调制(DPCM)、增量调制(DM)以及它们的各种改进型,如自适应差分脉冲编码调制(ADPCM)、自适应增量调制(ADM)、自适应传输编码(Adaptive Transfer Coding,ATC)和子带编码(SBC)等都属于波形编码技术。

波形编码特点:高话音质量、高码率,适于高保真音乐及语音。

(2)参数编码:参数编码又称为声源编码,是将信源信号在频率域或其他正交变换域提取特征参数,并将其变换成数字代码进行传输。译码为其反过程,将收到的数字序列经变换恢复特征参量,再根据特征参量重建语音信号。具体说,参数编码是通过对语音信号特征参数的提取和编码,力图使重建语音信号具有尽可能高的准确性,但重建信号的波形同原语音信号的波形可能会有相当大的差别。

如:线性预测编码(LPC)及其他各种改进型都属于参数编码。该编码比特率可压缩到 2kbit/s~4.8kbit/s,甚至更低,但语音质量只能达到中等,特别是自然度较低。

参数编码特点:压缩比大,计算量大,音质不高,廉价。

(3)混合编码:混合编码使用参数编码技术和波形编码技术。计算机的发展为语音编码技术的研究提供了强有力的工具,大规模、超大规模集成电路的出现,则为语音编码的实现提供了基础。20 世纪 80 年代以来,语音编码技术有了实质性的进展,产生了新一代的编码算法,这就是混合编码。它将波形编码和参数编码组合起来,克服了原有波形编码和参数编码的弱点,结合各自的长处,力图保持波形编码的高质量和参数编码的低速率。

如:多脉冲激励线性预测编码(MPLPC),规划脉冲激励线性预测编码(KPELPC),码本激励线性预测编码(CELP)等都属于混合编码技术。其数据率和音质介于参数和波形编码之间。

总之,音频压缩技术有两个趋势:

(1)降低资料率,提高压缩比,用于廉价、低保真场合(如:电话)。

(2)追求高保真度,复杂的压缩技术(如:CD)。

语音合成、辨识技术的介绍。

按照实现的功能来分,语音合成可分两个档次:

(1)有限词汇的计算机语音输出;

(2)基于语音合成技术的文字语音转换(TTS:Text-to-Speech)。

按照人类语言功能的不同层次,语音合成可分为三个层次:

(1)从文字到语音的合成(Text-to-Speech)如图 5.11 所示;

(2)从概念到语音的合成(Concept-to-Speech);

(3)从意向到语音的合成(Intention-to-Speech)。

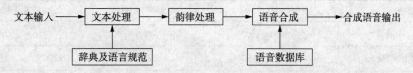

图 5.11　从文本到语音转换过程示意图

语音辨识：

语音辨识技术有三大研究范围：口音独立、连续语音及可辨认字词数量。

1)口音独立

(1)特定发音人识别 SD(Speaker Dependent)：是指语音样板由单个人训练，也只能识别训练人的语音命令，而他人的命令识别率较低或几乎不能识别。

(2)非特定发音人识别 SI(Speaker Independent)：是指语音样板由不同年龄、不同性别、不同口音的人进行训练，可以识别一群人的命令。

2)连续语音

(1)单字音辨认：为了确保每个字音可以正确地切割出来，必须一个字一个字分开来念，非常不自然，与我们平常说话的连续方式有所不同。

(2)整个句子辨识：只要按照你正常说话的速度，直接将要表达的说出来，中间并不需要停顿，这种方式是最直接自然的，难度也最高。现阶段连续语音的辨识率及正确率，虽然效果还不错但仍需再提高。然而，中文汉字有太多的同音字，因此目前所有的中文语音辨识系统，几乎都是以词为依据，来判断正确的同音字。

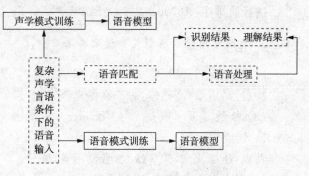

图 5.12　语音识别原理简图

3)可辨认词汇数量

内建的词汇数据库的多少，也直接影响其辨识能力。因此就语音辨识的词汇数量来说亦可分为三种：小词汇量(10～100)、中词汇量(100～1000)、无限词汇量(即听写机)。

图 5.12 是简化的语音识别原理图，其中实线部分为训练模块，虚线部分为识别模块。

5.2.2　凌阳音频简介

1. 凌阳音频压缩算法的编码标准

凌阳音频压缩算法处理的语音信号的范围是 200Hz～3.4kHz 的电话语音。表 5.1 是不同音频质量等级的编码技术标准(频响)。

表 5.1　不同音频质量的编码技术

信号类型	频率范围/Hz	采样率/kHz	量化精度/位
电话语音	200～3400	8	8

信号类型	频率范围/Hz	采样率/kHz	量化精度/位
宽带音频（AM 质量）	50～7000	16	16
调频广播（FM 质量）	2～15k	37.8	16
高质量音频（CD 质量）	2～20k	44.1	16

2. 压缩分类

压缩分无损压缩和有损压缩。

无损压缩一般指磁盘文件,压缩比低,为 2：1～4：1。有损压缩则是指音/视频文件,压缩比可高达 100：1。

凌阳音频压缩算法根据不同的压缩比分为以下几种(具体可参见语音压缩工具一节内容)：

SACM-A2000：压缩比为 8：1,8：1.25,8：1.5；

SACM-S480：压缩比为 80：3,80：4.5；

SACM-S240：压缩比为 80：1.5。

按音质排序：A2000＞S480＞S240。

3. 凌阳常用的音频形式和压缩算法

(1)波形编码：Sub-Band 即 SACM-A2000。

特点：高质量、高码率,适于高保真语音/音乐。

(2)参数编码：声码器(Vocoder)模型表达,抽取参数与激励信号进行编码。如：SACM-S240。

特点：压缩比大,计算量大,音质不高,廉价。

(3)混合编码：CELP 即 SACM-S480。

特点：综合参数和波形编码之优点。

除此之外,还具有 FM 音乐合成方式即 SACM-MS01。

4. 凌阳语音的播放、录制、合成和辨识

凌阳的 SPCE061A 是 16 位单片机,具有 DSP 功能,有很强的信息处理能力,最高时钟频率可达到 49MHz,具备运算速度高的优势,这些都无疑为语音的播放、录放、合成及辨识提供了条件。

凌阳压缩算法中 SACM_A2000、SACM_S480、SACM_S240 主要是用来放音,可用于语音提示,而 DVR 则用来录放音。对于音乐合成 MS01,该算法较烦琐,而且需要具备音乐理论、配器法及和声学知识。特别爱好者可以到相关网站去了解相关内容,这里只给出它的 API 函数介绍及程序代码的范例,仅供参考。

语音识别电路基本结构如图 5.13 所示。图中包括：滤除噪音预加重,滤波器组 PAR-COR 系数、线性预测系数、过零次数能量相关函数等,模式匹配词典语音分析,语音识别结果输出。

图 5.13　语音识别电路结构图

5.2.3　常用的应用程序接口 API

表 5.2 所列出的是凌阳音频的几种算法：

表 5.2　SACM-LIB 库中模块及其算法类型

模块名称(Model-Index)	语音压缩编码率类型	资料采样率
SACM_A2000	16kbit/s,20kbit/s,24kbit/s	16kHz
SACM_S480/S720	4.8kbit/s,7.2kbit/s	16kHz
SACM_S240	2.4kbit/s	24kHz
SACM_MS01	音乐合成(16kbit/s,20kbit/s,24kbit/s)	16kHz
SACM_DVR(A2000)	16kbit/s 的资料率,8kbit/s 的采样率,用于 ADC 信道录音功能	16kHz

语音和音乐与我们的生活有着非常密切的关系,而单片机对语音的控制如录放音、合成及辨识也广泛应用在现实生活中。我们知道对于语音处理大致可以分为 A/D、编码、存储、解码以及 D/A 等。然而,通过前面介绍我们知道麦克风输入所生成的 WAVE 文件,其占用的存储空间很大,对于单片机来说想要存储大量的信息显然是不可能的。而凌阳的 SPCE061A 提出了解决的方法,即应用 SACM-LIB。该库将 A/D、编码、解码、存储及 D/A 做成相应的模块,每个模块都有其应用程序接口 API。所以用户只需了解每个模块所要实现的功能及其参数的内容,然后调用该 API 函数即可实现该功能。例如在程序中插入语音提示,或连续播放一段语音或音乐,也可以根据自己需要的空间或使用范围选择适合自己的算法。

以下就不同的算法具体介绍各自 API 函数的格式、功能、参数、返回值、备注及应用范例。

1)SACM_A2000

该压缩算法压缩比较小,为 8∶1,所以具有高质量、高码率的特点,适用于高保真音乐和语音。

其相关 API 函数如下所示：

```
void SACM_A2000_Initial(int Init_Index)                    //初始化
void SACM_A2000_ServiceLoop(void)                          //获取语音资料,填入译码队列
void SACM_A2000_Play(int Speech_Index, int Channel, int Ramp_Set)   //播放
void SACM_A2000_Stop(void)                                 //停止播放
void SACM_A2000_Pause (void)                               //暂停播放
void SACM_A2000_Resume(void)                               //暂停后恢复
void SACM_A2000_Volume(Volume_Index)                       //音量控制
unsigned int SACM_A2000_Status(void)                       //获取模块状态
```

```
void SACM_A2000_InitDecode(int Channel)                    //译码初始化
void SACM_A2000_Decode(void)                               //译码
void SACM_A2000_FillQueue(unsigned int encoded-data)       //填充队列
unsigned int SACM_A2000_TestQueue(void)                    //测试队列
Call F_FIQ_Service_ SACM_A2000                             //中断服务函数
```

下面对各个函数进行具体介绍：

(1)【API 格式】

C:void SACM_A2000_Initial(int Init_Index)

ASM:R1 = [Init_Index]

Call F_ SACM_A2000_Initial

【功能说明】SACM_A2000 语音播放之前的初始化。

【参数】Init_Index＝0 表示手动方式；Init_Index＝1 则表示自动方式。

【返回值】无

【备注】该函数用于对定时器、中断和 DAC 等的初始化。

(2)【API 格式】

C:void SACM_A2000_ServiceLoop(void)

ASM:Call F_ SACM_A2000 _ServiceLoop

【功能说明】从资源中获取 SACM_A2000 语音资料，并将其填入译码队列中。

【参数】无。

【返回值】无。

(3)【API 格式】

C:void SACM_A2000_Play(int Speech_Index, int Channel, int Ramp_Set);

ASM:R1 = [Speech _Index]

R2 = [Channel]

R3 = [Ramp_Set]

Call SACM_A2000_Play

【功能说明】播放资源中 SACM_A2000 语音或乐曲。

【参数】Speech _Index:表示语音索引号。

Channel 的值及意义分别为：①表示通过 DAC1 通道播放；②表示通过 DAC2 通道播放；③表示通过 DAC1 和 DAC2 双通道播放。

Ramp_Set 值及意义分别为：0 表示禁止音量增/减调节；1 表示仅允许音量增调节；2 表示仅允许音量减调节；3 表示允许音量增/减调节。

【返回值】无。

【备注】

①SACM_A2000 的数据率有 16kbps\20kbps\24kbps 三种，可在同一模块的几种算法中自动选择一种。

②Speech_Index 是定义在 resource.inc 文件中资源表(T_ SACM_A2000_SpeechTable)的偏移地址。

③中断服务子程序 F_FIQ_Service_ SACM_A2000 必须安置在 TMA_FIQ 中断向量上，函数允许 TimerA 以所选的的数据采样率(计数溢出)中断。

（4）【API 格式】

C：void SACM_A2000_Stop(void)；

ASM：Call F_ SACM_A2000_Stop

【功能说明】停止播放 SACM_A2000 语音或乐曲。

【参数】无。

【返回值】无。

（5）【API 格式】

C：void SACM_A2000_Pause (void)

ASM：Call F_ SACM_A2000_Pause

【功能说明】暂停播放 SACM_A2000 语音或乐曲。

【参数】无。

【返回值】无。

（6）【API 格式】

C：void SACM_A2000_Resume(void)

ASM：Call F_ SACM_A2000_Resume

【功能说明】恢复暂停播放的 SACM_A2000 语音或乐曲的播放。

【参数】无。

【返回值】无。

（7）【API 格式】

C：void SACM_A2000_Volume(Volume_Index)

ASM：R1 = [Volume_Index]

Call F_ SACM_A2000_Volume

【功能说明】在播放 SACM_A2000 语音或乐曲时改变主音量。

【参数】Volume_Index 为音量数，音量从最小到最大可在 0～15 之间选择。

【返回值】无。

（8）【API 格式】

C：unsigned int SACM_A2000_Status(void)

ASM：Call F_ SACM_A2000_ Status

【返回值】=R1。

【功能说明】获取 SACM_A2000 语音播放的状态。

【参数】无。

【返回值】当 R1 的 bit0=0,表示语音播放结束；bit0=1,表示语音在播放中。

（9）【API 格式】

ASM：Call F_FIQ_Service_ SACM_A2000

【功能说明】用作 SACM_A2000 语音背景程序的中断服务子程序。通过前台子程序（自动方式的 SACM_A2000_ServiceLoop 及手动方式的 SACM_A2000_Decode)对语音资料进行解码,然后将其送入 DAC 通道播放。

【参数】无。

【返回值】无。

【备注】SACM_A2000 语音背景子程序只有汇编指令形式,且应将此子程序安置在 TMA_FIQ 中断源上。

(10)【API 格式】

C:void SACM_A2000_InitDecode(int Channel)

ASM:Call F_ SACM_A2000_Decode

【功能说明】开始对 SACM_A2000 语音资料以非自动方式(编程控制)进行译码。

【参数】Channel＝1,2,3,分别表示使用 DAC1、DAC2 信道以及 DAC1 和 DAC2 双通道。

【返回值】无。

【备注】用户只能通过非自动方式对语音资料解压缩。

(11)【API 格式】

C:void SACM_A2000_Decode(void)

ASM:Call F_ SACM_A2000_Decode

【功能说明】从语音队列里获取的 SACM_A2000 语音资料,并进行译码,然后通过中断服务子程序将其送入 DAC 信道播放。

【参数】无。

【返回值】无。

【备注】用户仅能通过非自动方式对语音资料进行译码。

(12)【API 格式】

C:void SACM_A2000_FillQueue(unsigned int encoded-data)

ASM:R1 =［语音编码资料］

Call F_ SACM_A2000_FillQueue

【功能说明】将从用户存储区里获取 SACM_A2000 语音编码资料,然后将其填入语音队列中等候译码处理。

【参数】encoded-data 为语音编码资料。

【返回值】无。

【备注】用户仅能通过非自动方式对语音资料进行译码。

(13)【API 格式】

C:unsigned int SACM_A2000_TestQueue(void)

ASM:Call F_ SACM_A2000_TestQueue

【返回值】＝R1。

【功能说明】获取语音队列的状态。

【参数】无。

【返回值】R1＝0、1、2,分别表示语音队列不空不满、语音队列满及语音队列空。

【备注】用户仅能通过非自动方式测试语音队列状态。

2)SACM_S480

该压缩算法压缩比较大,为 80∶3,存储容量大,音质介于 A2000 和 S240 之间,适用于语音播放,如"文曲星"词库。

其相关 API 函数如下所示:

```
int SACM_S480_Initial(int Init_Index)                        //初始化
void SACM_ S480_ServiceLoop(void)                            //获取语音资料,填入译码队列
void SACM_ S480_Play(int Speech_Index, int Channel, int Ramp_Set)  //播放
void SACM_ S480_Stop(void)                                   //停止播放
void SACM_ S480_Pause (void)                                 //暂停播放
```

```
void SACM_S480_Resume(void)                                    //暂停后恢复
void SACM_S480_Volume(Volume_Index)                            //音量的控制
unsigned int SACM_S480_Status(void)                            //获取模块的状态
Call F_FIQ_Service_ SACM_S480                                  //中断服务函数
```

各函数具体内容如下：

（1）【API 格式】

```
C：int SACM_S480_Initial(int Init_Index)
ASM：R1 = [ Init_Index]
Call F_ SACM_ S480_Initial
```

【功能说明】SACM_S480 语音播放之前的初始化。

【参数】Init_Index＝0 表示手动方式；Init_Index＝1 表示自动方式。

【返回值】0 表示语音模块初始化失败；1 表示初始化成功。

【备注】该函数用于对定时器、中断和 DAC 等的初始化。

（2）【API 格式】

```
C：void SACM_S480_ServiceLoop(void)
ASM：Call F_ SACM_S480_ServiceLoop
```

【功能说明】从资源中获取 SACM_S480 语音资料，并将其填入解码队列中。

【参数】无。

【返回值】无。

【备注】播放语音文件中数据，当出现 FF FF FFH 数据时便停止播放。

（3）【API 格式】

```
C：int SACM_S480_Play(int Speech_Index, int Channel, int Ramp_Set)
ASM：R1 = [ Speech _Index]
R2 = [ Channel]
R3 = [ Ramp_Set]
Call SACM_S480_Play
```

【功能说明】播放资源中 SACM_S480 语音或乐曲。

【参数】Speech _Index 表示语音索引号。

Channel 值及意义分别为：1 表示通过 DAC1 通道播放；2 表示通过 DAC2 通道播放；3 表示通过 DAC1 和 DAC2 双通道播放。

Ramp_Set 的值为：0 表示禁止音量增/减调节；1 表示仅允许音量增调节；2 表示仅允许音量减调节；3 表示允许音量增/减调节。

【返回值】无。

【备注】

①SACM_S480 的数据率有 4.8kbps\7.2kbps 三种，可在同一模块的几种算法中自动选择一种。

②Speech_Index 是定义在 resource. inc 文件中资源表（T_SACM_S480_SpeechTable）的偏移地址。

③中断服务子程序中 F_FIQ_Service_ SACM_S480 必须放在 TMA_FIQ 中断向量上（参见 SPCE 的中断系统）。

④函数允许 TimerA 以所选的的数据采样率（计数溢出）中断。

(4)【API 格式】

   C:void SACM_S480_Stop(void)

   ASM:Call F_ SACM_S480_Stop

   【功能说明】停止播放 SACM_S480 语音或乐曲。

   【参数】无。

   【返回值】无。

(5)【API 格式】

   C:void SACM_S480_Pause (void)

   ASM:Call F_ SACM_S480_Pause

   【功能说明】暂停播放 SACM_S480 语音或乐曲。

   【参数】无。

   【返回值】无。

(6)【API 格式】

   C:void SACM_S480_Resume(void)

   ASM:Call F_ SACM_S480_Resume

   【功能说明】恢复暂停播放的 SACM_S480 语音或乐曲的播放。

   【参数】无。

   【返回值】无。

(7)【API 格式】

   C:void SACM_S480_Volume(Volume_Index)

   ASM:R1 = [Volume_Index]

   Call F_Model − Index_Volume

   【功能说明】在播放 SACM_S480 语音或乐曲时改变主音量。

   【参数】Volume_Index 为音量数,音量从最小到最大可在 0~15 之间选择。

   【返回值】无。

(8)【API 格式】

   C:unsigned int SACM_S480_Status(void)

   ASM:Call F_ SACM_S480_ Status

   【返回值】=R1。

   【功能说明】获取 SACM_S480 语音播放的状态。

   【参数】无。

   【返回值】当 R1 的值 bit0=0,表示语音播放结束;bit0=1,表示语音在播放中。

(9)【API 格式】

   ASM:Call F_FIQ_Service_ SACM_S480

   【功能说明】用作 SACM_S480 语音背景程序的中断服务子程序。通过前台子程序(自动方式的 SACM_S480_ServiceLoop 及手动方式的 SACM_S480_Decode)对语音资料进行解码,然后将其送入 DAC 通道播放。

   【参数】无。

   【返回值】无。

   【备注】SACM_S480 语音背景子程序只有汇编指令形式,且应将此子程序安置在 TMA_FIQ 中断源上。

3)SACM_S240

该压缩算法的压缩比较大,为 80∶1.5,价格低,适用于对保真度要求不高的场合,如玩具类产品的批量生产,编码率仅为 2.4 kbps。

其相关 API 函数如下所示:

```
int SACM_S240_Initial(int Init_Index)                              //初始化
void SACM_S240_ServiceLoop(void)                                   //获取语音资料,填入译码队列
void SACM_S240_Play(int Speech_Index, int Channel, int Ramp_Set)   //播放
void SACM_S240_Stop(void)                                          //停止播放
void SACM_S240_Pause (void)                                        //暂停播放
void SACM_S240_Resume(void)                                        //暂停后恢复
void SACM_S240_Volume(Volume_Index)                                //音量控制
unsigned int SACM_S240_Status(void)                                //获取模块状态
Call F_FIQ_Service_ SACM_S240                                      //中断服务函数
```

下面具体介绍各个函数:

(1)【API 格式】

```
C:int SACM_S240_Initial(int Init_Index)
ASM:R1 =［Init_Index］
Call F_ SACM_S240_Initial
```

【功能说明】SACM_ S240 语音播放之前的初始化。

【参数】Init_Index＝0 表示手动方式;Init_Index＝1 表示自动方式。

【返回值】0 代表语音模块初始化失败;1 代表初始化成功。

【备注】函数用于 S240 语音译码的初始化以及相关设备的初始化。

(2)【API 格式】

```
C:void SACM_S240_ServiceLoop(void)
ASM:Call F_ SACM_S240_ServiceLoop
```

【功能说明】从资源中获取 SACM_S240 语音资料,并将其填入解码队列中。

【参数】无。

【返回值】无。

(3)【API 格式】

```
C:int SACM_S240_Play(int Speech_Index, int Channel, int Ramp_Set)
ASM:R1 =［Speech_Index］
R2 =［Channel］
R3 =［Ramp_Set］
Call SACM_S240_Play
```

【功能说明】播放资源中 SACM_ S240 语音或乐曲。

【参数】Speech_Index 表示语音索引号。

Channel 值及意义分别为:1 表示通过 DAC1 通道播放;2 表示通过 DAC2 通道播放;3 表示通过 DAC1 和 DAC2 双通道播放。

Ramp_Set 值及意义分别为:0 表示禁止音量增/减调节;1 表示仅允许音量增调节;2 表示仅允许音量减调节;3 表示允许音量增/减调节。

【返回值】无。

【备注】

①SACM_S240 的数据率为 2.4kbps。

②Speech_Index 是定义在 resource.inc 文件中资源表(T_SACM_S240_SpeechTable)的偏移地址。

③中断服务子程序 F_FIQ_Service_ SACM_S240 必须安置在 TMA_FIQ 中断向量上(参见第 5 章中断系统内容)。

④函数允许 TimerA 以所选的的数据采样率(计数溢出)中断。

(4)【API 格式】

C:void SACM_ S240_Stop(void)

ASM:Call F_ SACM_ S240_Stop

【功能说明】停止播放 SACM_ S240 语音或乐曲。

【参数】无。

【返回值】无。

(5)【API 格式】

C:void SACM_ S240_Pause (void)

ASM:Call F_ SACM_ S240_Pause

【功能说明】暂停播放 SACM_ S240 语音。

【参数】无。

【返回值】无。

(6)【API 格式】C:void SACM_ S240_Resume(void)

ASM:Call F_ SACM_ S240_Resume

【功能说明】恢复暂停播放的 SACM_ S240 语音的播放。

【参数】无。

【返回值】无。

(7)【API 格式】

C:void SACM_ S240_Volume(Volume_Index)

ASM:R1 = [Volume_Index]

Call F SACM_ S240_Volume

【功能说明】在播放 SACM_ S240 语音或乐曲时改变主音量。

【参数】Volume_Index 为音量数,音量从最小到最大可在 0～15 之间选择。

【返回值】无。

(8)【API 格式】

C:unsigned int SACM_ S240_Status(void)

ASM:Call F_ SACM_ S240_ Status

【返回值】=R1。

【功能说明】获取 SACM_ S240 语音播放的状态。

【参数】无。

【返回值】R1 中 bit0=0,表示语音播放结束;bit0=1,表示语音在播放中。

(9)【API 格式】

ASM:Call F_FIQ_Service_ SACM_ S240

【功能说明】用作 SACM_S240 语音背景程序的中断服务子程序。通过前台子程序(自动方式的 SACM_S240_ServiceLoop 及手动方式的 Model-Index_Decode)对语音资料进行译码,然后将其送入 DAC 信道播放。

【参数】无。

【返回值】无。

【备注】SACM_ S240 语音背景子程序只有汇编指令形式,且应将此子程序安置在TMA_FIQ中断源上。

4)SACM_MS01

该算法较烦琐,具备音乐理论、配器法和声学知识,了解 SPCE 编曲格式者可尝试。遵照SPCE 编曲格式用 DTM&MIDI(音源＋MIDI 键盘＋作曲软件)的方法演奏自动生成 ∗.mid 文件,再用凌阳 MIDI2POP.EXE 转成 ∗.pop 文件,但这需要专业设备与软件、具备键盘乐演艺技能、并了解 SPCE 编曲格式。对于初学者或非专业用途一般了解放音或录放音即可。

其相关 API 函数如下所示:

```
void SACM_MS01_Initial(int Init_Index)                          //初始化
void SACM_ MS01_ServiceLoop(void)                               //获取语音资料,填入译码队列
void SACM_ MS01_Play(int Speech_Index, int Channel, int Ramp_Set)  //播放
void SACM_ MS01_Stop(void)                                      //停止播放
void SACM_ MS01_Pause (void)                                    //暂停播放
void SACM_ MS01_Resume(void)                                    //暂停后恢复
void SACM_ MS01_Volume(Volume_Index)                            //音量控制
unsigned int SACM_ MS01_Status(void)                            //获取模块状态
void SACM_ MS01_ChannelOn(int Channel)                          //接通信道
void SACM_ MS01_ChannelOff(int Channel)                         //关闭信道
void SACM_ MS01_SetInstrument(Channel,Instrument,Mode)          //设置乐曲配器类型
```

中断服务函数:

```
ASM:F_FIQ_Service_ SACM_MS01
ASM:F_IRQ2_Service_ SACM_MS01
ASM:F_IRQ4_Service_ SACM_MS01
```

下面具体介绍各个函数:

(1)【API 格式】

```
C:void SACM_MS01_Initial(int Init_Index)
ASM:R1 = [ Init_Index]
Call F_ SACM_MS01_Initial
```

【功能说明】SACM_MS01 语音播放之前的初始化:设置中断源、定时器和播放方式(手动、自动)

【参数】Init_Index＝0 表示手动方式;Init_Index＝1 则表示自动方式。

Init_Index 值及意义分别为:0 表示代表 PWM 音频输出方式;1 表示 DAC 音频输出方式下24K 的播放率;2 表示 DAC 音频输出方式下 20K 的播放率;3 表示 DAC 音频输出方式下 16K 的播放率。

【返回值】0:代表语音模块初始化失败;1:代表 SACM_MS01 初始化成功。

【备注】

①该函数初始化 MS01 的译码器,以及系统时钟(System clock)TimerA、TimerB、DAC 并且以 16/20/24kHz 采样率触发 FIQ_TMA 中断。

②初始化后会接通所有播放通道(0~5)。

(2)【API 格式】

C:void SACM_ MS01_ServiceLoop(void)

ASM:Call F_ SACM_MS01_ServiceLoop

【功能说明】从资源中获取 SACM_ MS01 语音资料,并将其填入译码队列自动译码。

【参数】无。

【返回值】无。

(3)【API 格式】

C:int SACM_ MS01_Play(int Speech_Index, int Channel, int Ramp_Set)

ASM:R1 = [Speech _Index]

R2 = [Channel]

R3 = [Ramp_Set]

Call SACM_ MS01_Play

【功能说明】开始播放一种 SACM_ MS01 音调。

【参数】Speech _Index 表示语音索引号。

Channel 值及意义分别:1 表示通过 DAC1 通道播放;2 表示通过 DAC2 通道播放;3 表示通过 DAC1 和 DAC2 双通道播放。

Ramp_Set 值及意义分别:0 表示禁止音量增/减调节;1 表示仅允许音量增调节;2 表示仅允许音量减调节;3 表示允许音量增/减调节。

【返回值】无。

【备注】

①SACM_MS01 的数据率有 16kbps/20kbps/24kbps 三种,可在同一模块的几种算法中自动选择一种。

②Speech_Index 是定义在 resource. inc 文件中资源表(T_ SACM_MS01_SpeechTable)的偏移地址。

③中断服务子程序中 F_FIQ_Service_ SACM_MS01 必须放在 TMA_FIQ 中断向量上。

(4)【API 格式】

C:void SACM_ MS01_Stop(void)

ASM:Call F_ SACM_ MS01_Stop

【功能说明】停止播放 SACM_ MS01 乐曲。

【参数】无。

【返回值】无。

(5)【API 格式】

C:void SACM_ SACM_ MS01_Pause (void)

ASM:Call F_ SACM_MS01_Pause

【功能说明】暂停播放 SACM_MS01 乐曲。

【参数】无。

【返回值】无。

(6)【API 格式】

C:void SACM_ MS01_Resume(void)

ASM:Call F_ SACM_ MS01_Resume

【功能说明】恢复暂停播放的 SACM_ MS01 语音或乐曲。

【参数】无。

【返回值】无。

(7)【API 格式】

C：void SACM_ MS01_Volume(int Volume_Index)

ASM：R1 =［ Volume_Index］

Call F SACM_ MS01_Volume

【功能说明】在播放 SACM_ MS01 语音时改变主音量。

【参数】Volume_Index 为音量数，音量从最小到最大可在 0～15 之间选择。

【返回值】无。

(8)【API 格式】

C：unsigned int SACM_ MS01_Status(void)

ASM：Call F_ SACM_ MS01_ Status

［Return_Value］= R1

【功能说明】获取 SACM_ MS01 合成音乐播放的状态。

【参数】无。

【返回值】当 R1 中 bit0＝0，表示语音播放结束；bit0＝1，表示语音在播放中。其他状态位(bit8～ bit13)的返回值见图 5.14 所示。

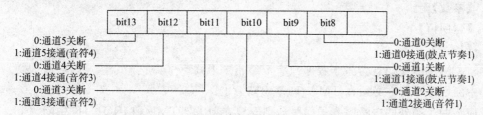

图 5.14　SACM_MS01 部分状态位返回值

(9)【API 格式】

C：void SACM_MS01_ChannelOn(int Channel)

ASM：R1 =［Channel］

Call F_SACM_MS01_ChannelOn

【功能说明】将 SACM_MS01 乐曲播放通道之一接通。

【参数】Channel 为 0～5 之间整数，其中 0,1 代表鼓点节奏通道,2～5 代表音符通道。

【返回值】无。

(10)【API 格式】

C：void SACM_MS01_ChannelOff(int Channel)

ASM：R1 =［Channel］

Call F_SACM_MS01_ChannelOff

【功能说明】将 SACM_MS01 乐曲播放通道之一关断。

【参数】Channel 为 0～5 之间整数,其中 0,1 代表鼓点节奏信道,2～5 则代表音符通道。

【返回值】无。

(11)【API 格式】

C：void SACM_MS01_SetInstrument(int Channel, int Instrument, int Mode)

```
ASM:R1 = [Channel]
     R2 = [Instrument]
     R3 = [Mode]
Call F_SACM_MS01_SetInstrument
```

【功能说明】在 SACM_MS01 的一个播放通道上改变乐曲配器类型。

【参数】Channel＝0～5；其中 0,1 代表鼓点节奏信道,2～5 代表音符通道。

对于通道 0,1,Instrument＝0～Max_Drum♯；代表不同的鼓点节奏；

对于通道 2～5,Instrument＝0～34；代表不同的乐曲配器类型。

Mod＝0,1；分别代表配器类型可以或不可通过乐曲事件改变。

【返回值】无。

(12)【API 格式】

```
ASM:Call F_FIQ_Service_ SACM_ MS01
ASM:Call F_IRQ2_Service_ SACM_ MS01
ASM:Call F_IRQ4_Service_ SACM_ MS01
```

【功能说明】SACM_MS01 模块,FIQ 中断服务子程序用于从前台程序(SACM_MS01_ServiceLoop)的执行过程中获取乐曲译码资料。若未来事件不是由音符而是由鼓点节奏引起,则其自适应音频脉冲编码方式(ADPCM)资料将被传入 IRQ2 进行译码,然后将二者混合在一起送出 DAC 通道播放。

【参数】无。

【返回值】无。

【备注】

①SACM_MS01 语音背景子程序只有汇编指令形式。

②中断服务子程序必须在 TMA_FIQ 中断源上。

③应将两个额外的中断服务子程序分别安置在 IRQ2_TMB 和 IRQ4_1K 中断源上。

5)SACM_DVR

SACM_DVR 具有录音和放音功能,并采用 SACM_A2000 的算法。录音时采用 16k 资料率及 8K 采样率获取语音资源,经过 SACM_A2000 压缩后存储在扩展的 SRAM 628128A 里,录满音后自动开始放音。

其相关 API 函数如下所示:

```
int SACM_DVR_Initial(int Init_Index)              //初始化
void SACM_DVR_ServiceLoop(void)                   //获取资料,填入译码队列
void SACM_DVR_Encode(void)                        //录音
SACM_DVR_StopEncoder();                           //停止编码
SACM_DVR_InitEncoder(RceMonitorOn)                //初始化编码器
void SACM_DVR_Stop(void)                          //停止录音
void SACM_DVR_Play(void)                          //开始播放
unsigned int SACM_DVR _Status(void)              //获取 SACM_DVR 模块的状态
void SACM_DVR _InitDecode(void)                   //开始译码
void SACM_DVR _Decode(void)                       //获取语音资料并译码,中断播放
SACM_DVR_StopDecoder()                            //停止解码
unsigned int SACM_DVR _ TestQueue(void)          //获取语音队列状态
int SACM_DVR _Fetchqueue(void)                    //获取录音编码数据
```

```
void SACM_DVR_FillQueue(unsigned int encoded-data)        //填充资料到语音队列,等待播放
int GetResource(long Address)——(Manual)        // 从资源文件里获取一个字型语音资料
```

中断服务函数:

```
Call F_FIQ_Service_ SACM_DVR //playing
Call F_IRQ1_Service_ SACM_DVR //recode
```

具体函数介绍如下:

(1)【API 格式】

```
C:void SACM_ DVR .Initial(int Init_Index)
ASM:R1 = [ Init_Index]
Call F_ SACM_ DVR _Initial
```

【功能说明】SACM_ DVR 语音播放之前的初始化:设置中断源、定时器以及播放方式(自动、手动)

【参数】Init_Index=0 表示手动方式;Init_Index=1 则表示自动方式。

【返回值】无。

【备注】

①对于 SACM_DVR 模块,需要一些 I/O 口来连接外部的 SRAM,用以存放录音资料。

②录放音的格式采用 SACM_A2000。

(2)【API 格式】

```
C:void SACM_DVR_ServiceLoop(void)
ASM:Call F_ SACM_DVR _ServiceLoop
```

【功能说明】在录音期间从 ADC 通道获取录音资料,且将其以 SACM_A2000 格式进行编码后存入外接 SRAM 中;在播放期间从 SRAM 中获取语音资料,对其进行解码,然后等候中断服务子程序将其送出 DAC 通道。

【参数】无。

【返回值】无。

(3)【API 格式】

```
C:void SACM_DVR_Encode(void)
ASM:Call F_ SACM_DVR_ Encode
```

【功能说明】开始以自动方式录制声音资料到外接 SRAM 中。

【参数】无。

【返回值】无。

【备注】该函数仅适用于 SACM_DVR 模块,且只有自动方式。

(4)【API 格式】

```
C:void SACM_DVR _Stop(void)
ASM:Call F_ SACM_DVR _Stop
```

【功能说明】以自动方式停止录音。

【参数】无。

【返回值】无。

(5)【API 格式】

```
C:int SACM_DVR _Play(int Speech_Index, int Channel, int Ramp_Set)
ASM:Call SACM_DVR _Play
```

【功能说明】以自动方式播放外接 SRAM 中的录音资料。

【参数】无。

【返回值】无。

【备注】该函数仅使用于自动方式下。

(6)【API 格式】

C:unsigned int SACM_DVR _Status(void)

ASM:Call F_ SACM_DVR _ Status

【返回值】=R1。

【功能说明】获取 SACM_DVR 模块的状态。

【参数】无。

【返回值】当 R1 中 bit0＝0,表示语音播放结束;bit0＝1,表示语音在播放中。SACM_DVR 模块的状态返回值,如图 5.15 所示。

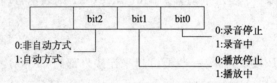

图 5.15　SACM_DVR 的状态返回值

【备注】该函数仅使用于 DVR 的手动方式下。

(7)【API 格式】

C:void SACM_DVR_InitDecoder(int Channel)

ASM:Call F_SACM_DVR_Decode

【功能说明】开始对 SACM_DVR 语音资料以非自动方式(编程控制)进行译码。

【参数】Channel＝1,2,3,分别表示使用 DAC1、DAC2 信道以及 DAC1 和 DAC2 双通道。

【返回值】无。

【备注】用户只能通过非自动方式对语音资料解压缩。

(8)【API 格式】

C:void SACM_DVR_Decode(void)

ASM:Call F_ SACM_DVR_Decode

【功能说明】从语音队列里获取的 SACM_DVR 语音资料,并进行译码,然后通过中断服务子程序将其送入 DAC 通道播放。

【参数】无。

【返回值】无。

【备注】用户仅能通过非自动方式对语音资料进行译码。

(9)【API 格式】

C:unsigned int SACM_DVR_TestQueue(void)

ASM:Call F_SACM_DVR_TestQueue

【返回值】=R1。

【功能说明】获取语音队列的状态。

【参数】无。

【返回值】R1＝0,语音队列不空不满；R1＝1,语音队列满；R1＝2;语音队列空。

【备注】用户仅能通过非自动方式测试语音队列状态。

(10)【API 格式】

C:int SACM_DVR _FetchQueue(void)

ASM:Call F_SACM_DVR _FetchQueue

[Return_Value] = R1

【功能说明】获取录音编码(SACM_A2000)数据。

【参数】无。

【返回值】16 位录音资料。

【备注】

①采用——SACM_A2000 编码格式编码。

②仅用于非自动方式下。

(11)【API 格式】

C:void SACM_DVR _FillQueue(unsigned int encoded-data)

ASM:R1 =[语音编码资料]

Call F_ SACM_DVR _FillQueue

【功能说明】填充 SACM_A2000 语音资料到 DVR 译码器等待播放。

【参数】encoded-data 为语音编码资料。

【返回值】无。

【备注】

①语音资料格式为——SACM_A2000 编码格式。

②从语音队列里至少每 48ms 获取 48 个字资料(16k 资料采样率)。

③仅用于非自动方式下。

(12)【API 格式】

C:int GetResource(long Address)

【功能说明】从资源文件里获取一个字型语音资料。

【参数】无。

【返回值】一个字型语音资料。

(13)【API 格式】

ASM:Call F_IRQ1_Service_SACM_DVR

【功能说明】用作 SACM_DVR 语音背景程序的中断服务子程序。通过前台子程序(自动方式的 SACM_DVR _ServiceLoop 及手动方式的 SACM_DVR _Decode)对语音资料进行译码,然后将其送入 DAC 通道播放。即 FIQ 中断服务子程序用于声音播放的背景程序,而 IRQ1 中断服务子程序则用于声音录制的背景程序。

【参数】无。

【返回值】无。

【备注】SACM_DVR 语音背景子程序只有汇编指令形式,且应将此子程序安置在 TMA_ FIQ 中断源上。额外的中断服务子程序安置在 IRQ1_TMA 中断源上。

5.2.4 语音压缩方法

对于常用的 SACM_A2000 和 SACM_S480 两种放音算法要涉及语音资源的添加问题,即将

WAVE 文件按照我们需要的压缩比进行压缩,变成资源表形式在程序中调用。这里介绍两种语音压缩的方法:DOS 下和 WINDOWS 下(我们建议用户使用 WINDOWS 方式压缩,因为它操作比较方便,不容易出错)。

1)DOS 下的压缩:

SACM_A2000:

(1)用 PC 机录制一个 WAVE 语音文件;

(2)用 cool edit pro 软件转换成 8k16 位的文件;

(3)用 A2000 压缩生成 16k(或 20k,24k)压缩率的文件;

(4)在 MS-DOS 下:

    e:\>sacm2000.exe 16 *.wav *.out *.16k

    或(e:\>sacm2000.exe 20 *.wav *.out *.20k

    e:\>sacm2000.exe 24 *.wav *.out *.24k)

SACM_S480:

(1)用 PC 机的录音机录制语音文件生成 8k16 位的 WAVE 文件;

(2)用 s480 压缩生成 4.8k(或 7.2k)压缩率的文件;

(3)在 MS-DOS 下:

    e:\>sacm.exe *.wav *.48k *.out-s48

    或(e:\>sacm.exe *.wav *.72k *.out-s72)

图 5.16 是凌阳音频压缩编码(SACM)方法的流程:

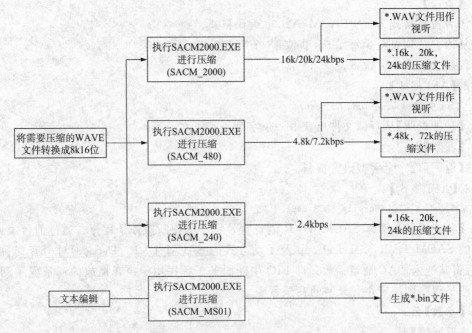

图 5.16　凌阳音频压缩编码流程图

2)WINDOWS 下的压缩:

图 5.17 是凌阳的音频压缩工具界面。可以选择一个或多个 WAVE 文件进行压缩,具体步骤可根据提示来操作(或见 5.3.2 节中所述)。

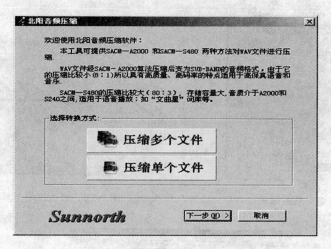

图 5.17   凌阳的音频压缩工具界面

5.3   用"61 板"实现语音播放

根据凌阳语音的特点,如果用户需要播放自己的语音文件,则需要运用压缩工具将语音文件压缩成凌阳单片机可以识别的格式,然后通过开发软件将这些文件添加到语音播放工程文件中去。如图 5.18 所示为凌阳音频播放过程。

5.3.1   WAVE 格式语音文件

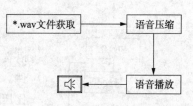

图 5.18   凌阳音频播放过程

因为语音压缩工具只支持对 WAVE 文件的压缩,因此语音播放源文件,需要为 WAVE 文件。如果用户播放的语音需要自己录制时,注意录制属性设置,最好选择为 8kHz,16 位,单声道。

如果用户播放的语音采用已有的语音文件,也要注意语音文件的属性,最好选择为 8kHz,16 位,单声道的语音文件。还可以从 windows 系统或者网站上下载一些 WAVE 格式素材。

如果已有文件是其他格式的,如 mp3、rm、mid 等,则需要下载其他工具软件将它们转换成 WAVE 格式的,以便下一步进行转换。

5.3.2   语音压缩

此过程主要是将 WAVE 文件转成凌阳音频格式文件。凌阳大学计划网站下载专区提供"语音压缩工具"。开发板或者实验箱配送的光盘中也包含"语音压缩工具"。

安装完语音压缩工具并且双击打开以后,会出现图 5.17 所示的界面。读者可以选择一次压缩单个文件和多个文件,默认是单个文件。单击下一步后会出现如图 5.19 所示界面。

通过浏览按钮选择压缩的 WAVE 文件,点击下一步,会出现如图 5.20 所示的界面。各个选项的功能如图所示,读者需要更改压缩后生成文件的存储路径以及压缩算法和码率。选择结束后,点击"压缩"。压缩结束后,点击"下一步"。

图 5.19 语音压缩工具界面一

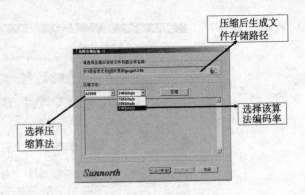

图 5.20 语音压缩工具界面二

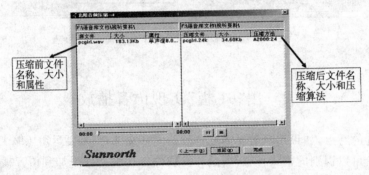

图 5.21 语音压缩工具界面三

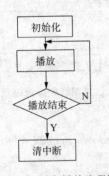

图 5.22 语音播放流程图

压缩完成后会出现图 5.21 所示的界面。到此,读者想要压缩的语音文件压缩完成,可以在图 5.21 所示的路径中找到压缩后的文件。双击压缩前后的文件名称会有该文件的声音播放,用户可以对比压缩前后语音音质的变化。

5.3.3 语音播放

下面结合举例进行介绍,本例采用 SACM_A2000,其播放流程图如图 5.22 所示。

第一步:新建项目文件,项目文件名称为 SACM2000,如图 5.23 所示。

第二步:新建 C 文件,文件名称为 main。

第三步:编写主函数代码。

```
# include "A2000.h"                        //包含用 A2000 函数的头文件
main ()
{
SACM_A2000_Initial(1);                     //采用 A2000 语音播放初始化
SACM_A2000_Play(0, 3, 3);                  //播放音乐
while(SACM_A2000_Status()&0x01)            //判断音乐是否播放结束
    {
    SACM_A2000_ServiceLoop();              //取语音压缩码并解压缩填充队列
```

```
        F_ClearWatchdog();                    //清看门狗,防止看门狗复位
    }
}
```

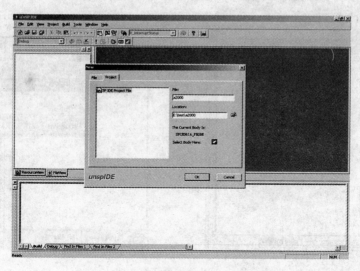

图 5.23　创建 SACM2000 语音播放项目

第四步:新建汇编文件,汇编文件名称为 isr。

```
. text.
include hardware. inc                    // 包含 SPCE061A 硬件声明头文件
. include A2000. inc                      //包含用 A2000 函数的头文件
. public _FIQ;                            //声明中断入口函数
_FIQ:
    PUSH R1,R4 to [sp];                   //寄存器入栈
    R1 = 0x2000;
    test R1,[P_INT_Ctrl];                 //判断是否是定时器 A 中断
    jnz L_FIQ_TimerA;
    R1 = 0x0800;
    test R1,[P_INT_Ctrl];                 //判断是否是定时器 B 中断
    jnz L_FIQ_TimerB;
L_FIQ_PWM:
    R1 = C_FIQ_PWM;                       //进入 PWM 中断
    [P_INT_Clear] = R1;                   //清除 PWM 中断标志
    POP R1,R4 from[sp];                   //出栈恢复
    RETI
L_FIQ_TimerA:                            //进入定时器 A 中断
    [P_INT_Clear] = R1;                   //清除定时器 A 中断标志
    call F_FIQ_Service_SACM_A2000;        // 将语音送到 DAC 通道
    pop R1,R4 from [sp];                  //出栈恢复
    RETI;                                 //中断返回
    L_FIQ_TimerB:                         //进入定时器 B 中断
    [P_INT_Clear] = R1;                   //清除定时器 B 中断标志
```

```
        pop R1,R4 from [sp];                    //出栈恢复
        RETI;                                   //中断返回
```

第五步:添加语音资源文件(即通过压缩工具压缩后的文件)。

(1)点击 Watch 窗口的页签 ResourceView,进入 ResourceView 窗口(图 5.24 所示)。

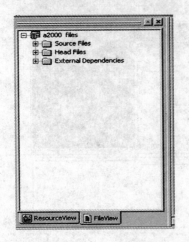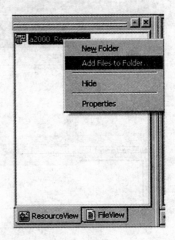

图 5.24　添加语音源文件

(2)点击"SACM2000 resource",右击鼠标,会弹出下拉菜单,选择"Add Files to Folder"。

(3)弹出窗口,选择压缩后的语音文件。

选择语音文件后,点击"打开",则语音文件添加到资源文件中。

第六步:添加相关文件。

添加 Hardware. asm。方法:在 FileView 窗口中,右击 Source Files,选择添加文件,会弹出添加文件窗口。Hardware. asm 可以从 Sunplus\unSPIDE184\SPCE061A\include 文件夹中打开。

拷贝库文件和头文件到 a2000 项目文件中,代码中用到库文件为 sacmV25. lib。库文件所在地路径为:Sunplus\unSPIDE184\SPCE061A\library。代码中用到的头文件:a2000. h;a2000. inc,hardware. inc。头文件所在路径为:Sunplus\unSPIDE184\SPCE061A\include。

连接库文件方法:点击 Project/setting/link,如图 5.25 和图 5.26 所示。

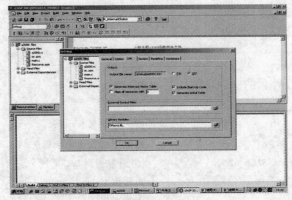

图 5.25　link 窗口

再点击 library modules 的浏览按钮,到 SACM2000 项目文件路径下,找到 SACMV25. lib. 打开,添加库文件如图 5.26 所示。

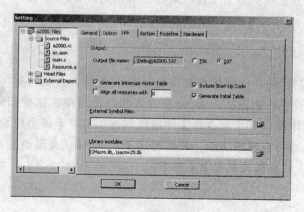

图 5.26　添加库文件

第七步:编译。

完成前面的步骤后,即可进行编译。而这次编译会出现如图 5.27 所示的缺少 A2000SPEECH 表的错误。

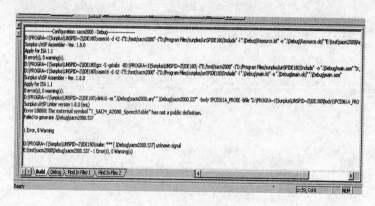

图 5.27　编译错误窗口

添加 SPEECH 表的方法:

双击 resource. asm 文件,会弹出该文件窗口,在"end table"后添加:

. public T_SACM_A2000_SpeechTable

T_SACM_A2000_SpeechTable:

. dw　_RES_CC_24K_SA　　//0

注释:

(1)_RES_CC_24K_SA,是用户添加的资源文件,在 resource. asm 文件中已经有声明。

(2)//0,0 表示的是 Speech_Index。如果表中添加其他资源文件地址声明,顺序向上累加, 1、3…

再次编译通过。

第八步:下载和运行。

点击工具栏中的 会弹出对话框,根据实际情况,如果使用的是 EZ probe 则选择 EZ

probe。再点击工具栏中的 ⊞ 程序被下载到 SPCE061A 中。最后点击工具栏中的 ⚠ 运行。喇叭会有声音，就是已压缩完成的语音文件或者自己录制的声音。

5.4　本章小结

　　本章主要介绍"61 板"的功能模块开发及凌阳语音：包括单片机实验"61 板"（包括实验板、电池盒、Probe 连接器、扬声器）的连接方法、开发方式和自检程序。在凌阳语音中，介绍了音频的压缩算法、常用应用程序接口 SPI 及语音文件的压缩方法。对于每个模块都有其应用程序接口 API，调用该 API 函数即可实现该功能。最后阐述了用"61 板"实现语音播放的方法和步骤，为后续的基于语音的嵌入式系统开发提供了参考。

第6章 凌阳单片机控制的街区霓虹灯管理系统

毕业设计"凌阳单片机控制的街区霓虹灯管理系统"由郑英华同学和郭凡同学共同完成。第一作者主要完成系统的硬件设计与制作,第二作者主要完成系统的软件设计及调试,两人配合完成软硬件联机调试,实现了基于凌阳单片机控制模拟的街区霓虹灯管理系统。下面附第一作者的任务书、毕业设计论文目录、摘要、设计的主要硬件电路。第二作者设计系统的主要软件。两位作者共同完成系统的软硬件联机调试及其实物照片。

6.1 概　　论

这部分包括任务书、毕业设计论文目录、摘要及系统的总体设计描述。从论文目录看该毕业设计论文共有 97 页。限于篇幅,本章对正文进行了大幅度删减,只保留作者主要设计与论文工作。

6.1.1 任务书

学生姓名:西安科技大学电气与控制工程学院自动化 2003 届,郑英华

题目:凌阳单片机控制的街区霓虹灯管理系统设计

内容:研究街区管理霓虹灯设计方案,了解凌阳单片机的特性、SPCE061A 指令、程序设计、IDE 开发环境、基本实验、扩展实验、语音实验及其使用方法,熟悉芯片各个部分的功能。设计凌阳单片机控制的街区霓虹灯管理硬件系统,实现交通管理系统软、硬件连机控制。

任务和要求:

(1)了解凌阳单片机的特性、SPCE061A 指令、程序设计、IDE 开发环境;

(2)研究、分析街区霓虹灯管理系统设计方案;

(3)熟悉 $\mu'nSP^{TM}$ 凌阳单片机程序设计方法;IDE 开发环境的扩展、语音设计方法;

(4)掌握 IDE 开发环境的扩展、语音设计方法;

(5)设计凌阳单片机控制的街区霓虹灯管理硬件系统;

(6)制作硬件(包括计算机接口)系统;

(7)实现街区霓虹灯管理系统软、硬件连机控制(两位作者共同完成);

(8)按照规定,提交符合规范要求的毕业设计论文;

(9)服从分配,遵守纪律,按时上下班,圆满完成任务。

进度要求:

(1)第 5 周:查资料,了解凌阳单片机的特性;

(2)第 6 周:研究、分析设计方案;

(3)第 7 周:熟悉 $\mu'nSP^{TM}$ 凌阳单片机程序设计方法;

(4)第 8 周:掌握 IDE 开发环境的扩展、语音硬件(软件)设计方法;

(5)第 9~13 周:设计凌阳单片机控制的街区霓虹灯管理硬件(软件)系统,软硬件连机调试,实现街区霓虹灯管理系统的控制;

(6)第14～15周:论文编写和打印;

(7)第16周:装订论文,模拟答辩;

(8)第17周:答辩。

主要参考文献略。

6.1.2　毕业设计论文目录

限于篇幅,这里只给出第一作者的毕业设计论文目录、摘要及系统的总体设计描述。

6.1.3 摘要

本文主要设计、制作了一种以凌阳单片机为核心的街区霓虹灯管理与控制系统。街区的范围较大,故选择了一个具体的建筑——Coffee 屋作为控制对象。本文设计并制作了单片机的接口和外围硬件电路,包括故障检测及显示电路、模拟灯塔控制电路、模拟地灯控制电路等;设计了系统的控制软件,包括灯柱的 24 种变换显示控制、地灯的 8 种变换显示控制、Coffee 屋的 LED 数码管显示控制、顾客进门和离开的两种语音播放、显示故障检测软件等,并结合凌阳单片机的硬件资源组成一个整体。另外,本系统充分利用了凌阳单片机的优点,围绕它设计和开发了霓虹灯控制系统软件部分,主要包括主程序、故障检测及显示模块、模拟灯塔控制模块、模拟地灯控制模块、语音模块等。该方案充分利用单片机强大的编程、语音处理、中断以及多功能输入/输出口等功能,操作简单、易于修改,是理想的霓虹灯控制系统。

关键词:凌阳单片机　霓虹灯　控制系统

6.2　系统的总体设计描述

本系统采用凌阳公司最新型的 SPCE061A 单片机作为控制核心,五彩霓虹灯串、PVC 软灯管、LED8 段显示器为控制对象,通过程序触发脉冲控制不同线路上的彩色小灯,检测霓虹灯照明时突发性错误,8 段显示器演示建筑名称并配以语音来增加效果,从而使霓虹灯控制实现智能控制。这种控制方式可使控制更加集中,操作更加简便,如果大范围投入实际应用可以节约控制成本。

系统的原理框图如图 6.1 所示。

本控制系统在设计时尽量考虑实际中所可能出现的问题,采用了多种防护措施,使得五彩灯柱在使用中一旦发生错误可以立即报警,保证系统运行的安全、可靠。

由 8 段式 LED 模拟的招牌根据提前编好的程序显示商所的招牌或广告。

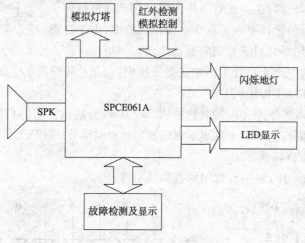

图 6.1　系统原理框图

本系统硬件部分主要由以下几部分组成:凌阳单片机与 PC 机的连接部分、LED 和 PVC 管显示部分、地灯模拟控制部分、灯塔模拟控制及显示部分、故障检测部分及语音控制部分。

这里单片机只需给 PVC 灯管一个电信号即可保证照明。系统由单片机发出脉冲来控制环绕在模拟广场周围的五彩灯串的闪烁。当单片机发出高电平时,控制芯片的控制状态变化;当单片机给出的信号为低电平时,控制芯片的状态不变。与此同时,当 IOB1 或 IOB2 接到高电平时,语音系统开始工作,发出提前录入的音频信号,可以是悦耳的音乐也可以是人性化的语言。例如:"欢迎光临","谢谢您的惠顾"等。灯串的闪烁是由提前设计好的芯片控制的,每发一次脉冲,S&K 芯片中的控制状态就改变一次,总共有 8 种显示模式。

6.3　显示电路的设计及与 μ'nSP™ 的连接方法

1. 凌阳单片机与 PC 机的连接方法

仿真板的结构大致可分为:μ'nSP™ 的内核、系列芯片仿真存储器、音频输入/音频输出通道 I/O 通讯接口、设定开关、跳接插头及信号指示灯等。

μ'nSP™ 与 PC 机的连接:μ'nSP™ 与 PC 机通过专用数据线相连接。利用 IDE 软件将编好的程序下载到单片机 SPCE061A 的闪存中。我们最早是使用 IDE 中的 SIMULATOR 模拟数据的端口输出,这是 SIMULATS 的特点,更像是 8051 的仿真机的使用。不同之处是前者使用软件来完成,后者则是使用硬件完成。从某种意义上讲,这种方式充分利用了 PC 机的资源,缩短了程序开发周期,提高了效率。

2. 显示电路的设计

一般商所的外部都会有招牌或广告语。现代招牌和广告已经超越了最早的表达服务项目以及宣传的目的,它已经成为了空间装修中环艺部分的重要组成,代表着商所经营者的经营理念。国外更将其设立为专门的学科来研究。它也是霓虹灯的主要组成部分。

在显示电路的设计方面有两种方案,第一种是采用 LCD 进行实时显示,这是比较理想的方案。但由于 LCD 成本较高,这里还有一种方案:用 LED 进行显示。这种方案的缺点是不能适时显示,但也能满足一般的设计要求。在本次模拟试验中,由于经费、精力等方面的原因,只能由 8 段 LED 来表示招牌,用单片机来控制它显示出所需字型。

当前,数码显示的应用无论在生活中还是工作中,都是比较常见的。本系统选用的数码显示器是市场上较常见 LED(E10501 JP)。

本系统的显示有两部分:Coffee 屋名称的显示和 PVC 管显示。其中 Coffee 屋显示主要由三部分组成:①LED 显示部分;②BCD-七段显示译码器驱动电路部分;③SPCE061A 输出部分。

1)数码显示管 LED 特性

八段 LED(E10501 JP)是一种常用的数码显示屏。

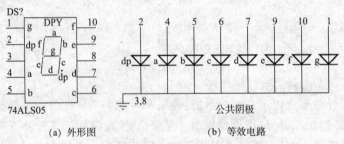

(a) 外形图　　　　(b) 等效电路

图 6.2　数码管 E10501

这种数码管的每段都是一个发光二极管(Light Emiting Diode,简称 LED),因而把它叫 LED 数码管。由于在数码管的右下角增加了一个小数点,形成了所谓的八段数码管。E10501 是属于共阴极类型的数码管,只要公共端接地,其他端送上高电平就能点亮。E10501 不仅具有工作电压低、体积小、寿命长、可靠性高等优点,而且响应时间短(一般不超过 0.1μs),亮度也比较高。缺点是工作电流比较大,每一段工作电流都在 10mA 左右。E10501 的外形图和等效电路如图 6.2 所示。

2)BCD-七段显示译码驱动器设计

74LS248 译码驱动器译码器的逻辑功能是将每一个输入的二进制代码译成相应的输出高、低电平信号。常用的译码器有:二进制译码器、二-十进制译码器和显示译码器三类。数码管可以用 TTL 或CMOS 集成电路直接驱动。为此,需要使用译码器将 BCD 代码译成数码管所需要的驱动信号,以便使数码管用十进制数字显示出 BCD 代码所表示的数值。根据设计要求本系统选择 74LS248 译码驱动器,它属于第三类显示译码器。七段显示译码驱动器的管脚图如图 6.3 所示。

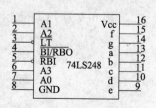

图 6.3　74LS248 管脚图

74LS248 译码驱动器的管脚及功能简介:

$A_3A_2A_1A_0$ 表示译码器输入的 BCD 代码,$Y_a \sim Y_g$ 表示输出的 7 位二进制代码,并规定用"1"表示数码管中线段的点亮状态,用"0"表示线段的熄灭状态。根据显示字型的要求推算得到表 6.1 所示有关 74LS248 的功能表。

下面介绍附加控制端的功能和用法。

表 6.1　74LS248 功能表

十进制或功能	输入			BI/RBO	输出	注
	LT	RBI	D C B A		a b c d e f g	
0	H	H	L L L L	H	H H H H H H L	
1	H	X	L L L H	H	L H H L L L L	
2	H	X	L L H L	H	H H L H H L H	
3	H	X	L L H H	H	H H H H L L H	
4	H	X	L H L L	H	L H H L L H H	
5	H	X	L H L H	H	H L H H L H H	
6	H	X	L H H L	H	L L H H H H H	
7	H	X	L H H H	H	H H H L L L L	
8	H	X	H L L L	H	H H H H H H H	1
9	H	X	H L L H	H	H H H L L H H	
10	H	X	H L H L	H	L L L H H L H	
11	H	X	H L H H	H	L L H H L L H	
12	H	X	H H L L	H	L H L L L H H	
13	H	X	H H L H	H	H L L H L H H	
14	H	H	H H H L	H	L L L H H H H	
15	H	L	H H H H	H	L L L L L L L	
BI	X	X	X X X X	L	L L L L L L L	2
RBI	H	L	L L L L	L	L L L L L L L	3
LT	L	X	X X X X	H	H H H H H H H	4

(1)灯测试输入$\overline{\text{LT}}$。

当有$\overline{\text{LT}}=0$的信号输入时,G_4、G_5、G_6和G_7输出同时为高电平,使$A_0'=A_1'=A_2'=0$。对后面的译码电路而言,与输入$A_3=A_2=A_1=A_0=0$一样。由此可知,$Y_a \sim Y_g$将全部为高电平。同时,由于G_{19}的两路输入中均含有低电平信号,因而Y_g处于高电平。可见,只要$\overline{\text{LT}}=0$,便可使被驱动数码管的七段同时点亮,以检查该数码管各段能否正常发光。平时应置$\overline{\text{LT}}$为高电平。

图 6.4 为 BCD-七段显示译码器的逻辑图。

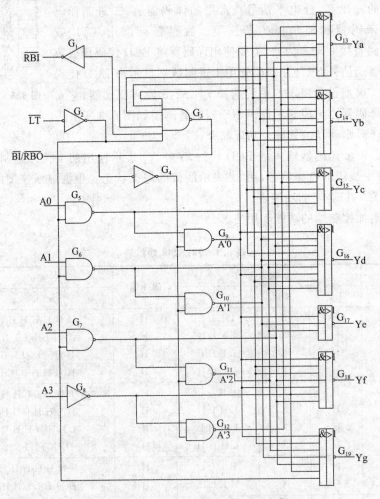

图 6.4　BCD-七段显示译码器的逻辑图

(2)灭零输入$\overline{\text{RBI}}$。

设置灭零输入信号$\overline{\text{RBI}}$的目的是为了把不希望显示的零熄灭。由逻辑图可知,当输入$A_3=A_2=A_1=A_0=0$时,应显示出数字零。如果将这个零熄灭,则可加入$\overline{\text{RBI}}=0$的输入信号。这时G_3输出为低电平,并经过G_4输出低电平使$A_0'=A_1'=A_2'=1$。由于$G_{13}\sim G_{19}$每个与或非门都有一组输入全为高电平,所以,$Y_a \sim Y_g$全为低电平,使本该显示的 0 熄灭。平时应置$\overline{\text{RBI}}$为高电平。

（3）灭灯入/灭灯出$\overline{\text{BI}}/\overline{\text{RBO}}$。

这是一个双功能的输入/输出端,它的电路结构如图 6.5 所示。$\overline{\text{BI}}/\overline{\text{RBO}}$作为输入端使用时,称灭灯输入控制端。只要加入灭灯控制信号$\overline{\text{BI}}=0$,无论 A_3,A_2,A_1,A_0 状态是什么,均可将被驱动数码管的各段同时熄灭。由逻辑图 6.4 可见,此时 G_4 输出低电平,使$A'_3 = A'_2 = A'_1 = A'_0 = 1$,$Y_a \sim Y_g$ 同时输出低电平,因而将被驱动的数码管熄灭。平时$\overline{\text{BI}}/\overline{\text{RBO}}$应置为高电平。

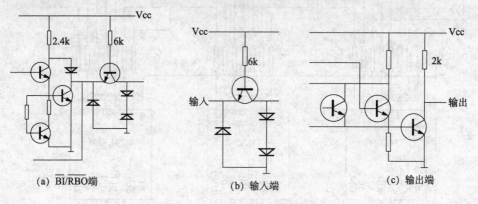

(a) $\overline{\text{BI}}/\overline{\text{RBO}}$端　　(b) 输入端　　(c) 输出端

图 6.5　74LS248 的输入、输出端

74LS248 译码驱动器是高电平输出有效,内部有升压电阻,可以不接外部电阻。用 74LS248 可以直接驱动共阴极的数码管 E10501。图 6.6 为 74LS248 与 E10501 的连接方法。

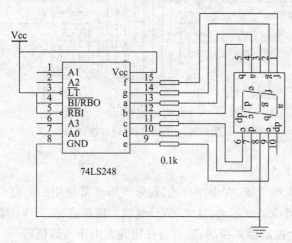

图 6.6　用 74LS248 驱动 E10501 的连接方法

3）SPCE061A 输出部分设计

根据设计要求及 SPCE061A 自身的特点,把 IOB15～IOB4 设置为输出口,分别对应接到三片 74LS248 译码驱动器的输入端口 $A_3A_2A_1A_0$（$\overline{\text{LT}}$、$\overline{\text{RBI}}$、$\overline{\text{BI}}/\overline{\text{RBO}}$接＋5 伏电源）,其连接图如图 6.7所示。

根据设计要求,结合所编写的程序,给[P_IOB_Data]送上数,便可通过 74LS248 把数传送到数码管中,显示所要显示的数字。本设计要显示的是"520"三个数字,因此只需把 0x5200 送 [P_IOB_Data],通过 74LS248 译码驱动器即数码管就可以显示。用它作为 Coffee 屋的名称,既形象又贴切。

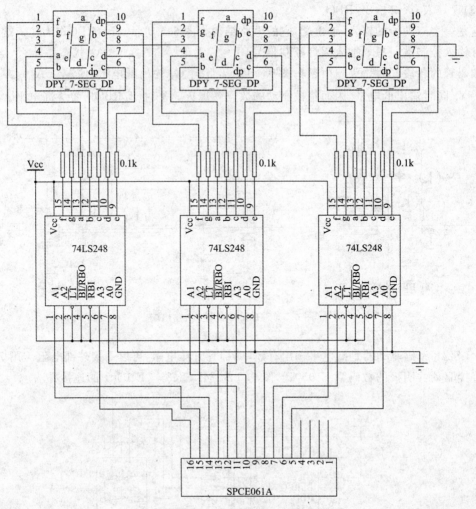

图 6.7　显示电路的硬件连接图

4)PVC 管显示设计

PVC 管也是当前大型广场、大中型商场、娱乐场所经常使用的霓虹灯,通常情况下是 1m 一个回路,也就是说如果小于 1m 的话,这个 PVC 管就不能被点亮。PVC 管经常被用来拼字,像咖啡屋,酒吧等,再用一个控制器来控制它,就会在夜晚发出迷人的色彩。

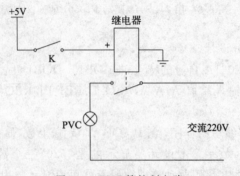

图 6.8　PVC 管控制电路

本系统只是利用它做了一个小小的光圈,作为装饰。由于它的驱动电压是交流 220V,单片机的工作电压 V_{DD} 为 2.6~3.6V(CPU),V_{DDH} 为 V_{DD}~5.5V(I/O)。因此直接由单片机驱动不现实,需要利用一个继电器来控制它,其示意图如图 6.8。

在图 6.8 中,合上开关 K,继电器的线包得电,常开端点闭合,线路导通,PVC 管被点亮;打开开关 K 后,继电器线包失电,常开端点打开,回到原始状态,PVC 管灯灭。

6.4 地灯的模拟控制

装饰、广告、娱乐性的照明中,彩色的电光源应用很普遍,如街道建筑物上的大型霓虹灯广告,舞台中的灯光等。泛光照明中,直接利用高压钠灯的橘黄色光线以及金属卤化物灯的蓝、绿、紫红、粉红色光线使建筑物在夜色中更加美丽壮观。在这些电光源的色彩应用中,有的是通过滤色控制装置将电光源发出的白光通过滤色片和滤色镜得到各种各样的色彩,像舞台中常用到的各种电脑灯、地灯、追光灯、背景效果灯等,光纤照明的色彩变化也是利用滤色片转盘来实现的。有的是直接利用电光源本身发出的色光产生彩色照明,如彩色的金属卤化物灯、彩色荧光粉的荧光灯、霓虹灯等。

地灯是一种新型装饰性灯饰,现在广泛用于大型广场、大中型商场、娱乐场所等场合。它具有全新的设计理念,外观最酷最炫、形状复杂多变、颜色多彩缤纷。地灯是各种场所经常采用的一种照明方式。通常是把闪烁的霓虹灯装在地下,同时在其上面罩上钢化玻璃。行人可以在上面行走,会感到一种非常奇妙的感觉。

1. 设计思路简述

根据设计要求及现有条件,本系统模拟了 Coffee 屋门前的地灯,作为霓虹灯控制的一部分。

系统由单片机发出脉冲来控制 Coffee 屋门前的地灯。当单片机发出高电平时,控制芯片的控制状态变化;当单片机给出低电平时,控制芯片维持前一状态。地灯的闪烁是由设计好的芯片控制,每发一次脉冲,S&K 芯片中的控制状态就改变一次,显示不同的闪烁状态,共有 8 种显示方式。

本系统对地灯的控制有两部分:脉冲对 S&K 芯片的控制和继电器对交流 220V 通路的控制。主要是脉冲对 S&K 芯片的控制。

2. 脉冲对 S&K 的控制电路

脉冲对 S&K 的控制主要由四部分组成:①光电耦合器,②三极管,③继电器,④SPCE061A 发脉冲部分。

1)4N25 芯片结构

本系统采用 4N25 光电耦合芯片、其结构图引脚图如图 6.9 所示。其中 1、2 引脚接输入信号,4、5 接输出信号,3、6 为空脚。

2)NPN 型三极管 C9013 的动态开关特性

本系统采用 NPN 型三极管作为开关电路,其型号为 C9013。在动态情况下,亦即三极管在截止与饱和导通两种状态间转换时,三极管内部电荷的

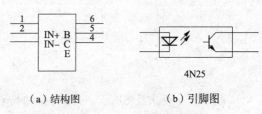

（a）结构图　　　（b）引脚图

图 6.9　4N25 结构图和引脚图

建立和消散都需要一定时间,因而集电极电流 i_c 的变化将滞后于输入电压 V_i 的变化。在接成三极管开关电路以后,开关电路的输出电压 V_o 的变化也必然滞后于输入电压 V_i 的变化,如图 6.10 所示。这种滞后现象也可以用三极管的 b-e 间、c-e 间都存在结电容效应来理解。

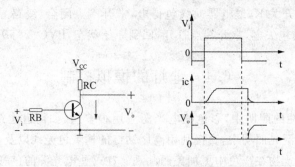

图 6.10　NPN 型三极管 C9013 的动态开关特性

3) 继电器简介

继电器是控制电路中经常使用的开关,它与传统意义的开关有一定的区别。继电器通常有三部分组成:线包、常开端点、常闭端点。普通开关一般情况下是直接控制的,而继电器的线包需要接电源,当线包得电时,常通开关闭合,而常闭端点则打开。继电器有一个常见的用法,就是用在自锁电路中,起到自锁的作用。在 PLC(Programme Logic Controller)可编程电路中,继电器就是其核心。

在本模块中,由于地灯的驱动电压是交流 220V,单片机的工作电压 V_{DD} 为 2.6～3.6V (CPU),V_{DDH} 为 V_{DD}～5.5V(I/O)。直接由单片机发脉冲控制有一定的危险性,因此需要用继电器等元器件共同实现控制。

4) SPCE061A 脉冲输出控制电路设计

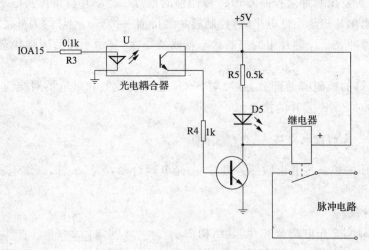

图 6.11　脉冲控制电路硬件连接图

根据设计要求及 SPCE061A 自身的特点,把 IOA15 设置为输出口。利用延时程序,每隔 8 秒给 IOA15 口送一个高电平,并且把 IOA15 接至光电耦合器的输入端,通过三极管、继电器构成一个发脉冲电路。其中光电耦合器起到一个隔离的作用,确保电路的安全运行。在这里,利用三极管自身的开关特性,将其作为开关电路,保护电路的正常运行。继电器用作开关电路,线包正极接 5 伏电源,负极接三极管的输出端,常开端点接至需要接收脉冲的两端。其硬件连接图如图 6.11 所示。

图 6.11 中的发光二极管 D_5 用来显示脉冲的到来,只要 IOA15 高电平后,光电耦合器导通,三极管导通,D_5 就会发光点亮(持续一秒钟),同时继电器的线包得电,常开端点闭合,需要接受脉冲的芯片 S&K 被触发一次,地灯的闪烁状态变化一次;脉冲消失后,D_5 亦即熄灭,同时芯片 S&K 维持现有状态不变,等待下一个脉冲的到来,就这样一直循环下去。

3. 继电器对地灯交流 220V 通路的控制

地灯控制与 PVC 管控制类似,可以用继电器控制,其示意图如图 6.12 所示。

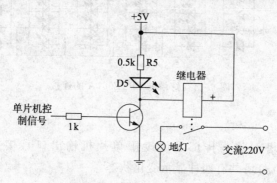

图 6.12 地灯交流控制回路

6.5 灯塔模拟控制和故障检测及其显示设计

灯塔是现代生活中常见的一种装饰灯,它具有全新的设计理念,有着雕塑般的外观,加上灯光的闪烁,在线条的不断变化中,呈现出艺术的美感,冷暖色泽的交替更使其成为黑夜里一道炫目的风景。

本模块的设计思想是在 Coffee 屋的前方装饰一个的模拟灯塔,以增强效果,把它作为霓虹灯控制的一个部分。

系统由单片机来控制 Coffee 屋门前的模拟灯塔。本模块主要由两部分组成:模拟灯塔及灯塔与 SPCE061A 的连接。

1. 模拟灯塔的结构及控制方法

1)灯塔的结构

灯塔由不同颜色的发光二极管和锥形的物体搭接而成,它的每一排由七个发光二极管并联组成共有七排。其实物图如图 6.13 所示。

发光二极管通常指的就是 LED(Light Emitting Diode,简称 LED),它的工作电流一般都在 10ms 左右,响应时间短(一般不超过 0.1μs),亮度比较高。而凌阳单片机 I/O 口的电流输出一般为 18mA 左右。因此,安全起见,在每一排串接一个限流电阻,以防 LED 被烧。

图 6.13　灯塔实物图

2)SPCE061A 的控制设计

根据设计要求及 SPCE061A 自身的特点,把 IOA14～IOA8 设置为输出口,利用 SPCE0061A 中断及其延时程序来控制模拟灯塔。单片机每隔一秒发一个脉冲,然后通过 IOA 口送至灯塔接收端,灯塔便开始根据程序运行。其连接图如图 6.14 所示。

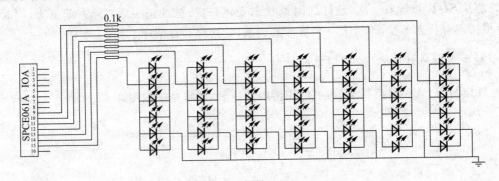

图 6.14　灯塔与 SPCE061A 的连接

3)工作原理

如图 6.14 所示,灯塔的每一排都是由凌阳单片机输出口直接控制,其明暗闪烁是由 SPCE061A 的程序控制。灯塔共有四种显示变化状态。

灯塔的变化状态为:

(1)开始时,第一排先被点亮,延时一秒;紧接着第二排被点亮,同样延时一秒;顺序点亮,直到最后一排点亮,延时一秒;然后七排同时被点亮,延时一秒。

(2)从最后一排开始先被点亮,然后向上循环顺序点亮,直至第一排被点亮,然后全部被点亮(延时一秒)。

(3)从最两边开始点亮即第一排和第七排先被点亮,然后是第六排和第二排,直至中间即第四排被点亮,最后全部被点亮。

(4)先从中间开始点亮,亦即是(3)的逆循环。灯塔在程序的控制下,一直这样循环下去(当然还可以设置更多的状态)。

2.故障检测及显示

任何系统在使用的过程中,难免会发生故障,这时,应仔细观察,认真分析,及时排除故障。尤其在霓虹灯系统的使用过程中,故障更是在所难免的。霓虹灯系统线路复杂,而且一般由软件来控制整个系统,每一路发生故障都会产生不利的影响。因此,本系统在设计过程中增添了故障检测部分,当有故障发生时,能够及时的检测到故障信号,进行及时的维修,排除故障。

常见的故障有短路、断路、漏电、开关未闭合而灯自动点亮等。

由于本系统是由单片机来实现模拟控制街区霓虹灯,所用的器件基本上都是直流供电,而且电压电流都很低,危险性较小。因此本系统的故障检测模块很简单,就是用来检测霓虹灯系统是否正常运行,主要是检测灯塔部分。

本模块由以下硬件构成:与门 74LS08、非门 74LS04、发光二极管、八段数码显示 LED。故障检测及显示硬件连接图如图 6.15 所示。

1)74LS08 与门

图 6.15 中选用了 74LS08 与门。在逻辑电路中，"与"操作是指只有决定事物结果的全部条件同时具备时，结果才发生。这里的结果是指显示正常运行的绿灯一直处于点亮状态及八段 LED 数码管显示"1"；在有故障产生时，绿灯处于熄灭状态，同时八段 LED 显示零。

本模块中，主要是检测灯塔部分，因此只要把控制灯塔的所有线路作"与"操作即可。由于灯塔上的霓虹灯不会一直同时处于点亮状态，故"与"门的输出为零，正常运行时绿灯不会被点亮。为了能更好地检测线路故障，需要加一个非门。

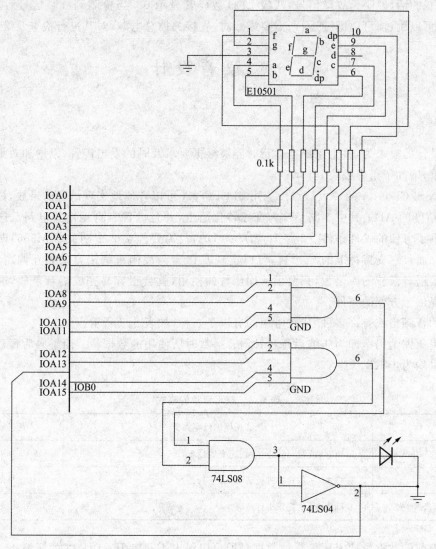

图 6.15　故障检测及显示硬件连接图

2)74LS04 非门

图 6.15 中选用了 74LS04 非门。在逻辑电路中，"非"操作是指只要条件具备了，结果便不会发生，而条件不具备时，结果则一定发生。加了非门后，再把正常运行的绿灯串到非门的后面，其负极接地。这样，系统正常运行和故障时，就能够及时的发现，以便进行维修。

3)八段 LED 显示

八段显示的功能"与"发光二极管的功能基本一样,只是把它作为一个备用的检测错误的信号指示。在系统正常运行时,八段 LED 显示"1",非正常运行时显示"0"。它与发光二极管的检测错误功能一样,互为备用。

4)工作原理

根据设计要求,设置 IOB0 为输入口即故障检测口,同时把非门的输出接至 IOB0 口。当 IOB0 检测到 0 时,单片机立即进行判断是不是故障信号。设定判断为 4 次,如果 4 次检测后, IOB0 仍为 0 的话,说明为故障信号,八段 LED 数码管显示 0。当检测到故障信号后,如果系统仍需运行,可以跳过,可以继续运行;需要维修时,直接关掉总电源,对其进行检查及维修。

6.6 语 音 设 计

1. 概述

本次设计的要求为,整个系统在运行时能够根据要求及时的发出声音,以增加效果。为了配合设计要求,增加了语音模块。

语音是 SPCE061A 的一大特点。应用 SPCE061A 可以方便地实现语音的录放,该芯片拥有 8 路 10 位精度的 AD。其中 1 路 AD 为音频转化通道,并且内置有自动增益电路。这为实现语音录入提供了方便的硬件条件。2 路 10 精度的 DA,只需要外接 2 个功放(LM386)即可完成语音的播放。而且它支持标准的 C 语言,可以实现 C 语言与凌阳汇编语言的相互调用。并且,该芯片提供了语音录放的库函数,只要了解库函数的使用,就会很容易完成语音录放,这些都为软件的开发提供了方便的条件。

凌阳的音频格式有许多种,比较常用的有以下三种,如表 6.2 所示。

在这里压缩编码率即为压缩后每秒钟语音播放时所使用的数据量。而解码后每秒钟播放的语音数据量均为 16KB。

表 6.2　凌阳音频的格式

模块名称	语音压缩编码率类型	资料采样率
SACM_A2000	以 30k/24k/20k/16k bit/s 的速率进行编码	16kHz
SACM_S240	以 2.4k bit/s 的速率进行编码	16kHz
SACM_S480	以 4.8k bit/s 的速率进行编码	24kHz

将压缩前的数据量比上压缩后的数据量即可以得出不同凌阳音频格式的压缩比。

SACM_A2000:压缩比为 8∶1,8∶1.25,8∶1.5

SACM_S480:压缩比为 80∶3,80∶4.5

SACM_S240:压缩比为 80∶1.5

压缩比越大,存储空间占用越小,越节省资源。

本系统采用的就是 SACM_A2000 模块,其语音压缩编码 24kbit/s,采样率为 16kHz。根据设计要求,本系统语音有两部分即语音的录入和输出播放。咖啡屋有一个进口,一个出口。

2. 语音的录入和压缩

根据设计的需要,我们必须录入与设计相关的语音,不能直接调用 SPCE061A 原有的语音模块,这样才能突出自己设计的特色。因此我们录入了自己所需要的语音。音频录入部分电路原理图如图 6.16 所示。

语音录压缩的步骤:

(1)利用录音机录音,建立 begin 和 end 两个文件。

(2)新建文件夹,在文件夹中必须包含 ADPEN、cel、Scam、三个文件。对录音进行压缩编码和解码,同时还要加进 begin 和 end 两个录音文件。

(3)进行压缩的路径为:Scam begin.wav begin.24k begin.out,压缩完毕,end 用同样的方法压缩(用凌阳自带的压缩工具 Comress Tool)。

(4)把新压缩的 begin.24k 加入到模块 A2000 中。

(5)重新定义。在 head 文件中的 resource.inc 模块中对 begin 和 end 重新定义,再编译即可。

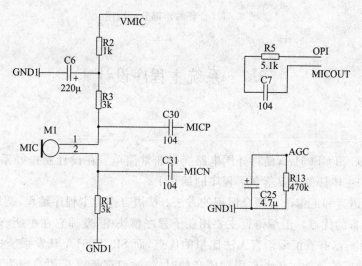

图 6.16　音频录入部分电路原理图

3. 进入 Coffee 屋语音

设置 IOB1 口为输入口(即红外检测口),用来模拟红外检测器。IOB1 为高电平时(即红外监测器检测到有顾客进入到 Coffee 屋时),这时语音系统开始工作,并输出"欢迎光临 520 咖啡屋,Welcome to 'I love you' Coffee Shop"的声音,表示对顾客到光临表示欢迎。音频输出部分原理图如图 6.17 所示。

4. 离开 Coffee 屋语音

设置 IOB2 口为输入口(即红外检测口),用来模拟红外检测器。当检测到有顾客要离开时,IOB2 为高电平,这时语音系统接受到信号,就会输出"谢谢您的惠顾,欢迎下次光临"的语音信号。

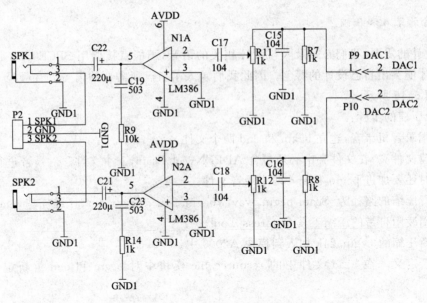

图 6.17 音频输出部分原理图

6.7 系统主程序设计

1. 概述

由于使用凌阳 SPCE061A，使得外围电路变得非常简单。在设计制作好系统硬件电路的基础上，整个系统的主体任务主要落在了程序的编写上。

系统采用 C 语言和汇编语言联合编程的方法。C 语言作为主程序编程，调用其他程序模块，可充分利用 C 语言的优点。汇编语言主要用在子程序模块中，发挥它在中断、延时方面的优点。C 语言属于高级语言，有着汇编语言无法比拟的优点，而 SPCE061A 开发系统抓住了这个关键，两者结合，充分发挥各自的优势。在用到语音的时候，一般都是用 C 语言作为主程序，用汇编语言编制各种程序模块，供主程序调用。本系统采用了这种编制方法，使得互相调用非常的简单。本系统的主程序和语音程序采用 C 语言，其他子程序采用汇编语言程序的设计。

由于 SPCE061A 的语音程序是由 C 语言编制的，因此语音部分也采用 C 语言编程，把它设置成一个模块，主程序可以直接调用。

SPCE061A 的软件界面图如图 6.18 所示。系统软件采用模块化程序结构。程序模块包括初始化模块、系统主程序模块、语音程序模块、按键消抖程序模块、故障检测及显示模块、延时程序模块、地灯控制程序模块、模拟灯塔程序模块、故障检测口程序模块、语音播放检测口程序模块等。

2. 主程序的设计

1)主程序说明

主程序是用 C 语言编程的，它是程序的核心所在。主程序的编制是在各个子程序模块编制好以后再根据设计的要求编制的。

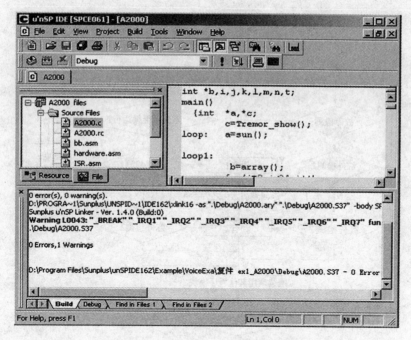

图 6.18　SPCE061A 的软件界面图

主程序调用顺序如下：

(1)按键延时消抖程序模块；

(2)显示程序模块；

(3)循环程序模块；

(4)故障检测程序模块；

(5)模拟灯塔程序模块；

(6)地灯控制程序模块。

当语音或故障检测口得到信号后，调用相应的语音或故障显示程序模块。

2)主程序流程图如图 6.19 所示。

3)主程序清单

```
int * b,j,k,l,m,n,t;
main()
{int  * a, * c,i;
c = Tremor_show();              //调用按键抖动延时程序
loop:a = sun();
loop1:
    b = array();
    for(i = 0;i<24;i + +)
      {k = P_D();                //调用 IOB0 口值程序
switch(k)                        //IOB0 为零则调 array(),否则调 array1();
{case 0x0001: break;             //调用子程序,得到要显示数据的首地址
default:goto loop2;      }
```

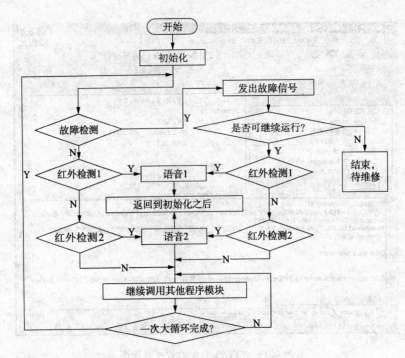

图 6.19 系统主程序流程图

```
    j = P_E();                       //调用 IOB1 口值程序
    switch(j)
    {case 0x0002: Voice();break;     //j = 0x0002,调用 Voice()程序
    default:break;
    }
    l = P_F();                       //调用 IOB1 口值程序
    switch(l)
    {case 0x0004: Voice1();break;    //l = 0x0004,调用 Voice1()
    default:break;
    }
    t = * b;                         //把字型码给变量 t
    show(t);                         //调用显示程序
    delay();                         //调用延时子程序
    b = b + 1;}                      //下一个数据地址
    goto loop;                       //返回
loop2:
    b = array1();
    for(i = 0;i<24;i + + )
    {k = P_D();                      //判断 IOB0 口值
    switch(k)
    {case 0x0000:break;              //为零,顺序执行;否则跳至 loop1
    default: goto loop1;
    }
    m = P_E();                       //判断 IOB1 口值
```

```
    switch(m)
    {case 0x0002：Voice();break;        //为 0x0002,调用 Voice
    default：break;
}
    n = P_F();                         //判断 IOB2 口值
    switch(n)
    {case 0x0004：Voice1();break;       //为 0x0004,调用 Voice1
    default：break;
}
    t = * b;                           //把字型码给变量 t
    show(t);                           //调用显示程序
    delay();                           //调用延时子程序
    b = b + 1;};                       //下一个数据地址
goto loop;                             //返回
}
```

6.8　系统语音程序设计

本次设计的要求为,整个系统在运行时能够根据要求及时的发出声音,以增加效果。为了配合设计要求,所以设计了语音模块。语音程序设计分为语音 1 和语音 2。

1. 进入 Coffee 屋语音(语音 1)

语音播放子程序流程图如图 6.20 所示。

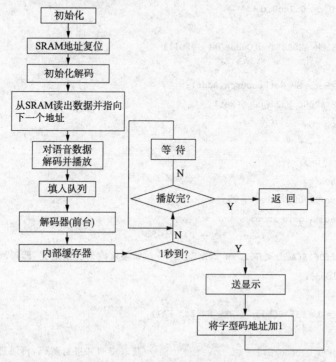

图 6.20　语音播放子程序流程图

语音 1 程序清单：

```
int Voice()
# define        SPEECH_1           1
# define        DAC1               1
# define        DAC2               2
# define        Ramp_UpDn_Off      0
# define        Ramp_UpDn_On       3
# define        Manual             0
# define        Auto               1
# define        Full               1
# define        Empty              2
# define        Mode               0


# include "A2000.h"
{
extern long   RES_WW_24K_SA,RES_WW_24K_EA;    //定义语音资源的首末地址标号
long   int Addr;                              //定义地址变量
int Ret = 0,f,d;                              //定义获取语音数据变量并初始化
Addr = RES_WW_24K_SA;                         //送入语音队列的首址
      SACM_A2000_Initial(0);                  //非自动方式播放的初始化
SACM_A2000_InitDecoder(DAC1);                 //开始对 A2000 的语音数据以非自动方式解码
loop3:
      while(1)
    {
    for (d = 0;d<0x7dc0;d + + )
    {
        if(SACM_A2000_TestQueue()! = Full)
        {
            Ret = SP_GetResource(Addr);
        SACM_A2000_FillQueue(Ret);
        Addr + + ;
    }
        k = P_D();
        switch(k)
        {case 0x0001: break;
        default: goto loop5;
      }
    if((t! = 0xff06)&(Addr< RES_WW_24K_EA))    //如果该段语音未播完,即未到达末地址时
        goto loop6;
loop5:
    if((t! = 0xff3f)&(Addr< RES_WW_24K_EA))
loop6:
    SACM_A2000_Decoder();                      //获取资源并进行解码,再通过中断服务子程序送入
                                               //DAC 通道播放
```

```
else
        {SACM_A2000_Stop();                    //否则,停止播放
    return(f);
        }
    }
        t = * b;
        show(t);
        b = b + 1;
      i = i + 1;
    goto loop3; }
}
```

2. 离开 Coffee 屋语音(语音 2)

流程图如图 6.20 所示。

语音 2 程序清单:

```
int Voice1()
# define        SPEECH_1            1
# define        DAC1                1
# define        DAC2                2
# define        Ramp_UpDn_Off       0
# define        Ramp_UpDn_O         0
# define        Auto                1
# define        Full                1
# define        Empty               2
# define        Mode                0
# include    "A2000. h"
{
  extern long    RES_TT_24K_SA,RES_TT_24K_EA;    //定义语音资源的首末地址标号
  long   int Addr;                               //定义地址变量
  intRet = 0,e,f;                                //定义获取语音数据变量并初始化
      Addr = RES_TT_24K_SA;                      //送入语音队列的首址
      SACM_A2000_Initial(0);                     //非自动方式播放的初始化
      SACM_A2000_InitDecoder(DAC1);              //开始对 A2000 的语音数据以非自动方式解码
  loop4:
        while(1)
    {
for (e = 0;e<0x7dc0;e + + )
{
    if(SACM_A2000_TestQueue()!  = Full)
    {
       Ret = SP_GetResource(Addr);
      SACM_A2000_FillQueue(Ret);
      Addr + + ;
```

```
            }
                k = P_D();
                switch(k)
                    {case 0x0001: break;
                    default: goto loop7;
                }
            if((t! = 0xff06)&(Addr< RES_TT_24K_EA))//如果该段语音未播完,即未到达末地址时
            goto loop8;
loop7:
            if((t! = 0xff3f)&(Addr< RES_TT_24K_EA))
loop8:
            SACM_A2000_Decoder();                  //获取资源并进行解码,
                                                   //再通过中断服务程子程序送入 DAC 通道
                                                   //播放
            else
            {SACM_A2000_Stop();                    //否则,停止播放
            return(f);
                }
            }
                t = * b;
                show(t);
                b = b + 1;
                i = i + 1;
            goto loop4; }
    }
```

6.9　系统其他子程序设计

　　$\mu'nSP^{TM}$的汇编语言程序是由汇编指令和汇编器伪指令遵循一定的汇编规则语法格式写成的。汇编指令是需要由汇编器辨认并译成最终由 CPU 执行的机器码。$\mu'nSP^{TM}$的汇编指令只有单字和双字两种。其结构紧凑,且最大限度地考虑了对高级语言 C 语言的支持。其他子程序设计采用汇编语言程序的设计。

1. 汇编子程序模块流程图

汇编子程序模块有六个,它们的程序流程图分别为:
(1)系统硬件资源配置程序;
(2)按键抖动程序模块,流程图如图 6.21 所示;
(3)故障检测及显示模块,流程图如图 6.22 所示;
(4)延时程序模块,流程图如图 6.23 所示;
(5)地灯控制程序模块,流程图如图 6.24 所示;
(6)故障检测口程序模块,流程图如图 6.25 所示。

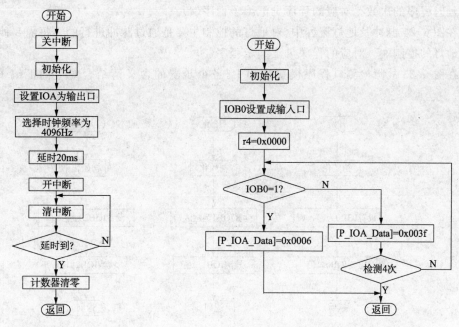

图 6.21 按键消抖程序模块流程图　　　图 6.22 故障检测及显示模块流程图

在图 6.21 按键消抖程序模块流程和图 6.22 故障检测及显示模块流程中,各个步骤的含义请结合对应的汇编子程序(2)和(3)程序的注释来理解。在图 6.22 故障检测程序模块中,一旦检测到 IOB0 是高低电平"0",说明系统某处有错误,八段 LED 就显示"0";检测到 IOB0 是高电平"1",八段 LED 就显示"1"。系统对 IOB0 一直处于检测状态。

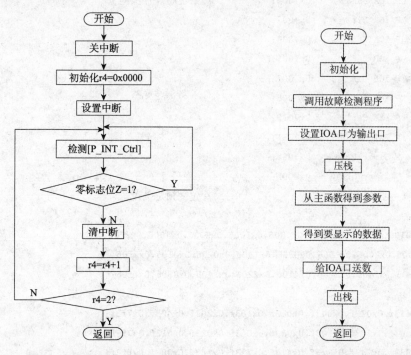

图 6.23 延时程序模块流程图　　　图 6.24 脉冲及地灯流程图

在图 6.23 延时程序模块流程中,设置延时时间是一秒。程序中可根据延时的长短,来决定调用延时程序的次数。对应的程序见汇编子程序(4)。

在图 6.24 脉冲及地灯流程中,对地灯的控制主要是通过脉冲进行的。每隔 8 秒发送一个脉冲给地灯的控制端。对应的程序见汇编子程序(5)。

在图 6.25 故障检测口程序模块流程中,各个步骤的含义请结合对应的汇编子程序(6)来理解。

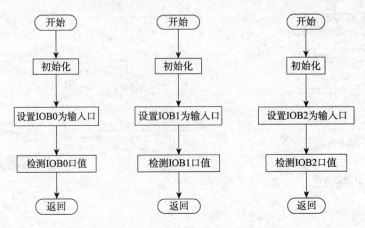

图 6.25　故障检测口程序模块流程图

2. 汇编子程序

(1)系统硬件资源配置程序清单。

```
.define   P_IOA_Data      0x7000;              //系统硬件资源配置
.define   P_IOA_Dir       0x7002;
.define   P_IOA_Attri     0x7003;
.define   P_IOB_Data      0x7005;
.define   P_IOB_Dir       0x7007;
.define   P_IOB_Attri     0x7008;
.define   P_INT_Ctrl      0x7010;
.define   P_INT_Clear     0x7011;
.define   P_Timer_Data    0x700a;
.define   P_Timer_ctrl    0x700b;
.iram                                          //定义预定义段
address:
.dw  0x0106,0x0206,0x0406,0x0806,0x1006,0x2006,0x4006,0x7f06;
.dw 0xc006,0x2006,0x1006,0x0806,0x1406,0x0206,0x0106,0x7f06;
.dw 0x8806,0x1406,0x2206,0x4106,0x2206,0x1406,0x0806,0xff06;
address1:
.dw  0x013f,0x023f,0x043f,0x083f,0x103f,0x203f,0x403f,0x7f3f;
.dw  0xc03f,0x203f,0x103f,0x083f,0x043f,0x023f,0x013f,0x7f3f;
.dw  0x883f,0x143f,0x223f,0x413f,0x223f,0x143f,0x083f,0xff3f;
address2:  .dw 0x0000,0x0000;
.code
```

```
        .public  _array;                    //被 C 语言调用的汇编子程序必须以_开头
    _array: .proc
            r1 = address;                    //把参数传递给主函数
        retf;
        .endp;
        .public  _array1;
    _array1: .proc
            r1 = address1;                   //把参数传递给主函数
        retf;
        .endp;
```

（2）按键抖动延时程序清单。

```
        .public  _Tremor_show;              //按键抖动延时程序,延时 40ms
        _Tremor_show: .proc
            INT  off;                        //关闭所有中断
            bp = address2;                   //bp 作计数器和地址偏移量用
            r1 = 0xffff;                     //IOA15～IOA0 设置为输出
            [P_IOA_Dir] = r1;
            [P_IOA_Attri] = r1;
            r1 = 0x0000;
            [P_IOA_Data] = r1;
            r1 = 0x0034;                     //CLKA 选择 4096Hz,CLKB 选择高电 1
            [P_Timer_ctrl] = r1;
            r1 = 0xffAE;
            [P_Timer_Data] = r1;             //延时 20ms
            r1 = 0x1000;
            [P_INT_Ctrl] = r1;
            FIQ  ON;                         //开中断
    .public  _IRQ0;
    _IRQ0:                                   //中断服务子程序
            r1 = 0x1000;
            [P_INT_Clear] = r1;
            r1 = [bp];                       //取第一个数
            [P_IOA_Data] = r1;               //输出
            bp = bp + 1;                     //计数器加 1
            r1 = bp;
            cmp  r1,2;
            jz  loop4;                       //延时到跳至 loop4
            reti;
    loop4:
            bp = 0;                          //计数器清零
        retf;
        .endp;
```

（3）故障检测及显示模块。

故障检测及显示程序：

```
        .public  _abort_show;                    //故障检测及显示程序
    _abort_show: .proc
        r1 = 0xfffe;                             //设置 IOB0 口为输入口
        [P_IOB_Dir] = r1;
        [P_IOB_Attri] = r1;
        r4 = 0x0000;
    loop1:
        r1 = 0x0001;                             //检测输入口 IOB0
        r1& = [P_IOB_Data];
        cmp  r1,0x0001;
        jz  loop2;                               //IOAB0 为 0,跳至 loop1,否则顺序行
        r1 = 0x0006;
        [P_IOA_Data] = r1;
        retf;
    loop2:
        r1 = 0x003f;
        [P_IOA_Data] = r1;
        r4 + = 1;
        cmp r4,4;
        jnz _array1;
        jmp loop1;
    retf;
    .endp;
```

· (4)延时程序模块。

延时程序清单:

```
        .public  _delay;
    _delay: .proc                                //延时子程序(延时一秒)
        INT  OFF;                                //关中断
        r1 = 0x0004;
        [P_INT_Ctrl] = r1;
        r4 = 0x0000;
        r1 = 0x0004;
    loop3:
        test  r1,[P_INT_Ctrl];                   //查询方式延时
        jz  loop3;
        r1 = 0x0004;
        [P_INT_Clear] = r1;                      //清除中断请求
        r4 + = 1;
        cmp  r4,2;
        jnz  loop3;
    retf;
    .endp;
```

(5)地灯控制模块程序清单。

```
        .public  _show;                          //脉冲及地灯程序
```

```
_show: . proc
    call _abort_show;
    r1 = 0xffff;                        //IOA15～IOA0 设置为输出口
    [P_IOA_Dir] = r1;
    [P_IOA_Attri] = r1;
    r1 = 0x0000;
    [P_IOA_Data] = r1;
    push  bp,bp to [sp];                //压栈
    bp = sp + 1;                        //从主函数得到参数
    r3 = [bp + 3];                      //得到要显示的数据
    [P_IOA_Data] = r3;
    pop    bp,bp from [sp];             //出栈
retf;
. endp;
```

(6) 故障检测口程序清单。

```
. public  _P_D;                        //判断 IOB0 值程序
_P_D: . proc
    r1 = 0xfffe;                        //设置 IOb0 口为输入口
    [P_IOB_Dir] = r1;
    [P_IOB_Attri] = r1;
    r1 = 0x0001;
    r1& = [P_IOB_Data];                 //检测输入口 IOB0
retf;
. endp;
. public  _P_E;                        //判断 IOB1 口值程序
_P_E: . proc
    r1 = 0xfffd;                        //定义 IOB1 为输入口
    [P_IOB_Dir] = r1;
    [P_IOB_Attri] = r1;
    r1 = 0x0002;
    r1& = [P_IOB_Data];                 //检测输入口 IOB1
retf;
. endp;
. public  _P_F;                        //判断 IOB2 口值程序
_P_F: . proc
    r1 = 0xfffc;                        //定义 IOB2 为输入口
    [P_IOB_Dir] = r1;
    [P_IOB_Attri] = r1;
    r1 = 0x0004;
    r1& = [P_IOB_Data];                 //检测输入口 IOB2
retf;
. endp;
```

6.10 系统软硬件联机调试

根据硬件的选择—电路的搭接,进行软件的设计和编程。用 10 根 8 芯的扁平线和数根单双芯线将单片机的 I/O 口和搭接的硬件电路连接起来,再根据软件所能实现的功能,对硬件进行修改和调试。在软硬件联调的过程中,我们曾遇到了许多难题。首先,对于布局的设计可谓是煞费苦心。参阅了许多参考资料后结合实际条件选择了一种较为全面而且简单的街区霓虹灯管理系统。它包括了咖啡屋的招牌显示、地灯光场下的闪烁灯串的设计、五彩灯柱的循环以及语音的播放,并以它们为研究对象进行了布局结构的整体规划。其次,设计和焊接电路是我们重点投入精力的部分。电路的选型、元器件的购买、电路的焊接均是在侯教授指导下独立完成。这确实锻炼了我们分析问题、解决问题以及动手的能力。起初还因为某个器件不能正常工作而影响整个系统的运作;还因为粗心大意用烙铁烫伤了手臂;还因为语音程序无法修改而黯然神伤。最后,在软硬件联调时一次就成功了! 这是对我们前面所做工作的最大肯定。

实验结果:当程序运行后,模拟系统开始运作,由单片机脉冲控制串闪地灯的循环;8 段 LED显示 COFFEE SHOP 的名称;模拟灯塔循环变换闪烁;伴随语音和灯型雕塑的照明。从实验结果看,作者的设计思路正确,运行稳定,界面具有亲和力,符合实际生活中的需要,实现了模拟街区霓虹灯的单片机控制。

系统设计的硬件电路图及运行时照片如图 6.26～图 6.29 所示,以便增加读者直观的视觉感受。语音部分只能由读者自己想象了。在图中我们可以清楚地看到五彩灯柱、"520"咖啡屋以及地灯广场的变换都是由凌阳单片机控制的。

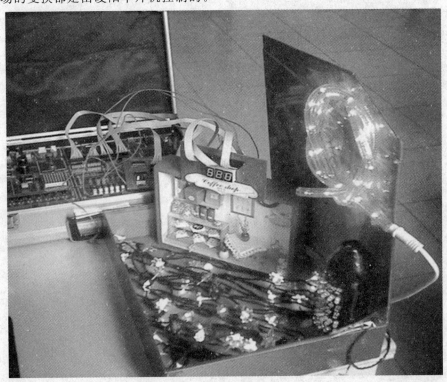

图 6.26 凌阳单片机控制街区霓虹灯管理系统实物动态全景照片

图 6.27　随着语音灯光变换中的实物照片

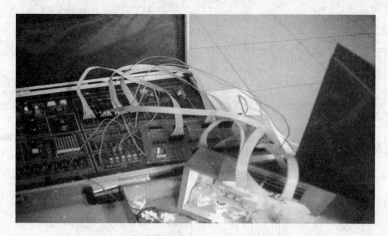

图 6.28　单片机和硬件的连接实物照片

　　在图 6.26 凌阳单片机控制街区霓虹灯管理系统实物动态全景照片中，左上角是 sunplus 凌阳 061 单片机，右下角黑色柱是模拟灯塔循环变换闪烁的灯塔，中间直立的是 8 段 LED 显示名称为 520 的模拟 COFFEE SHOP，下面是地灯，右侧是壁灯。

6.11　结论与展望

　　本文设计、制作了一种以凌阳单片机为核心的街区霓虹灯管理与控制系统。设计了单片机的接口和外围硬件电路，其中包括故障检测及显示电路、模拟灯塔控制电路、模拟地灯控制电路；设计了系统的控制软件，其中包括灯柱的 24 种变换显示控制、地灯的 8 种变换显示控制、Coffee屋的 LED 数码管显示控制、顾客进门和离开的两种语音播放、显示故障检测软件等。并结合凌阳单片机的硬件资源将上述软硬件组成一个整体。通过调试，实现了单片机脉冲控制串闪地灯的循环，8 段 LED 显示"COFFEE SHOP"的名称，模拟五彩灯柱灯塔循环变换闪烁，伴随语音和灯型雕塑的照明。

　　由于经费有限，我们只是模拟实现了基于凌阳单片机控制的街区霓虹灯管理系统。如果有经费支持，还可以进一步开发语音识别的门禁系统。

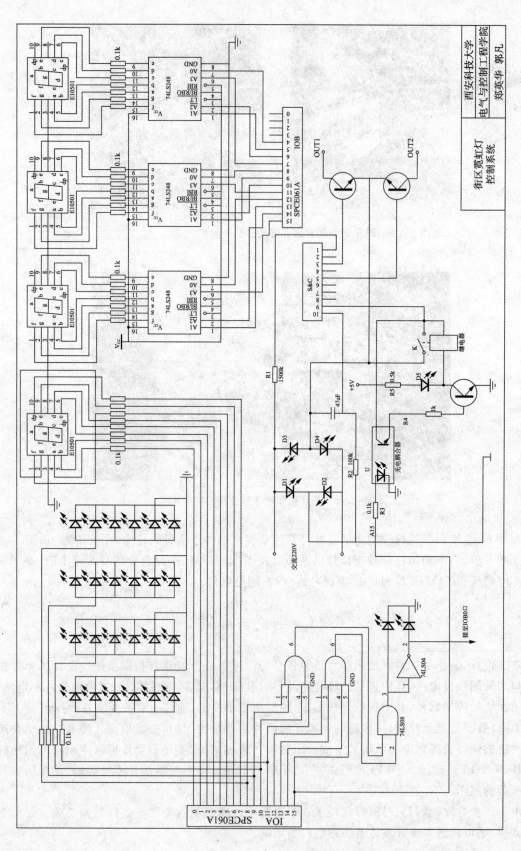

图6.29 系统硬件电路图

第7章 模糊全自动微机控制模拟洗衣机设计[①]

7.1 摘 要

本文以 SPMC75F2413A 单片机为核心,设计了模糊全自动洗衣机系统。本系统实现了对洗衣机操作全过程的模拟控制,包括检测信号的输入、进水、洗涤、漂洗、脱水和结束六个主要阶段。此控制系统主要由电源电路、数字控制电路和机械控制电路三大模块构成。电源电路为系统提供稳定的 5V 直流电压;数字控制电路控制洗衣机的工作过程;机械控制电路实现浑浊度检测、布质布量检测、温度检测、水位检测、电机驱动、进水、排水等功能。

本系统研制的全自动模糊洗衣机充分应用了模糊推理技术。在软件上采用脉宽调制(PWM)技术,根据不同的检测信号来调节电机转速以达到节能的目的;通过多次检测自动修正时间和电机转速,使洗衣始终处于最佳运行方式。软件的编制主要根据系统需完成的功能采用模块化结构设计,具有较强的通用性和可移植性。支持该硬件系统的软件由六大模块组成:系统初始化模块、信号检测及处理模块、功能控制模块、中断处理模块、显示输出模块和语音报警模块。

软件系统完成了各个模块的运作,与同组同学周小兵一起完成了硬件系统设计,通过联机调试实现了模糊全自动洗衣机的智能化功能。

关键词:模糊控制,SPMC75F2413A,A/D 采样,串行通信,人机界面

7.2 绪 论

7.2.1 国内外洗衣机发展现状和趋势

洗衣机使人们告别了搓衣板、洗衣棒的手工洗衣时代,但是最初的洗衣机的自动化程度并不高,洗衣的几个过程仍需要人工来进行切换。随着技术的发展,作为洗衣机核心的电机驱动技术有了长足的发展,洗衣机也由最初的洗涤、脱水过程的手工切换发展到半自动半手工切换,再发展到了现在的全自动洗衣机。洗衣过程的全自动化并没有完全满足人们的要求。目前,绝大多数洗衣机的电机驱动系统引入了微处理器。微处理器的引入使得洗衣机的功能更加强大。洗衣机生产行业通过对微处理进行编程,实现洗涤、脱水模式的多样化,满足用户洗涤不同布质、不同污脏程度衣物的要求。用户在操作过程当中只需要按几个按键即可完成选择工作。同时,人们在原来洗衣方式的基础上,通过优化洗衣机的结构,再与电机驱动相配合,来实现对洗衣机内部水流的控制,从而使洗涤更彻底。技术总是不停向前发展的,洗衣机也向着几个明显的方向发展。

智能化。传统的洗衣机只按进水→漂洗→出水→甩干这几个工作过程进行合理组合工作。

---

① 本章内容为 2008 届测控专业本科生陈忠兴论文。

而智能洗衣机除了实现上述的功能之外,还能对洗涤衣物的布质、布量、衣物的脏污性质以及浑浊度进行识别,并根据具体的情况选择合适的洗涤剂、水量和水流状态进行有针对性的洗涤。洗衣机智能化技术有赖于微处理器和传感器的发展。

高效节能。不可再生能源日益减少和人类对能源要求量日益增加的矛盾,决定了节能成为整个社会活动的趋势。对于洗衣机行业来说,要在保证洗净度的基础上实现省电、节水。高效节能已经成为洗衣机行业发展必然的趋势。

静音。噪音容易使人疲劳,造成神经系统紧张,从而影响睡眠、休息和工作。减少噪音污染对提高生活质量具有相当的重要性。生活水平的提高,家用电器日益增多,家用电器的噪音已经成为提高生活质量的一个负面因素。所以,静音洗衣机也是洗衣机行业发展的一个必然趋势。

7.2.2 模糊全自动洗衣机概述

模糊洗衣机之所以能模仿人的智能,主要是靠多种传感器感知收集各种信息数据。如:有自动感知水温高低、水量多少、衣料脏污程度的光电传感器,由此来决定洗衣粉的投放量;有自动检测衣料重量、布质布量的传感器,以此自动选择相应的洗涤程序;有自动感知水位的水位传感器,来确定洗涤衣料的水量而又做到恰到好处;有自动感知衣物脏污程度、性质、漂洗浑浊度的光电传感器,来确定水位高低、洗涤时间和漂洗遍数;还有根据室温和水温,而自动调整洗涤时间长短,以达到节电、节水的目的。

传感器将各种感知收集的信息数据,输入模糊控制芯片进行综合处理判断后,发出指令,指挥洗衣机自动选择相应的洗涤程序,并能根据洗衣中随时变化的因素进行相应调整,以达到最佳洗涤效果。如漂洗,全自动洗衣机是预设两次漂洗程序,不管衣物脏污是不是漂洗干净,它作完两次漂洗就结束了。而模糊洗衣机则不然,它通过红外光电传感器,根据水质的浑浊度,来感知检查衣料的漂洗干净度。若没漂洗干净,控制器指挥洗衣机继续漂洗,直到干净为止。

7.2.3 本课题研究的目的和意义

全自动式洗衣机因使用方便得到大家的青睐。全自动即进水、洗涤、漂洗、排水、甩干等一系列过程自动完成,控制器通常设有几种洗涤程序,对不同的衣物可供用户选择。加有这种控制器的洗衣机固然使洗衣过程变得简单易控制,但却不能将洗衣和节能很好得结合起来。而基于模糊控制的洗衣机使其朝着自动化、智能化、尤其是节能方向发展。

科学的进步总为人类带来福音。智能模糊技术运用到洗衣机后,它能模仿人的感觉思维、判断能力,通过各种传感器(相当人的手、眼、耳等),自动检测所要洗的衣料布质、重量、水温、污垢程度以及洗衣水的浑浊度等,然后通过模糊控制芯片,对收到的信息进行判断,来决定洗衣粉的用量、水量多少、洗涤时间、洗涤方式和漂洗遍数等,而获得最佳的洗涤效果。还有根据室温和水温,而自动调整洗涤时间长短,以达到节电、节水的目的。

7.2.4 论文的主要工作

论文的研究内容主要如下:

(1)了解凌阳单片机的基本结构和指令系统,掌握 SPMC75F2413A 单片机的控制功能。

(2)了解红外光电传感器、称重传感器、温度传感器、水位传感器的基本原理和使用方法;设计浑浊度检测电路、布质布量检测电路、温度检测电路、水位检测电路。

(3)研究并理解模糊控制理论,设计模糊全自动洗衣机。采用 PWM 波技术可以根据布质调节电机转速以达到节省时间和保护衣服的目的。在软件上通过多次检测自动修正时间和电机转速，使洗衣机始终处于最佳运行状态。

（4）了解直流无刷电机的基本结构和运行原理，掌握电机的运行和控制特点。对已有的电机驱动电路进行研究和改进，完善系统的各种保护功能。

（5）软件编制上根据系统要完成的功能采用模块化结构设计，与硬件一起进行联机调试，能达到预期的效果。

（6）对实验结果进行分析，并对出现的问题提出解决方案。

7.3 设计方案及主控芯片介绍

7.3.1 系统总体设计方案

系统总体设计框图如图 7.1 所示。采用凌阳 16 位 SPMC75F2413 和 SPCE061A 单片机作为系统控制中心，对水位传感器、温度传感器、浑浊度传感器、称重传感器等检测电路发送的信号进行处理，以控制电机的转速和运行方向，计算水位高度、各状态运行时间及 LCD 状态显示、LED 倒计时显示、语音报警等。

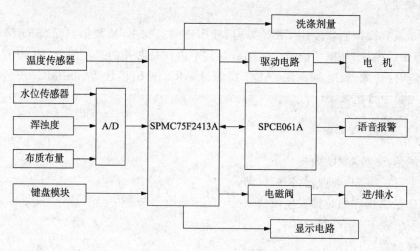

图 7.1　系统设计总体框图

7.3.2 系统的工作原理

本系统主要由以下模块组成：中央控制模块、水位检测模块、温度检测模块、浑浊度检测模块、布质布量检测模块、键盘输入模块、电机驱动模块、语音报警模块、液晶显示和数码管显示模块。水位传感器、浑浊度传感器和称重传感器检测到的信号为模拟信号，必须对其进行 A/D 转换后才能输入单片机。传感器将各种感知收集的信息数据，输入模糊控制芯片进行综合处理判断后，发出指令，指挥洗衣机自动选择相应的洗涤程序，并能根据洗衣中随时变化的因素进行相应调整，以达到最佳洗涤效果。洗衣机的状态显示有：液晶显示当前状态，数码管显示当前状态的倒计时。在本文设计中还加入了键盘模块，根据使用者的按键可以在洗衣机运行的过程中进入所需要的状态，提高洗衣机的人性化设计。

7.3.3　SPMC75 主控芯片介绍

随着微电子技术的飞速发展,CPU 已经变成低成本器件。在可能的情况下,各种机电设备已经或者正在嵌入 CPU 构成的嵌入式系统。据 Virginia Tech 公司报告,嵌入式系统中所使用的 CPU 数量已经超过通用 PC 中 CPU 数量的 30 倍。目前系统研究的重点已从通用系统转向专用系统,以及从一般性能转向可靠性、可用性、安全性、自主性、可扩展性、功能性、灵活性、成本、体积、功耗及可管理性上。因此,我们此次设计所选用的是北京凌阳公司生产的新一代工业用 SPMC75F2413A 单片机作为主控制器,SPCE061A 作为辅助控制器,两控制器基于 UATR 进行双机通信。

SPMC75F2413A 是由北京凌阳科技公司设计开发的工业级的 16 位微控制器芯片。其核心采用其自主知识产权的 μ'nSP™ 微处理器,集成了多功能 I/O 口、同步和异步串行口、ADC、定时计数器等功能模块,以及多功能捕获比较模块、BLDC 电机驱动专用位置侦测接口、两相增量编码器接口、能产生各种电机驱动波形的 PWM 发生器等特殊硬件模块。利用这些硬件模块 SPMC75F2413A 可以完成诸如家电用变频驱动器、标准工业变频驱动器、变频电源、多环伺服驱动系统等复杂应用。

1. 结构概述

SPMC75 系列微控制器使用 CISC 架构,程序空间(Flash)和数据空间(SRAM)统一编址。其结构分为 CPU 内核、外围功能模块两部分。其中内核是芯片的基本部分,如 CPU、存储器等;外围则包括定时/计数器、时钟系统、ADC 模块、UART 通信模块等。SPMC75F2413A 微控制器内部结构如第 2 章图 2.18 所示。

2. SPMC75F2413A 的特性

1)高性能的 16 位 CPU 内核

a)凌阳 16 位 μ'nSP 处理器(ISA 1.2);

b)片内基于锁相环的时钟发生模块;

c)最高系统频率 Fclk:24MHz。

2)片内存储器

a)32K Words (32K×16bit)Flash;

b)2K Words (2K×16bit)SRAM。

3)工作温度:−40~85℃

4)工作电压:4.5~5.5V

5)10 位 ADC 模块

a)可编程转换速率,最大转换速率 100kbps;

b)8 个外部输入通道;

c)可和 PDC 或 MCP 等定时器联动,实现电机控制中的电参量测量。

6)串行通信接口

a)通用异步串行通信接口(UART);

b)标准外围接口(SPI)。

7)最多 64(QFP80)个通用输入输出脚。

8)可编程看门狗定时器

9)内嵌在线仿真电路 ICE 接口:可实现在线仿真、调试和下载。

10)PDC 定时器

a)两个 PDC 定时器:PDC0 和 PDC1;

b)可同时处理三路捕获输入;

c)可产生三路 PWM 输出(中央对称或边沿方式);

d)BLDC 驱动的专用位置侦测接口;

e)两相增量码盘接口,支持四种工作模式,拥有四倍频电路。

11)MCP 定时器

a)两个 MCP 定时器:MCP3 和 MCP4;

b)能产生三相六路可编程的 PWM 波形,如三相 SPWM、SVPWM 等;

c)提供 PWM 占空比值同步载入逻辑;

d)可选择和 PDC 的位置侦测变化同步;

e)可编程的硬件死区插入功能,死区时间可设定;

f)可编程的错误和过载保护逻辑。

12)TPM 定时器

a)一个 TPM 定时器:TPM;

b)可同时处理二路捕获输入;

c)可产生二路 PWM 输出(中央对称或边沿方式)。

13)两个 CMT 定时器,通用 16 位定时/计数

3. SPMC75F2413A 最小系统设计

最小系统设计是单片机应用系统的设计基础。SPMC75F2413A 最小系统包括单片机 2413A、8 个 LED、电源电路、时钟电路、复位电路、Probe 调试接口电路和 RS-232 通信接口。SPMC75F2413A 最小系统电路如图 7.2 所示。

4. SPMC75F2413A 引脚应用

SPMC752413A 是 $\mu'nSP^{TM}$ 系列产品的一个新成员,是凌阳科技新推出的专用于变频驱动的 16 位微控制器。其拥有性能出色的定时器和 PWM 信号发生器组。SPMC75F2413A 在 4.5～5.5V 工作电压范围内的工作速度范围为 0～24MHz,拥有 2K 字 SRAM 和 32KB 闪存 ROM;最多 64 个可编程的多功能 I/O 端口;5 个通用 16 位定时器/计数器(其中有两个电机驱动专用 PWM 波形发生器,两个位置侦测接口定时器),且每个定时器均有 PWM 发生的事件捕获功能;2 个专用于定时可编程周期定时器;可编程看门狗;低电压复位/监测功能;8 通道 10 位模/数转换。在这些硬件外设的支持下 SPMC75F2413A 可以方便实现各种变频系统。其引脚应用图如图 7.3 所示。

5. SPMC75F2413A 和 SPCE061A 的比较

SPMC75F 系列单片机是凌阳科技继 SPCE061A 之后推出的 16 位适用于电机控制的工控单片机,它不但集成了 SPCE061A 的所有优点,还集成了能产生电机变频驱动的 SPWM 发生器,多功能捕获比较模块,BLDC 电机驱动专用 PDC,定量计数器等功能模块。利用这些模块可

能方便地完成诸如家电用变频驱动器,两个位置侦测接口,两相增量编码器接口等硬件模块。由于整体有效的抗干扰加强设计,使其在抗干扰性能,中断系统,硬件模块资源,模拟数字信号处理等方面有了很大的提升。

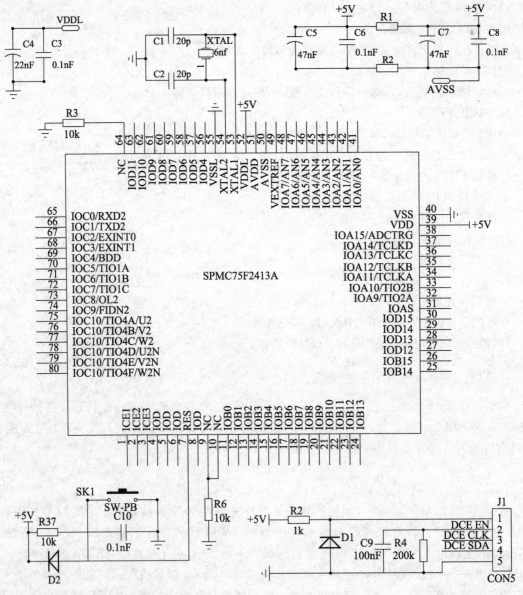

图 7.2　SPMC75F2413A 最小系统

7.3.4　凌阳单片机应用领域

(1)家用电器控制器:冰箱、空调、洗衣机等白色家电;

(2)仪器仪表:数字仪表(有语音提示功能);

(3)电表、水表、煤气表、暖气表;

(4)工业控制;

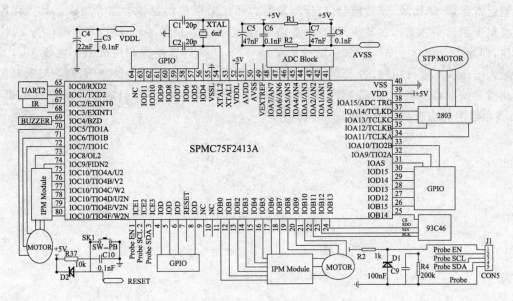

图 7.3　SPMC75F2413A 引脚应用图

（5）智能家居控制器；

（6）通信产品：多功能录音电话、自动总机、语音信箱、数字录音系统产品；

（7）医疗设备、保健器械（电子血压计、红外体温监测仪等）；

（8）体育健身产品（跑步机等）；

（9）电子书籍（儿童电子故事书类）、电教设备等；

（10）语音识别类产品（语音识别遥控器、智能语音交互式玩具等）。

7.4　信号采集系统设计

在系统设计方案的基础上，本章为系统信号采集部分的设计。其中包括：模数转换器、浑浊度检测、布质布量检测、温度检测、水位检测等部分。模数转换器主要完成模拟量到数字量的转化。由于浑浊度、布质布量、温度是影响洗衣机洗涤的主要因素，这三个因素的检测直接影响对洗衣机后续过程的控制。故本章是模糊控制的基础部分，为后文模糊控制器的设计做准备。

7.4.1　模/数转换器

模/数转换器（ADC）是自然界与计算机进行信息交流的桥梁之一，可以把模拟量转换成数字量以便输入计算机进行各种处理。浑浊度传感器、称重传感器和水位传感器的输出信号都是模拟量，必须对其进行 A/D 转换后，才能把该信号输入到单片机进行处理。因此，首先对 2413A 模数转换器作简单介绍。

2413A 内嵌一个转换速率为 100kps 的高性能 10 位通用 ADC 模块，采用 SAR 结构。模数转换单元的模拟电路包括 1 个 8 选 1 的模拟多路开关，1 个采样保持电路，1 个 A/D 变换内核及其他模拟辅助电路。模数转换单元的数字电路包括 ADC 模块控制逻辑，数据寄存器，与模拟电路联系的接口，与芯片外设总线的接口及同其他片上模块联系的接口。ADC 模块的结构如图 7.4 所示。

SPMC75F2413A 采用逐次逼近式原理实现模数转换。逐次逼近的方法 ADC 的内部主要由逐次逼近寄存器 SAR、A/D 转换器、电压比较器和一些时序控制逻辑电路等组成。其工作原理非常类似于用天平称重。在转换开始前,先将 SAR 寄存器各位清零,然后设其最高位为 1(对 10 位来讲,即为 1000000000B),SAR 中的模拟量经 A/D 转换器转换为相应的数字电压 VC,并与数字输入电压 VX 进行比较,若 VX≥VC,则 SAR 寄存器中最高位的 1 保留,否则就将最高位清零。然后再使次高位置 1,进行相同的过程直到 SAR 的所有位都被确定。转换过程结束后,SAR 寄存器中的二进制码即为 ADC 的输出。

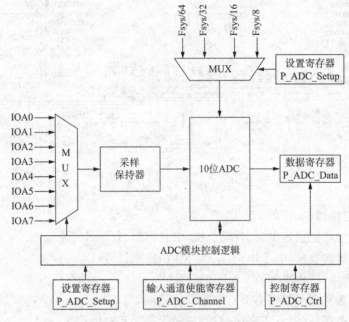

图 7.4　ADC 模块功能框图

7.4.2　浑浊度检测及其软硬件设计

1. 方案的选择与论证

方案一:采用 APMS-10G 浑浊度传感器通信。

利用从机(SPCE061A 单片机)与 APMS-10G 浑浊度传感器通信,读出浑浊度值,再将数据通过串行口传给主机(SPMC75F2413A 单片机)。用可控三态门 74LS125 将两路串行通道(即从机-主机,从机-浑浊度传感器)隔离,通过可控端分时使用两路信号。当 P_IOA 输出高电平时,与 APMS-10G 的通道导通;当 P_IOA 输出低电平时,与主机的通信回路导通。从机串口平时与主机保持通信畅通,将串口设为中断状态,随时可以接收主机发来的指令。当收到主机指令后,从机将上一次采集的数据发给主机,然后立即切换通信通道,与浑浊度传感器通信,采集当前的浑浊度数据并保存到数据缓冲区,再将通信通道切换到主机。

方案二:采用红外光电传感器。

衣物的脏污(包括脏污程度和脏污性质)检测可以由安装在排水口的红外光电传感器,通过分析透光率的变化情况,检测脏污程度和性质。基本工作原理:红外二极管发射出的红外光透过洗涤水时,由于水中悬浮物对红外线的散射和吸收,使得传送到红外接收管的光强降低。通过检测接收管的信号变化,就可通过软件近似推知洗涤水的浊度。图 7.5 为洗涤过程中,红外光电传感器透光率的变化曲线。从图7.5(a)可以看出,脏污程度较重时,洗涤一段时间,透光率变化较大;反之,脏污程度较轻时,洗涤一段时间,透光率变化较小。图7.5(b)中的两条曲线在洗涤一段时间后比较接近,但变化速率不一样。对于油污性质的脏污,由于其溶解速度慢,透光率的变化较小;反之,对于泥污性质的脏污,易于脱落,透光率的变化较大。因此,通过检测红外光电传感透光率变化的绝对量和相对量,能够检测衣物的脏污程度和脏污性质。

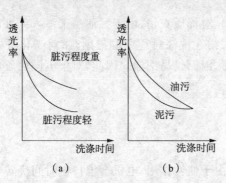

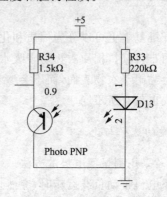

图7.5 红外光电传感器透率的变化曲线　　图7.6 红外光电传感器检测电路

由以上分析可知,方案一的控制过程相对比较烦琐,而方案二的控制过程相对简单又能达到同样的效果,故拟选用方案二。

2. 浑浊度检测电路设计

浑浊度传感器主要采用红外光电原理。由红外发射管发出一定强度的红外光,红外接收管在溶液的另一侧接收红外线。红外线在溶液中透光性的大小决定了接收方产生光电电流的大小,光电流经整形放大和数据处理后,就可以判断出水的浑浊程度。检测电路如图7.6所示。

3. 浑浊度检测软件设计

因SPMC75F2413A单片机中集成了ADC模块,这样使得本次设计中浑浊度检测变得较为简单。在程序设计中ADC转换有两种方式。在这里使用查询方法侦测转换的结束。当ADC转换结束,P_ADC_Ctrl的B7(ADCRDY)位和B15(ADCIF)位均会被1。因而,可以在程序中不断查询标志位ADCRDY(或ADCIF),当发现该标志位被置1,表明AD转换结束。ADC转换结果被存入ADC数据寄存器,读该寄存器即可知道ADC转换的结果。浑浊度检测程序流程图如图7.7所示。

4. 结果分析

在实验中,发现在清水状态下,A/D采样所得到的电压值大于1V,达不到理想状态的0V。而在加入墨水后,A/D采样所得到的电压值均大于3V。在编程过程中,我们把实验所得

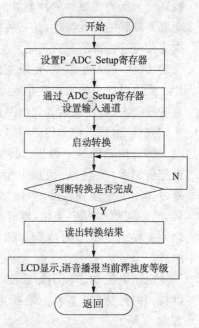

图7.7 浑浊度检测程序流程图

测量值均减去 1V,再对其进行处理。这样,实验效果要比没有经过处理好得多。

7.4.3　布质布量检测及其软硬件设计

洗衣机的额定洗净率是按额定容量设计的。当衣物量减少时,由于衣物间的摩擦和翻滚都发生了变化,其洗净率也会发生变化,特别是衣物量与额定洗涤容量相差较大时,此变化尤为明显。

衣物纤维基本上可以分为棉质和化纤两大类。对棉质衣物,由于污渍易于渗入纤维里,因此洗涤较为困难,同时,棉质衣物易于吸水变沉,使衣物在洗涤过程中翻滚困难;对于化纤衣物,脏污一般只会黏附于衣物表面,而不会渗于纤维内部,因而较易洗涤。因此,对于不同性质的衣服,其洗涤方式也就有所不同。

1. 方案的选择与论证

方案一:采用测量反电势的方法。

当洗涤电机带动负载运转时,突然切断电源,由于惯性作用,电机会维持短时间旋转,这时转子剩磁切割定子绕组而产生感应电势,该电势可以从定子绕组两端测出。由于衣物的阻尼作用,电机转速迅速下降,感应电势相应衰减,衰减时间与衣物量成一定比例。测量反电势的方法不需要增加专用传感器,因此只需从电机起动电容两端取出信号,经过隔离、放大、整形后,由计算机检测出反电势的脉冲个数,即可得到衣物重量的信息。

棉质衣物和化纤衣物在不同水位有不同的阻尼,反应在电机停转时感应电势的脉冲个数的特性如图 7.8。从图中可以看出,当衣物是化纤时,两种测定过程中得到的脉冲数差值较小,而衣物是棉质时,两种测定过程中得到的脉冲数差值较大。

方案二:采用压力传感器。

压力传感器是工业实践、仪器仪表控制中最为常用的一种传感器,并广泛应用于各种工业自控环境。压力传感器的种类繁多,但应用最为广泛的是电阻式压力传感器,因为它具有较高的精度以及较好的线性特性,是一种将被测件上的应变变化转换成为电信号的敏感器件。通常是将应变片通过特殊的黏合剂紧密的黏合在产生力学应变基体上,当基体受力发生应力变化时,电阻应变片也一起产生形变,使应变片的阻值发生改变,从而加在电阻上的电压发生变化。这种应变片在受力时产生的阻值变化通常较小,一般这种应变片都组成应变电桥,并通过后续的仪表放大器进行放大,再传输给处理电路显示或执行机构,但价格昂贵。

方案三:采用称重传感器。

称重传感器是一种压力传感器。即在考虑使用地点重力加速度和空气浮力的影响后,通过把被测量(质量)转换成电量或机械量来测量质量的力传感器。其工作原理为:弹性体在外力作用下产生弹性变形,使粘贴在其表面的电阻应变片也随之产生变形,电阻应变片变形后,它的阻值将发生变化,再经相应的测量电路把这一电阻变化转换为电信号,从而完成了将外力变换为电信号的过程。称重传感器由弹性体、电阻应变计、测量电路等三个主要部分组成。

由于电机功率较小的缘故,在实验中发现切断电源后,电机并不像现实的洗衣机那样会维持短时间旋转,基本上是断电后,立刻停止。而压力传感器较昂贵,故我们拟采用第三种方案。

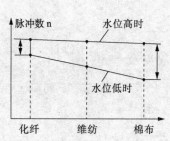

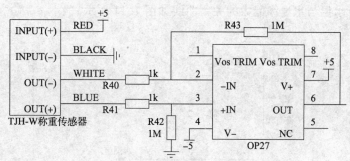

图 7.8 电机停转时感应电势的脉冲数

图 7.9 布质布量检测电路

2. 布质布量检测电路的设计

本系统采用 TJH-W 作为称重传感器进行数据采集。TJH-W 称重传感器由蚌埠市天光测控仪表公司生产,具有线路简单、体积小、拉压两用、抗偏载性能好等优点,适用于电子台秤、电子计价秤、配料秤等工业过程的测量与控制。因此用它来组成一个测重系统,线路较为简单。硬件电路如图 7.9 所示。

TJH-W 称重传感器输出信号非常微弱,最大值不超过 5mV,在电路设计中采用放大器 OP27 将其中放大 1000 倍后再输入到单片机 A/D 采样端口。

3. 布质布量检测软件设计

在程序设计中 ADC 转换有两种方式。在这里用中断方法侦测转换的结束。当 ADC 转换完成时,P_ADC_Ctrl 的 B15 (ADCIF)位会被置 1,此时若 ADC 转换中断使能,则会 ADC 转换完成中断,表示 ADC 转换结束。同时转换结果被存入 ADC 数据寄存器,读该寄存器即可知道 ADC 转换的结果。布质布量检测程序流程图如图 7.10 所示。

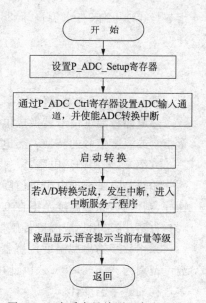

图 7.10 布质布量检测程序流程图

4. 结果分析

在实验中,为了检测方便,我们把称重传感器的一端固定在椅子上,另一端挂上砖头来模拟布质布量的检测。和浑浊度检测一样,在没有重量时检测到的电压值仍然不为零,而挂上 10 kg 砖头时,A/D 采样所得到的电压值不超过 4V。所以在编程过程中对小于 2.5V 和大于 2.5V 的电压值均向两边扩展,达到 0~5V 的电压值范围。

7.4.4 水温检测及其软硬件设计

水本身是一种天然洗涤剂,一般而言,能够容易地除去水溶性的污物,但是不易分解油脂类污渍,所以对非水溶性污渍往往无能为力。同时水的洗净力和水温有很大关系,当水温高时,由于溶解油类脏污和增加脏污活力及提高洗涤剂的去污能力等复杂因素的影响,洗涤能力会增强。

水温与水洗涤能力的关系曲线如图 7.11 所示。

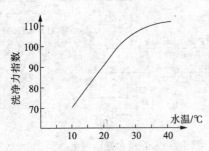

图 7.11　水温和水的洗涤能力的关系曲线

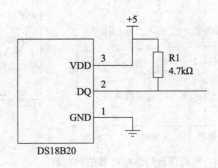

图 7.12　DS18B20 温度传感器检测电路

图中设 25℃时的水温的洗净率指数为 100。当水温低于 25℃时,随着水温的降低,洗净率指数呈线性下降;当水温高于 25℃,洗净力进一步提高,但洗净率指数呈非线性,上升率稍有降低。

1. 方案的选择与论证

方案一:采用热电偶作为温度传感元件。

热电偶将温度信号转换成电动势信号,配以测量毫伏的指示仪表或变送器来实现温度的测量指示或温度信号的转换。热电偶一般用于测量 500℃以上的高温。

方案二:采用铂热电阻。

铂热电阻是根据电阻阻值随温度变化的特性制作而成,优点是化学物理性能稳定、测温复现性好、精度高,测量温度范围在 0~850℃。

方案三:采用集成温度传感器。

采用数字输出型温度传感器 DS18B20。该温度传感器具有线路简单、体积小的特点,测量温度范围为 -55~125℃。因此用它来组成一个测温系统,线路简单,在一根通信线上可以接很多这样的数字温度计。

因为被控制变量是水温,水温的变化在 0~100℃范围,属于 DS18B20 测量范围,且考虑到 DS18B20 的接线简单、价格便宜,所以选择 DS18B20 传感器实现数据采集。

2. 水温检测电路的设计

本系统采用 DS18B20 作为温度传感器进行数据采集。DS18B20 数字温度计是 DALLAS 公司生产的 1-Wire,即单总线器件,具有线路简单、体积小的特点。用 DS18B20 数字温度计组成一个测温系统,具有线路简单,在一根通信线,可以挂很多这样的数字温度计,十分方便。硬件电路如图 7.12 所示。

D18B20 的特点:只要求一个端口即可实现通信,在 DS18B20 中的每个器件上都有独一无二的序列号,实际应用中不需要外部任何元器件即可实现测温,测量温度范围在 -55~125℃之间,数字温度计的分辨率用户可以从 9 位到 12 位选择,内部有温度上、下限报警设置,并且掉电可以保存设定温度值。

3. 水温检测软件设计

温度检测部分程序设计主要包括温度程序、读出温度子程序、温度转换命令子程序、计算温度子程序、显示数据刷新子程序等。

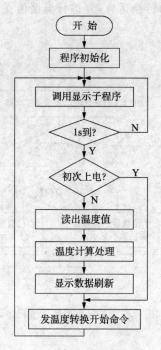

图 7.13 温度主程序流程图

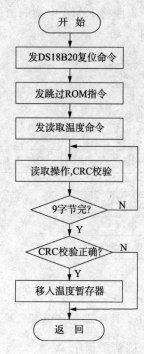

图 7.14 读出温度子程序流程图

1)温度程序

温度程序的主要功能是负责温度的实时显示,读出并处理 DS18B20 的测量温度值。温度测量每 1s 进行一次。其中程序流程图如图 7.13 所示。

2)读出温度子程序

读出温度子程序的主要功能是读出 RAM 中的 9 字节,在读出时需进行 CRC 校验,校验有错时不进行温度数据的改写。其程序流程图如图 7.14 所示。

3)温度转换子程序

温度转换子程序主要是发温度转换开始命令,当采用 12 位分辨率时转换时间约为 750ms。本程序设计中采用 1s 显示程序延时法等待转换完成。温度转换子程序流程图如图 7.15 所示。

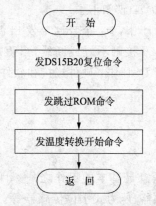

图 7.15 温度转换子程序流程图

4)计算温度子程序

计算温度子程序将 RAM 中读取值进行 BCD 码的转换运算,并进行温度值正负的判断。其程序流程图如图 7.16 所示。

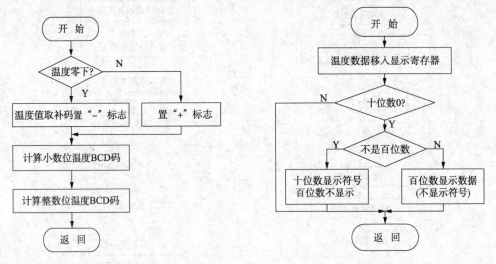

图 7.16 计算温度子程序流程图　　　　图 7.17 显示数据刷新子程序流程图

5)显示数据刷新子程序

显示数据刷新子程序主要是对显示缓冲器中的显示数据进行刷新,当最高显示位为 0 时将符号显示位移入下一位。程序流程图如图 7.17 所示。

4. 结果分析

水温的检测较为简单,温度传感器安装在洗衣外桶的底部,通过该传感可以在任何时候检测水温。DS18B20 温度计还可以用在高低温报警,远距离多点测温控制等方面进行应用开发,但在实际设计中应注意以下问题。

(1)DS18B20 工作时电流高达 1.5mA,总线上挂接点数较多且同时进行转换时,要考虑增加总线驱动,可用单片机端口在温度转换时导通一个 MOSFET 供电。

(2)接 DS18B20 的总线电缆是有长度限制的,因此在用 DS18B20 进行长距离测温系统设计时,要充分考虑总线分布电容和阻抗匹配等问题。

(3)在 DS18B20 测温程序设计中,向 DS18B20 发出温度转换命令后,程序总要等待 DS18B20 的返回信号,一旦 DS18B20 接触不好或断线,当程序读该 DS18B20 时将没有返回信号,程序进入死循环,这一点在进行 DS18B20 硬件连接和软件设计时要给予一定的重视。

7.4.5 水位检测及其软硬件设计

1. 概述及方案比较

水位的测量是人们掌握水文信息最基本的工作之一。目前国内外应用较多的水位传感器有:浮子式传感器、超声波水位传感器、压力式水位传感器等。它们均需将水位信息转化为电信号模拟量后,通过适当地调理将信号送给模拟数字转换器转换为可进一步处理的数字信号。

本设计采用的洗衣机谐振式水位传感器是一种价格低廉、性能稳定、易实现与微控制器接口的传感器件。其工作原理为：水位压力通过导管压动传感器内腔隔膜，推动隔膜中的磁心在线圈内移动，使线圈电感量发生变化，进而谐振电路的谐振频率也随之变化，一定的水位压力对应一定的谐振方波脉冲频率。

2. 水位检测电路的设计

不同的水位通过水位传感器产生不同的振荡频率，SPMC75F2413A 单片机可以精确地检测到水位传感器的振荡频率，从而可以精确地检测到当前的水位及水量，这样理论上可以做到无级地调节水位。本设计演示采用了 6 级水位选择，已能满足用户的洗衣需要。用户可以根据洗涤量的多少合理选择水位，即合理选择最贴近的用水量，从而达到节水的目的。水位传感器检测电路如图 7.18 所示。水位传感器实物如图 7.19 所示。

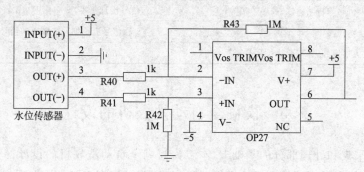

图 7.18　水位传感器检测电路图

3. 水位检测软件设计

软件设计流程图如图 7.20 所示。水位传感器的频率测量采用内部寄存器溢出中断定时，由外部计数器计数测得；A/D 转换采用查询方式进行数据采集，采集到的压力值数据与设定水位高度压力值相差在 0.5mm 以内，则认为已经达到要求。

图 7.19　水位传感器实物图

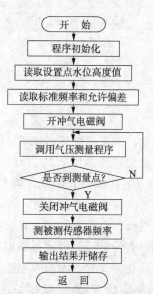

图 7.20　水位检测软件设计流程图

4. 结果分析

水位传感器属于典型的传感器,表 7.1 中列举水位传感器常见的故障类型故障原因以及信号表现形式,并给出了这些传感器故障的解决方法。

表 7.1 水位传感器常见故障类型、原因及改正方法

故障类型	故障原因	改正方法
偏差故障	偏置电流或偏置电压等	在源信号上加一恒定或随机的小信号
开路故障	信号线断、芯片管脚没连接上等	信号接近最大值,归一化时用 0.9 表示
漂移故障	温漂等	信号经某一速率偏移原信号
短路故障	污染引起的桥路腐蚀、线路短接等	信号接近于零,归一化用 0.1 表示
周期性干扰	电源 50Hz 干扰等	原信号上叠加某一频率的信号
非线性死区	放大器饱和、含有非线性环节等	

7.5 模糊全自动洗衣机的设计

在系统信号采集和处理部分的基础上,本节为模糊全自动洗衣机的设计部分。首先对电源电路作简要说明,然后对模糊控制理论进行了研究,证明了模糊控制理论在现实生活中应用的可行性。在此基础上,完成了模糊全自动洗衣机的设计,并对软件设计部分进行了详细说明和分析。最后与硬件系统一起通过了联机调试实现了模糊全自动洗衣机的智能化功能。

7.5.1 电源电路的设计

在电子电路中,通常都要用电压稳定的直流电源供电。小功率稳压电源结构可以用图 7.21 表示,它由电源变压器、整流、滤波和稳压电路等四部分组成。

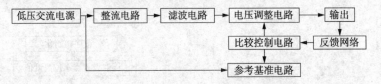

图 7.21 直流稳压电源结构图和稳压过程

电源模块的功能是将交流电网 220V 电压分别变为 $+12/-12V$ 和 $+5/-5V$ 给系统供电。电源模块采用集成稳压芯片 7812、7912、7805、7905,同时在稳压芯片的输入和输出端分别并联一个 $470\mu F$ 滤波电容和一个 $0.1\mu F$ 的去耦电容,增强系统电压的稳定性和抗干扰性。

电源变压器是将交流电网 220V 电压变为所需要的电压值,再通过整流电路将交流电压变成脉动的直流电压。由于该脉动的直流电压受较大纹波的干扰,必须通过滤波电路加以滤除,才能得到较平滑的直流电压。但这样的电压还会随电网电压的波动(一般有 $\pm10\%$ 左右的波动)、负载和温度的变化而变化。因而在整流、滤波之后,还需接稳压电路增强电压稳定性。稳压电路的作用是当电网电压波动、负载和温度变化时,维持输出直流电压稳定。电源产生电路如图7.22 所示。

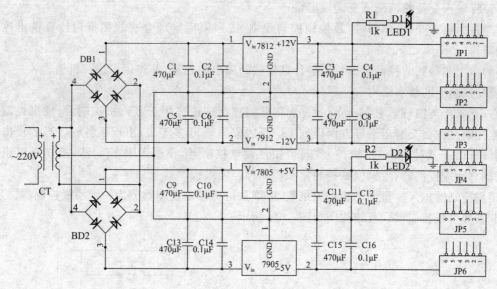

图 7.22 电源产生电路图

在本文设计的硬件电路中,需要电压稳定的直流供电系统。该系统是将 220V 的交流电压分别变为+12V/−12V 和+5V/−5V(在这次设计中用到+12V,+5V 和−5V)。在小功率整流电路中(1 kW 以下),常见的整流电路有单相半波、全波、桥式整流电路。这里采用的是单向桥式整流电路。整流电路的作用是将交流电变成直流电,这主要利用二极管的单向导电性,因此二极管是构成整流电路的关键元件。滤波电路用于去除整流输出电压中的纹波,一般由电抗元件组成,如在负载电阻两端并联电容器 C,或与负载串联在电感器上。此处选用在负载两端并联电容器 C。

电抗元件在电路中具有储能作用,当并联的电容器 C 在电源供给的电压升高时,把部分能量存储起来,而当电源电压降低时,就释放能量使负载电压比较平滑,从而电容 C 具有平波作用。

在滤波电路后接入输出电压恒定的集成稳压器,由于该稳压器只有输入、输出和公共引出端,因此又被称为三端式稳压器。三端式稳压器由启动电路、基准电压电路、取样比较放大电路、调整电路和保护电路等部分。

7.5.2 模糊控制系统

模糊控制系统核心部分为模糊控制器(图中虚线框中部分)。原理框图如图 7.23 所示。

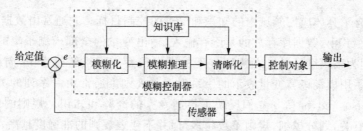

图 7.23 模糊控制系统的组成

模糊控制过程可概括为下述四个步骤:
(1)根据本次采样得到的系统的输出值,计算所选择系统的输入变量;

（2）将输入变量的精确值变为模糊量；

（3）根据输入变量（模糊量）及模糊控制规则，按照模糊推理合成规则推理计算输出控制量（模糊量）；

（4）由上述得到的控制量（模糊量）计算精确的输出控制量，并作用于执行机构。

模糊控制器的基本结构

自 1974 年英国科学家 Mamdani 首次将模糊控制理论应用于蒸汽机控制后，模糊控制在工业过程控制、家电、交通运输等方面得到了广泛的应用。20 多年来，出现了各种各样的模糊控制器，具体有以下几种：简单模糊控制器，模糊自调整控制器，模糊 PID 控制器，模糊自组织控制器，模糊自适应控制器，专家模糊控制器和模糊神经网络控制器等。

模糊控制器输入变量的个数称为维数，按维数可将模糊控制器分为一维模糊控制器、二维模糊控制器和多维控制器。其结构图如图 7.24 所示。

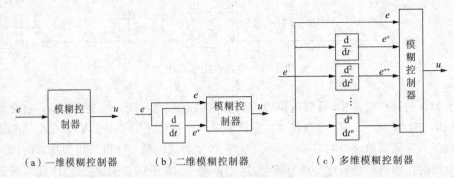

（a）一维模糊控制器　　　（b）二维模糊控制器　　　（c）多维模糊控制器

图 7.24　控制器结构类型

目前一维模糊控制器应用于一阶被控对象较多，但由于这种控制器的输入变量只有一个，动态控制性能不佳。虽然从理论上，维数越高，控制越精确，但是维数太高会造成控制规则过于复杂，控制算法的实现也会相当困难。因此目前广泛应用的是二维模糊控制器。

模糊控制器的基本结构包括四个部分：

1）模糊化

模糊化的基本思想是定义一个模糊语言映射作为从数值域至语言域（符号域）的模糊关系，从而在数值测量的基础上，将数值域中的数值信号映射到语言域上，为实现模糊推理奠定基础。因此它实质上是模糊控制器的输入接口，其作用是将输入的精确量转换成模糊化量。

2）知识库

知识库中包含了具体应用领域中的知识和要求的控制目标。它通常由数据库和模糊控制规则库两部分组成。其中，数据库存放的是所有输入、输出变量的全部模糊子集的隶属度矢量，若论域为连续域，则为隶属度函数。在规则推理的模糊关系方程求解过程中，向模糊推理提供数据。规则库包括了用模糊语言变量表示的一系列控制规则。通常由一系列的关系词连接而成，如 if，then，else，also，and，or 等。它们反映了控制专家的经验和知识。规则的条数与模糊变量的模糊子集划分有关，划分越细，规则条数越多，但并不代表规则的准确度越高，准确性还与专家知识的准确度有关。

3）模糊推理

模糊推理是模糊控制器的核心，它具有模拟人的基于模糊概念的推理能力。模糊推理根据输入模糊量，由模糊控制规则完成模糊推理来求解模糊关系方程，并获得模糊控制量的功能部分。该推理过程是基于模糊逻辑中的蕴含关系及推理规则来进行的。

4)清晰化

推理结果的获得,表示模糊控制的规则推理功能已经完成。但是这个结果仍然是一个模糊矢量,不能直接用来作为控制量,还必须进行一次转换——清晰化(或解模糊)。

清晰化的作用是将模糊推理得到的控制量(模糊量)变换为实际用于控制的清晰量。

7.5.3 模糊控制器的设计

在洗涤衣物过程中,布量的多少、布质的性质等都是模糊量,所以首先得做大量实验,总结出人为洗涤方式,从而形成模糊控制规则。根据传感器接收到的信息,洗衣机判断出布量的多少、面料的性质和脏污程序、脏污性质、温度等。经过推理得出模糊决策。从而完成注水量,洗涤时间,排水时间,漂洗时间和脱水等功能。

1. 模糊控制的输入量

分析洗衣机的运行过程可以看出,其主要被控参量是洗涤时间和水位高度。影响这些输出参量的主要因素是被洗衣服的布质布量、温度、脏污程序和脏污性质。实际分析证明:输入和输出之间很难用一定的数学模型来描述,系统的具体条件具有很大的不确定性,其控制过程在很大程序上依赖于操作者的经验,用常规的控制方法难以达到理想的效果。应用模糊控制技术就能容易地解决这个问题。各影响因素定义如下。

布量:定义在论域上的语言值有:"重"、"中"、"轻"、"少量"四个。与之对应的模糊子集隶属度函数见图 7.25(a)。

布质:定义在论域上的语言值有:"化纤"、"棉布"。与之对应的模糊子集隶属度函数见图 7.25(b)。

温度:定义在论域上的语言值有"低"、"中"、"高"三个。与之对应的模糊子集隶属度函数见图 7.25(c)。

脏污程度:定义在论域上的语言值有:"重"、"中"、"轻"三个。与之对应的模糊子集隶属度函数见图 7.25(d)。

脏污性质:定义在论域上的语言值有:"油性"、"中性"、"泥性"三个。与之对应的模糊子集隶属度函数见图 7.25(e)。

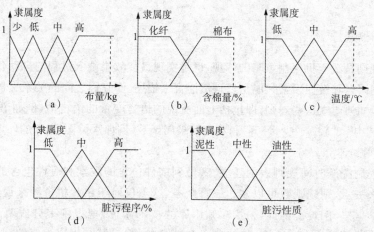

图 7.25 布量、布质、温度、脏污程度及性质对应的模糊子集隶属函数

2. 模糊控制的输出量

水位:定义在论域上的语言值有:"极少"、"少"、"低"、"中"、"高"5个。与之对应的模糊子集隶属度函数见图7.26(a)。

洗衣设定时间:定义在论域上的语言值有:"很短"、"短"、"较短"、"中"、"较长"、"长"、"很长"共7个,与之对应的模糊子集隶属度函数见图7.26(b)。

洗衣修正时间:定义在论域上的语言值有"负多"、"负少"、"0"、"正少"、"正多"5个。与之对应的模糊子集隶属度函数见图7.26(c)。

漂洗时间:定义在论域上的语言值有"短"、"较短"、"中"、"较长"、"长"5个。与之对应的模糊子集隶属度函数见图7.26(d)。

脱水时间:定义在论域上的语言值有"短"、"较短"、"中"、"较长"、"长"5个。与之对应的模糊子集隶属度函数见图7.26(e)。

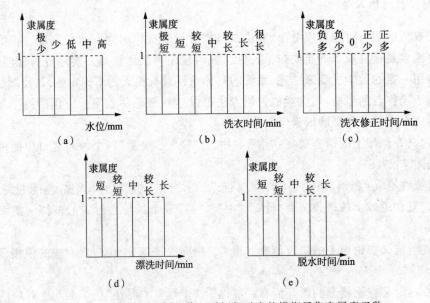

图7.26 水位、设定时间、修正时间相对应的模糊子集隶属度函数

3. 模糊控制规则

模糊控制规则是洗衣机控制策略的体现,也是实现最佳效果洗衣过程的自动化的经验的结晶,即知识库。影响因素和被控因素只能是以自然语言来描述,而它们之间的关系又极为复杂,呈现着显著的非线性。如何建立这些规则,即包括上面所说的语言变量的语言值(例如语言变量"布量",其语言值"重"、"中"、"轻"、"少量"等)和对应的隶属函数(例如水位图7.26的(a)…),同时也包括"IF-THEN"规则的建立。

对于实际控制洗涤时间规则表的建立,考虑到前件包含的因素和后件包含的因素较多,如用单一的规则表来表示,则规则数可以多达二百余条,这不仅对于单片机资源来说难于满足存储的要求,也在推理时带来困难。因此,采用多知识库的技术途径,把规则表分成两个。其一是以布量、布质、温度为前件,以水位、水流、洗涤剂量和洗涤时间为后件,推出主要控制参数。其二是以脏污程度和脏污性质为前件,以洗涤时间的修正量为后件,以它的输出,综合第一个规则表的推理输出,得到实际控制洗涤时间的量。其规则表分别见表 7.2 和表 7.3。

表 7.2　实际控制洗涤时间

布质		化 纤			棉 布		
温度		高	中	低	高	中	低
布量	少量	很短	短	较短	短	短	较短
	轻	较短	较短	中	较短	中	中
	中	中	中	较长	中	较长	较长
	中	较长	长	很长	长	长	很长

表 7.3　实际控制调整时间

脏污性质		泥性	中性	油性
脏污程度	轻	负多	负少	0
	中	负少	0	0
	重	0	正少	正多

水位高度由布量布质决定,根据实际操作经验可以总结出如表 7.4 所示的水位控制规则表。

表 7.4　水位控制规则表

布量		少量	轻	中	重
布质	化纤	极少	少	低	中
	棉布	少	低	中	高

漂洗时间由脏污程度和脏污性质决定,根据实际操作经验可以总结出如表 7.5 所示的漂洗时间控制规则表。

表 7.5　漂洗时间控制规则表

脏污性质		泥性	中性	油性
脏污程度	轻	短	较短	中
	中	较短	中	较长
	重	中	较长	长

脱水时间由布量布质决定,根据实际操作经验可以总结出如表 7.6 所示的脱水时间控制规则表。

表 7.6　脱水时间控制规则表

布量		少量	轻	中	重
布质	化纤	短	较短	中	较长
	棉布	较短	中	较长	长

4. 模糊推理

在该洗衣机上,采用了在线推理。这样,既可以提高精度,又可为进一步发展打下基础。在线推理要求响应速度快,则必须选用快速算法。本文采用目前较通行的规则评价法,即每条规则进行评价,而后综合。综合方法,采用了 COG 方法。在输出时,部分输出量是采取分档的,这时,就近选择输出。还有一些量,虽然是连续输出,如洗衣持续时间,但在实际上是以"分"为单位的,但是用分档的观点来看,则分档档次等于大大增加了,这显然是有利于达到更好的洗涤效果和节约能量的目的。

7.5.4 电机驱动电路的设计

电机控制模块是整个控制板的核心内容,也是整个洗衣机控制系统的核心部分。电机控制电路包括方向控制单元和速度控制单元两大部分。方向控制单元负责电机的正转、反转和停止三态控制,速度控制单元是扩展单元,是为了适应不同的场合需求而设置的。电机控制模块原理电路如图 7.27 所示。

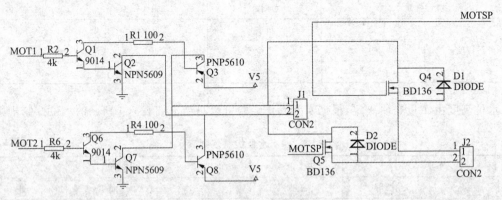

图 7.27　电机控制电路原理图

1. 方向控制

图 7.28 所示为电机控制单元的方向控制部分电路。方向控制是通过一个 H 桥电路完成的,该 H 桥电路主要由三极管 Q2、Q3、Q7、Q8 组成。其中把 Q2、Q3 归为一组,Q7、Q8 归为另一组。另外还有两个辅助三极管 Q1、Q6。Q1 负责控制 Q2、Q3 的导通与截止,Q1 导通激发 Q2、Q3 导通,Q1 截止的同时 Q2、Q3 也截止。Q6 负责控制 Q7、Q8 的导通与截止,其工作过程同 Q2、Q3。

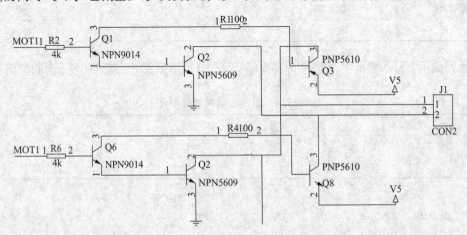

图 7.28　方向控制单元原理图

下面详细地讨论一下 H 桥的工作原理。H 桥的四个臂分别为：B1、B2、B3、B4，分别对应图中的 Q2、Q3、Q7、Q8。四个臂分为两组 Q2、Q3 和 Q7、Q8，每一组的两个臂均同时导通，同时截止的。如果让 Q2、Q3 导通 Q7、Q8 截止，电流会流经 Q3、负载、Q2 组成的回路，加在负载 Load 两端的电压左正右负，如图 7.29 所示，此时电机正转；如果让 Q7、Q8 导通 Q2、Q3 截止，电流会流经 Q8、负载、Q7 组成的回路，加在负载 Load 两端的电压为左负右正，此时电机反转，对应图7.30 所示。另外如果让 Q2、Q3 截止 Q7、Q8 也截止，负载 Load 两端悬空，此时电机停转。这样就实现了电机的正转、反转、停止三态控制。

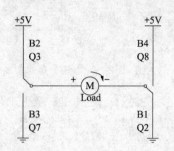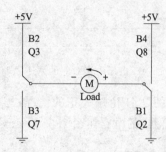

图 7.29　B1、B2 工作时的 H 桥电路简图　　　图 7.30　B3、B4 工作时的 H 桥电路简图

由于 Q2、Q3、Q7、Q8 的导通和截止是通过 Q1、Q6 控制，而 Q1、Q6 的导通和截止又是通过 MOT1(IOB10)、MOT2(IOB11) 控制的，所以电机的状态是通过 I/O 端口来控制的。表 7.7 描述了 IOB10 和 IOB11 所控制电机运行状态与端口数据的对应关系。

表 7.7　I/O 端口状态与电机运行状态的对应关系

IOB11～IOB10	Q1	Q6	Q2、Q3	Q7、Q8	电机
00	截止	截止	截止	截止	停转
01	导通	截止	导通	截止	反转
10	截止	导通	截止	导通	正转

注意：由 H 桥的工作原理可知，H 桥的四个臂不能同时导通，一旦四个臂同时导通会出现类似短路的现象，在 H 桥的每一个臂上都会有很大的电流流过。Q2、Q3、Q7、Q8 同时导通时，就会形成 Q3、Q7 回路和 Q2、Q8 回路，就会有很大的电流经过这 4 个三极管，严重时会烧毁三极管甚至引起电源爆炸。

2. 速度控制

如图 7.31 和图 7.32 所示，经过方向控制单元作用后的电压由 J1 输出。如果不需要速度调节，直接将负载接在 J1 处即可；如果需要速度调节，则需要将负载接到 J2 处。具体的调速过程分两种情况，一种是 J1 的电压为正（1 脚为正 2 脚为负）的情况，另一种是 J1 的电压为负（1 脚为负 2 脚为正）的情况。

当 J1 电压为正时，J1 的 1 端为 VCC，2 端为地，D1 和 Q5 不工作，D2 和 Q4 工作，对应的简化电路式成立。其基本工作原理是通过 MOTSP 控制 Q4 的导通和截止。当 MOTSP 为高电平信号时 Q4 导通，这时 J2 两端的电压为 VCC（理想状态分析，不考虑 D2 和 Q4 自身的压降）。当 MOTSP 为低电平信号时 Q4 截止，这时 J2 两端的电压为 0V。这样加在 J2 两端的电压就随着 Q4 的通断在 VCC 和 0V 之间跳变，可以通过改变 MOTSP 高电平时间和低电平的时间比值最终改变加在 J2 的

平均电压,即电机两端的电压,从而调节电机的转速。将 MOTSP 端连接到 SPMC75F2413A 板的
IOB3,就可以通过对 SPMC75F2413A 的 PWMB 设置来完成电机的 PWM 调速。

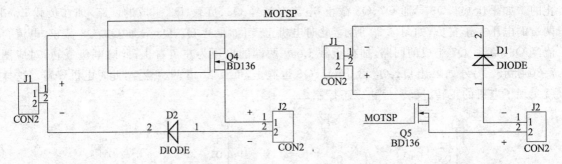

图 7.31 J1 电压为正对应的调速原理图　　　　图 7.32 J1 电压为负对应的调速原理图

以上讨论的是 J1 电压为正的情况,当 J1 电压变为负时,D1 工作 D2 停止工作,Q5 工作而
Q4 停止工作,对应的电路如图 7.32 所示。其工作过程和 J1 电压为正时是完全一样的。

7.5.5 控制软件编制

本部分控制软件的编制主要根据欲完成的功能采用模块化结构设计,使之具有很强的通用
性和可移植性。该部分程序设计主要包括主程序,MCP 电机控制 PWM 定时子程序,进水状态
子程序,洗涤状态子程序,排水状态子程序,漂洗状态子程序和脱水状态子程序等。

1. 主程序

主程序的主要功能是负责输入输出端口的设置,各种状态的先后顺序。在每一次排水过程
中,调用浑浊度检测子程序,这样能实时的检测到衣服是否清洗干净。若五次排水过后还没达到
要求即跳出循环,这样能有效避免有些清除不掉衣服的干扰。其中程序流程图如图 7.33 所示。

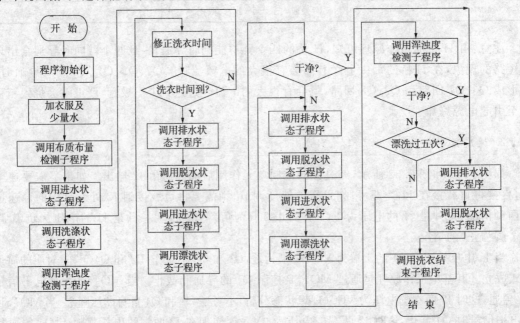

图 7.33 主程序流程图

2. MCP 电机控制 PWM 定时器

MCP 电机控制 PWM 定时器 PWM 波是一种脉宽可调的脉冲波,广泛用于交/直流电机的控制。2413A 集成了两个电机控制 PWM 输出定时器 MCP3 和 MCP4。每个 MCP(Motor Control PWM)定时器可以独立输出三相六路 PWM 波形。MCP 模块有总计划成本 12 路 PWM 输出用作电机控制操作。

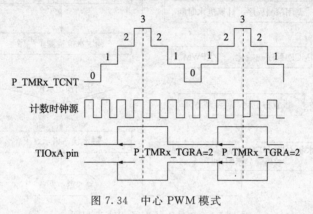

图 7.34　中心 PWM 模式

MCP 定时器提供了 3 种计数操作模式:标准操作、边沿 PWM 模式和中心 PWM 模式。中心对称的 PWM 生成原理如图 7.34 所示。定时计数器工作在连续增减计数方式。在计数初始值设置为 0 且比较值小于周期的条件下,当递增计数过程中计数值和比较值匹配时置位输出,而在周期匹配时会改计数方向为减计数;当减计数过程中计数值和比较匹配时复位输出,当减计数到零时会改计数方向为增计数,开始下一个循环。因此中心对称的 PWM 的周期为设定周期的二倍,占空比为$((TPR-N)/TPR)*100\%$(N 为比较匹配数据,TPR 为周期寄存器的值)。基于 MCP 的 PWM 信号发生程序流程图如图 7.35 所示。

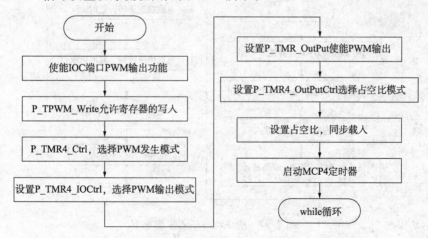

图 7.35　基于 MCP 的 PWM 信号发生程序流程图

3. 进水状态子程序

根据检测到的浑浊度,布质布量和温度数据,设定水位高度,进入进水控制状态,利用电磁阀向洗衣机灌水,每秒钟检测水位高度一次,观察是否达到预定状态。在此期间电机停转,进水状态指示灯亮。同时语音播报、LCD显示当前状态。当水位达到预定高度时,停止进水,进入洗涤状态。进水状态子程序流程图如图7.36所示。

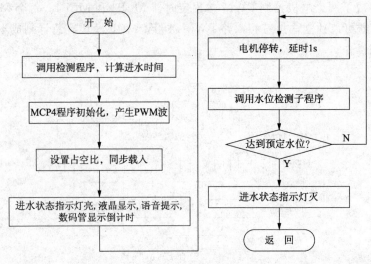

图7.36 进水状态子程序流程图

4. 洗涤状态子程序

进水状态结束后,洗涤开始。它能够根据不同布质调节电机转速以达到节省时间和保护衣服的目的,洗涤状态子程序流程图如图7.37所示。

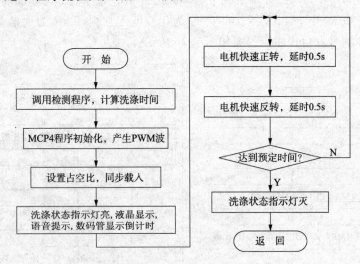

图7.37 洗涤状态子程序流程图

5. 排水状态子程序

在排水状态中,每隔1s对水位传感器进行一次行扫,看是否达到预定的高度。采集到的水位数据如在0.5mm以内。即认为已达到要求。进水状态子程序流程图如图7.38所示。

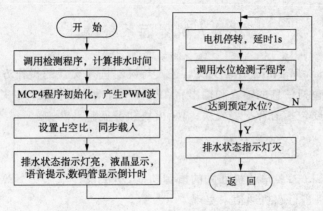

图 7.38 排水状态子程序流程图

6. 漂洗状态子程序

漂洗状态即为水洗状态,它是对洗涤的一个补充,在洗衣过程中,洗涤状态只能调用一次,而漂洗状态可以调用无数次,为了达到节电节水的目的,我们设计漂洗五次后还没达到要求,程序将自动跳出。漂洗状态子程序流程图如图 7.39 所示。

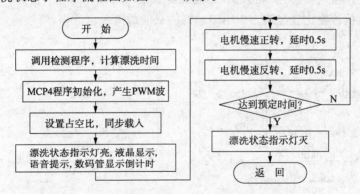

图 7.39 漂洗状态子程序流程图

7. 脱水状态子程序

脱水状态是洗衣过程的最后阶段,脱水时间由布量决定,布量重则脱水时间长,布量轻或少量则脱水时间短,脱水状态子程序流程图如图 7.40 所示。

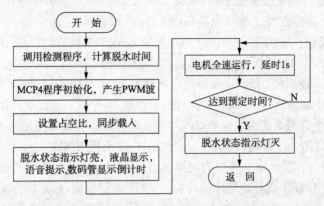

图 7.40 脱水状态子程序流程图

7.6 人机界面系统设计

人机界面(Human-Machine Interface),是人与机器进行交互的操作方式,即用户与机器互相传递信息的媒介,包括信息的输入和输出。在模糊全自动洗衣机设计的基础上,本章为人机界面系统设计部分,主要包括语音报警模块、显示模块和键盘输入模块。

7.6.1 语音报警

为了能使用 SPCE061A 单片机强大的语音功能,本次设计中采用 SPMC75F2413A 单片机和 SPCE061A 单片机进行双机通信来实现。

1. 串行通信

计算机与外界的信息交换称为通信。基本的通信方式有并行通信和串行通信。并行通信是指所传送数据的各位同时发送或接收;串行通信是指所传送的数据的各位按顺序一位一位地发送或接收。在并行通信中,一个并行数据占多少二进制数,就要多少根传输线。这种方式的特点是通信速度快,但传输线较多,价格较贵,适合近距离传输;而串行通信仅需一到两根传输线即可,故在长距离数据传输比较经济。但由于它每次只能传送一位数据,所以传送速度较慢。

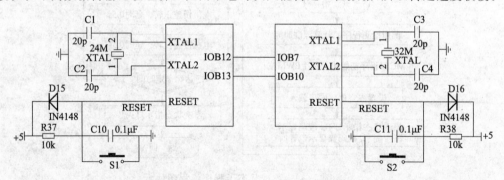

图 7.41 基于 UART 双机通信硬件电路图

本系统利用 SPMC75F2413A 和 SPCE061A 的 UART 模块的 TXD2/RXD2 通道实现单片机的双机通信。SPMC75F2413A 向 SPCE061A 发送指令,SPCE061A 接收到指令后控制语音报警电路的执行。通信技术参数设定为:波特率＝115200bps。数据帧格式为:1 位起始位＋8 位数据位＋奇校验＋1 位停止位。硬件电路如图 7.41 所示。

发送部分程序设计。初始化 SPMC75F2413A 的 UART 模块;对寄存器 P_UART_Ctrl 写入控制字 0x1002 从而使能 UART 模块的发送功能,设定发送通道为 TXD2,执行奇校验;对寄存器 P_UART_BaudRate 写入控制字 0xFFF3 从而选定波特率为 115200bps。单片机通过循环程序结构不断的对 UART 串行中断标志位 TXIF 进行检测,看是否准备好发送数据或指令。当检测到 TXIF 为 1 时,则发送第一个数据或指令。由于 SPCE061A 对控制语音报警电路的执行需要一段时间,所以延时 1s 后才能发送第二个数据或指令。发送数据程序流程图如图 7.42 所示。

接收部分程序设计。初始化 IOB 口为同相输出,初始化 SPCE061A 单片机 UART 模块,单片机通过循环程序结构对 UART 串行通信中断标志位 RXIF 进行检测,判断是否接收到数据。当检测到 RXIF 为 1 时,将接收到的数据送到语音子程序进行处理。接收数据程序流程图如图 7.43 所示。

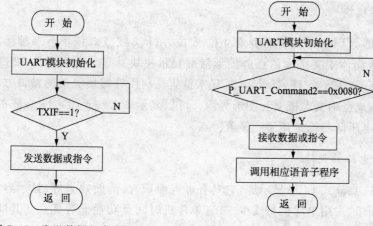

图 7.42　发送数据程序流程图　　　　图 7.43　接收数据程序流程图

2. 语音

该系统包括两个语音子程序：等级提示语音子程序和状态提示语音子程序。在检测阶段，SPMC75F2413A 单片机对四路传感器采集到的信号进行处理并发送到 SPCE061A 单片机，SPCE061A 单片机根据接收到的指令执行"布量等级重/中/轻/少量"，"布质等级为化纤/棉布"，"温度等级为低/中/高"，"脏污程度等级为重/中/轻"，"脏污性质等级为油性/中性/泥性"等语音。在洗衣机运行阶段，SPMC75F2413A 单片机将洗衣机当前状态以指令形式发送给 SPCE061A 单片机，SPCE061A 单片机根据接收到的指令相应得执行"洗衣机正处于进水阶段"，"洗衣机正处于洗涤阶段"，"洗衣机正处于排水阶段"，"洗衣机正处于漂洗阶段"，"洗衣机正处于脱水阶段"等语音。由于语音比较短，故在语音程序运行时没有添加其他程序。语音子程序流程图如图 7.44 所示。

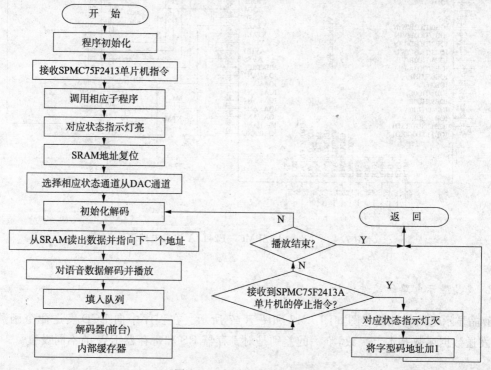

图 7.44　语音子程序流程图

7.6.2 液晶显示模块

带中文字库的 RT12864 是一种具有 4 位/8 位并行、2 线或 3 线串行多种接口方式,内部含有国标一级、二级简体中文字库的点阵图形液晶显示模块其显示分辨率为 128×64,内置 8192 个 16×16 点汉字,和 128 个 16×8 点 ASCII 字符集。利用该模块灵活的接口方式和简单、方便的操作指令,可构成全中文人机交互图形界面。可以显示 8×4 行 16×16 点阵的汉字。也可完成图形显示。低电压低功耗是其又一显著特点。

1. 液晶显示电路的设计

采用 128×64 点阵式 LCD 显示屏,它具有可视面积大、画面效果好、显示容量大、抗干扰能力强、调用方便简单、占用单片机口线少、节省单片机时间且功耗低等优点。其缺点在于显示内容需要存储字模信息,占用一定存储空间。但是作为控制器的 SPMC75F2413A 单片机有 64K 的 Flash,有足够的存储空间,存储字模数据绰绰有余。12864 与 SPMC75F2413A 接口电路图如图 7.45 所示。

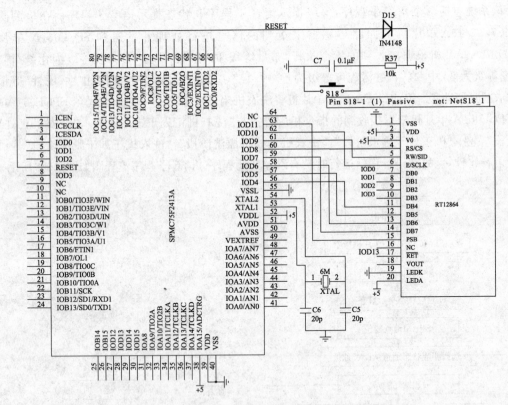

图 7.45 12864 与 SPMC75F2413A 接口电路图

2. 液晶显示电路的软件设计

液晶显示电路软件流程图如图 7.46 和图 7.47 所示。在程序中向 LCD 发送命令函数和向 LCD 发送数据函数基本上一致,唯一的差别是对寄存器 RS 和寄存器 RW 的不同设置。

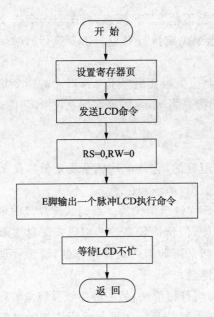

图 7.46　向 LCD 发送命令程序流程图　　　图 7.47　向 LCD 发送数据程序流程图

控制器接口信号说明。在液晶显示程序设计中,最主要的是对 RS、R/W、E 三个控制线的设置。表 7.8 列出了 RS,R/W 的配合选择决定控制界面的 4 种模式,表 7.9 列出了 E 信号三种工作模式。

表 7.8　RS,R/W 的配合选择决定控制界面的 4 种模式

RS	R/W	功能说明
L	L	写指令到指令暂存器(IR)
L	H	读出忙标志(BF)及地址计数器(AC)的状态
H	L	写入数据到数据暂存器(DR)
H	H	从数据暂存器(DR)中读出数据

表 7.9　E 信号三种工作方式

E 状态	执行动作	结　果
高→低	I/O 缓冲→DR	配合/W 进行写数据或指令
高	DR→I/O 缓冲	配合 R 进行读数据或指令
低/低→高	无动作	

用带中文字库的 RT12864 显示模块时应注意以下几点:

(1)欲在某一个位置显示中文字符时,应先设定显示字符位置,即先设定显示地址,再写入中文字符编码。

(2)显示 ASCII 字符过程与显示中文字符过程相同。不过在显示连续字符时,只需设定一次显示地址,由模块自动对地址加 1 指向下一个字符位置,否则,显示的字符中将会有一个空 ASCII 字符位置。

(3)当字符编码为 2 字节时,应先写入高位字节,再写入低位字节。

(4)模块在接收指令前,向处理器必须先确认模块内部处于非忙状态,即读取 BF 标志时 BF

需为"0",方可接受新的指令。如果在送出一个指令前不检查 BF 标志,则在前一个指令和这个指令中间必须延迟一段较长的时间,即等待前一个指令确定执行完成。指令执行的时间请参考指令表中的指令执行时间说明。

(5)"RE"为基本指令集与扩充指令集的选择控制位。当变更"RE"后,以后的指令集将维持在最后的状态,除非再次变更"RE"位,否则使用相同指令集时,无需每次均重设"RE"位。

7.6.3 键盘输入

键盘实际上是由排列成矩阵的一系列按键开关组成的,它是单片机系统中最常见的一种人机交互的输入设备,用户可以通过键盘向 CPU 输入数据,地址和命令。

键盘按其结构形式可以分为编码式键盘和非编码式键盘两大类。编码式键盘是由内部硬件逻辑电路自动产生被按键的编码。这种键盘使用方便,但价格较高。非编码式键盘主要由软件产生被按键的编码。它结构简单,价格便宜,但使用起来不如编码式键盘方便,键盘管理程序的编制也比较复杂。单片机系统中普遍使用非编码式键盘。

非编码式键盘识别闭合键通常有两种方法:一种叫行扫描法,另一种叫线反转法。行扫描法又称为逐行(或列)扫描查询法,就是通过行线发出低电平信号。如果行线所连接的键没有按下的话,则列线所连接的输出端口得到的全"1"信号;如果有键按下的话,则得到的是非全"1"信号。行扫描法是一种最常用的按键识别方法。

判断键盘中有无键按下:将全部行线置低电平,然后检测列线的状态。只要有一列的电平为低,则表示键盘中有键被按下,而且闭合的键位于低电平线与 4 根行线相交叉的 4 个按键之中。若所有列线均为高电平,则键盘中无键按下。判断闭合键所在的位置:在确认有键按下后,即可进入确定具体闭合键的过程。其方法是:依次将行线置为低电平,即在置某根行线为低电平时,其他线为高电平。在确定某根行线位置为低电平后,再逐行检测各个列线的电平状态。若某列为低,则该列线与置为低电平的行线交叉处的按键就是闭合的按键。键盘输入电路如图 7.48 所示。

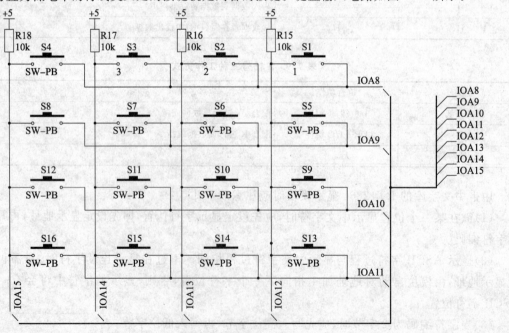

图 7.48 键盘输入电路

键盘输入程序设计。本项目设计思路是以键盘扫描和键盘处理作中断源。当查询有键按下时，约延时 20 ms 按键防抖，再次调用查询，若查询到还有键按下，中断当前状态，跳转到相应状态继续运行；若无按键时，约延时 20 ms 后再回到按键查询状态，不断循环。程序流程图如图 7.49 和图 7.50 所示。

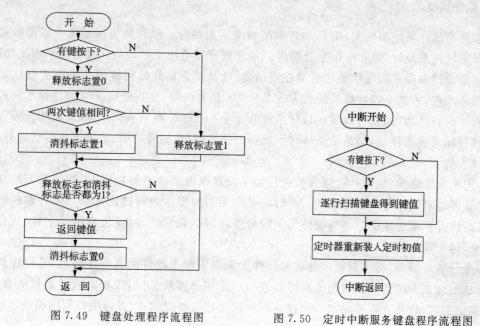

图 7.49　键盘处理程序流程图　　　　图 7.50　定时中断服务键盘程序流程图

7.7　系统调试

根据前面所提方案的要求，系统调试共分三大部分：硬件调试、软件调试和软硬件联机调试。

7.7.1　硬件调试

1. 元器件的检测

众所周知，一个系统由若干模块组成，而一个模块又由若干元器件组成，所以在设计系统之前要先检查所使用的元器件是否能正常工作。可以在面包板上先设计一个简单电路对元器件进行测试，如果元器件能正常工作再进行实验，这样可以节省很多宝贵的时间。下面对这次设计所用的部分元器件测试作简单介绍。

（1）放大器 OP27：设计一个电压跟随器检测放大器 OP27 能否正常工作；

（2）称重传感器：直接给称重传感器 TJH-W 加上电压，对其用力挤压，用万用表检测是否有信号输出；

（3）12864 液晶显示器：直接给液晶显示器加上电压，看液晶屏是否被点亮；

本次设计使用的元器件较多，在此不作一一介绍。

2. 模块电路的检测

信号采集部分：信号采集部分是整个系统的重要环节。传感器采集信号产生误差是受外界因素的诸多影响，如外界光线对红外光电传感器的影响，运放的输入偏置电流，失调电压和失调电流对称重传感器的影响等。另外，电源和信号源的内阻信号电压的变化和噪声都会造成误差。

控制部分：控制部分是整个系统的核心。主要检测电机是否能够正常工作，输入不同的电压值观察电机是否能以不同速度运行。

7.7.2 软件调试

本系统的软件系统很庞大，用 C 语言和汇编语言来编写。单片机应用系统一般都需要开发系统和开发软件来设计，除非应用十分简单。单片机开发系统主要具备在线仿真和调试功能，有的还有辅助设计和程序固化功能。所谓在线仿真，就是单片机开发系统的仿真器能够仿真目标系统中的单片机，并能模拟目标系统的 ROM，RAM 和 I/O 等，使在线仿真时的目标系统的运行环境与真正运行环境"逼真"，以实现目标系统的完全一致性。所谓调试功能，就是为开发者提供一个调试目标系统的环境，如单步运行、断电运行、连续运行、跟踪功能、数据读出与修改等功能。

调试步骤：

（1）先独立后联机：软件对被测参数进行加工处理或做某项事务处理时，往往是与硬件无关的，这样就可以对软件进行独立调试。此时与硬件无关的程序块调试就可以与硬件调试同步进行，以提高软件调试的速度。当与硬件无关的程序块调试完成后，可将仿真机与主机、用户系统连接起来，进行联机调试。

（2）先分块后组合：将用户程序分成与硬件无关和依赖于硬件两大程序块后，若程序仍较为庞大，常规的调试方法是分别对两类程序块进一步采用分模块调试，以提高软件调试的有效性。各模块调试完后，将相互有关联的程序模块逐块组合起来加以调试，以解决在程序模块连接中可能出现的逻辑错误。

（3）先单步后连续：调试好程序模块的关键是实现对错误的准确定位，而发现程序中错误的最有效方法是采用单步加断点运行方式调试程序。这样就可以精确定位错误所在，就可以做到调试的快捷和准确。一般情况下，单步调试完成后，还要作连续运行调试，以防止某些错误在单步执行的情况下被覆盖。

在系统软件的调试过程中，首先将程序分成几个程序段分别进行调试，对于一些独立的程序模块隔离出来分别进行调试。例如对键盘及数码显示管部分，进行单独调试，用单步、断点和连续等方法，观察各数据窗口的数据是否正常，检查出程序中出错的地方并加以纠正。

7.7.3 系统软硬件联机调试

系统联机调试是将用户系统的软件在其硬件上实际运行，进行软硬件联合调试，从中发现硬件故障或软硬件设计上的错误。

在本设计的联机调试中发现，电机在程序开始执行时就运行，但没有速度上的变化。用万用表测试发现，电机两端的电压一直没有改变，即没有 PWM 波输出。对程序单步运行读其寄存器值发现已经有 PWM 波的输出，问题就出在 SPMC75F2413A 单片机硬件上，经过仔细检查后发现原因是跳线帽没有接上。读取称重传感器和红外光电传感器信号时发现，无论外界输入为多少，A/D 转换后的值全是 5V，与有输入时结果一样。查看相关资料后发现原因是没有给 ADC 转换模块加参考电压。

7.7.4 调试经验

调试过程是发现错误，改正错误的过程。能够越早发现错误，纠错花费的代价就越小。错误类型可以分为：系统方案错误，系统设计错误，系统实现错误。

系统方案错误是致命的。为避免此类错误，在设计前要进行周密的方案论证。需要查找大量的文献资料，必要时开发部分原型或者进行计算机模拟。例如，这个系统在选择方案时，不能确定电机掉电后是否能够运行一段时间，于是直接在直流电机两端加电压，检测输出值是否和理论值一致，结果发现，掉电后电机并没有由于惯性而继续运行，而是立刻停止运行。

系统设计错误通常意味要对物理线路作较大的改动。例如，器件选择错误，在高速应用中使用了低速器件；元件参数计算错误，以致达不到预定的指标。这些都是设计上的错误。在这里采用两种手段来减少设计错误，或减少设计错误造成的影响。一是使用计算机对电路进行模拟，另一个是使用可编程逻辑器件。

系统实现错误主要是器件接线错误或工作点设置错误。查找实现错误时可以根据模拟的结果进行对照调试，或由电路的因果关系确定故障位置。

7.8 结论与展望

1. 结论

经过几个月的辛勤努力，毕业设计终于基本完成了。这是我第一次独立从事这种有相当难度的项目，没有接受任务以前觉得毕业设计只是对这几年来所学知识的单纯总结，但是通过这次做毕业设计发现自己的看法有点比较片面、比较偏激。毕业设计不仅仅只是对前面所学知识的一种检验，而且更是对自己能力的一种质的提高。下面我将对自己在毕业设计过程中一些印象深刻的东西做些简单的阐述。

1)在查阅大量资料的基础上设计出系统总体方案框图。采用凌阳 16 位 SPMC75F2413 和 SPCE061A 单片机作为系统控制中心，对水位传感器、温度传感器、浑浊度传感器、称重传感器等检测电路发送的信号进行处理，以控制电机的转速和运行方向、计算水位高度、各状态运行时间及 LCD 状态显示、LED 倒计时显示、语音报警等。

2)完成了对模数转换器的简单介绍以及对浑浊度、布质布量、温度和水位的检测说明。通过对各检测模块的方案选择与论证，选择出最合适的方案，又通过对硬件和软件的具体设计，完成了各个部分的检测功能。最后对实验中出现的问题进行了分析并给出了解决方案。

3)本系统研制的全自动模糊洗衣机充分应用了模糊控制技术。采用 PWM 技术，可以根据不同的布质调节电机转速以达到节省时间和保护衣物的目的。在软件上通过多次检测自动修正洗衣时间和电机转速，使洗衣机始终处于最佳运行方式。

4)设计了人机界面、语音报警、液晶显示等软件，通过对设计的软硬件联机调试达到了设计要求，系统操作简单，省心省力，抗干扰性强，成本低，达到节电、节水的目的。系统实物运行状态如图 7.51 和图 7.52 所示。系统电路图如图 7.53 所示。

2. 系统存在的问题和改进方案

本系统的缺陷有：

(1)传感器运行不太稳定，致使 A/D 采样所获取的电压信号不稳定。本系统是基于模糊控制理论而设计的，故对本次设计不会有很大的影响。解决方案：改进传感器外围电路。

(2)电机堵转电流偏大，电机长时间堵转后会引起电机发热。解决方案：在功能不受影响的情况下,加适当的限流电阻或适当分掉电机两端的部分电压。

3. 展望

本系统重点解决三个问题,即:①感应量的确定,也就是自动检测那些影响和决定洗衣过程的量。②控制量的确定,也就是实现全自动洗衣过程的主要参数。③控制知识库,即前者和后者的关系。本设计达到了节电节水及人性化的目的。而如今工业洗衣机广泛应用于宾馆、饭店、医院、部队、学校、车站、客运码头等洗涤衣物量大的场合。工业洗衣机洗涤时要耗费大量的水和电。在我国淡水资源日益匮乏、能源需求急剧增加的今天,模糊洗衣机的产生对保护环境、造福人民有着深远的意义。

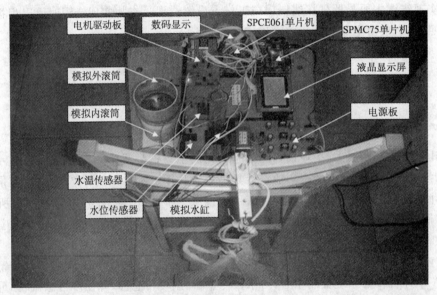

图 7.51　设计的系统实物工作状态 1

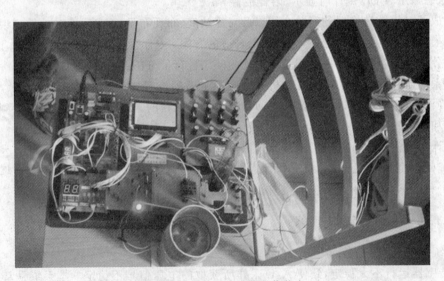

图 7.52　设计的系统实物工作状态 2

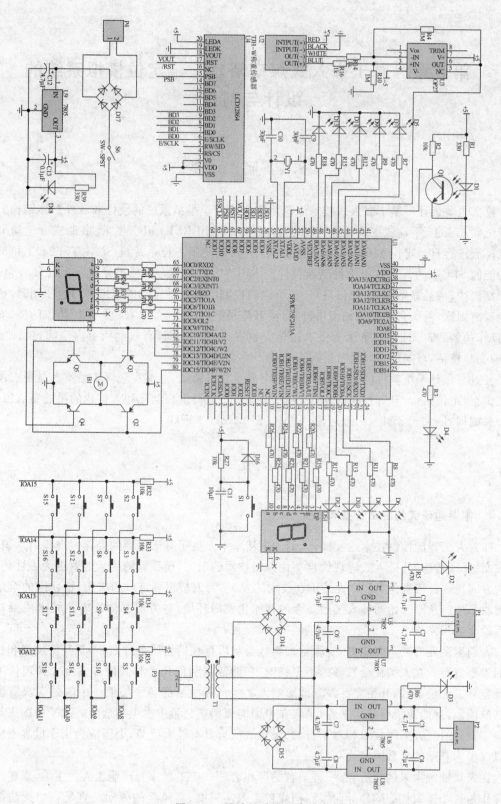

图 7.53　设计的系统电路图

第 8 章　基于嵌入式煤矿浴室三维定位模拟系统的设计与制作[①]

8.1　摘　要

论文主要设计了基于嵌入式技术煤矿浴室人员定位模拟系统的硬件和软件总体结构。论文在传统立式衣柜、手动式更衣吊篮的基础上,提出了采用 RFID 识别技术、借助三维运动平台对更衣吊篮进行自动定位和升降控制的定位策略,并以凌阳工控单片机 SPMC75F2413 和具有语音功能的 SPCE061A 单片机为控制器设计了 RFID 人员识别定位模拟系统。系统硬件包括:射频识别模块、液晶显示模块、通信接口、三维运动控制器及三维运动的模拟平台。使用时,矿工在读卡器前识别,系统自动定位相应吊篮,自动升降吊篮,让矿工存取衣物。系统防盗防撬、安全可靠、操作简便、唯一性强。系统中更衣吊篮安放在天花板上面,有效利用室内空间,保证室内宽敞、明亮和整洁,增加的通风系统能保证衣物干燥无异味。

经过与设计系统软件的张明同学配合,完成了联机调试,能够实现煤矿浴室人员更衣吊篮的定位识别、定位执行、升降控制等功能,可以为煤矿工人提供自动化和人性化的吊篮更衣服务。

关键词:嵌入式,定位,三维运动,SPMC75F2413A,RFID

8.2　绪　论

8.2.1　本课题研究的应用背景和意义

随着人工智能控制技术的发展,人们的生活水平发生了翻天覆地的变化。现代自动识别、智能控制、无线传感器、嵌入式等现代自动化控制技术的引入,使我们的生活朝着更为人性化、智能化的方向转变。特别是 RFID 无线识别技术的发展,为人员识别定位的应用、物联网的组建提供了有利条件。从刚开始的纯人工到如今的智能化家居环境,各方面都体现着新技术成果对人类生活的改造与完善。

人们生活发展离不开能源,能源是人类社会赖以存在的物质条件之一,是经济发展和社会进步的重要资源。在人类社会发展的历史长河中,能源的利用几乎与其同步发生。到现代工业化和社会分工之后,能源开始广泛深刻地影响人类生产和生活的各个层面。中国是煤炭资源比较丰富的国家,从能源消费结构来看,煤炭在中国能源消费总量中占主导地位。基于中国煤炭资源储量丰富,勘探、开采等技术相对于石油、天然气而言具有较大优势,中国成为当今世界上能源结构以煤炭为基础的少数国家之一。

在煤炭能源需求的背后,有一群辛苦的劳作者——矿工。作为产业工人的主力,煤矿工人曾被称作是这个国家核心的领导阶级。但煤矿工人高强度、高风险的劳动一直是一个无法绕开的

---

①　本章内容为 2011 届自动化专业本科生高阳东论文。

问题。如今,这一群体的生存状况引起了社会的关注。"十二五"也明确指出,保障煤炭稳定供应,提高安全生产水平,提高矿工生活水平,全面促进煤炭工业的可持续发展。

煤矿工人作为一个比较特殊的工种,每天都需要下井。下井之前先得到洗浴中心更换入井服,出井后首先要去洗浴中心洗澡、更换衣服。然而,我国目前大多数煤矿的浴室条件相对来说还是有些简陋。矿工更衣室又脏又乱,而且人多又拥挤,工作服时常潮湿。一直以来,工矿企业员工浴室更衣室采用传统立式铁质储衣柜,这种衣柜在一定的程度解决了广大工矿企业员工衣物存放问题。但是随着时间的推移这种柜子的弊端也逐渐暴露出来。

(1)柜子所占更衣室空间较大,使得更衣室相当拥挤,尤其是上下班高峰期显得更加拥挤不堪;

(2)传统立式衣柜,摆放在地上,容易形成死角,不易清扫;

(3)铁质柜子密不透风,工作服容易受潮或有异味;

(4)铁质柜子由于钥匙的互换性,锁具质量参差不齐,使得铁质柜子安全性并不高,贵重物品、衣物时有丢失;

(5)铁质柜子在潮湿的环境中不可避免要生锈、腐烂,使得地板到处锈迹斑斑;

(6)操作不方便,由于铁皮柜一般是用锁具上锁,所有员工身上必须带钥匙,由于员工钥匙弄丢的事情时有发生,给员工带了诸多不便。

在这种情况下,一个新的名词出现了——更衣吊篮。更衣吊篮的发展从手动式更衣吊篮系统到电动式更衣吊篮。手动式吊篮更衣系统比较好理解,这里不再赘述。

电动存(更)衣吊篮主要用于煤矿等需要集中洗浴和更衣的场所,是传统立式更衣柜的更新换代产品。长治市熙特吊篮安装有限公司的法人陈反清在任某煤矿后勤矿长时发明了更衣吊篮,并获得发明专利。1990年在潞安矿务局王庄煤矿投入使用,1991年国家授予设计发明专利(专利号:ZL91102321.6),至今已使用十八年之久。吊篮是煤矿职工澡堂沿用几十年传统立式更衣柜的换代产品。它具有很多优点,技术先进(此项技术的开发研制具有跨时代意义,使吊篮从此进入科技时代)、安全可靠、体积较小、重量轻、操作简单方便、防盗防潮、管理方便。能够科学的利用地面空间,美化更衣环境,方便井下工作服的干燥存放,改写了矿工更衣室挤、脏、乱,工作服潮、湿、异味大的历史,是现代化矿山的一大亮点。

因为吊篮稳定的性能、可靠的质量,且存衣方便、安全卫生,而深受职工喜爱。国家领导人朱镕基、邹家华、原煤炭部部长王森浩、原省委领导胡富国、孙文盛先后到该煤矿参观矿工浴室后,特别对吊篮这一设施给予了充分肯定,一致提出应该把这一设施在全国范围内推广应用。目前,全国已有百家煤矿单位使用。

电动吊篮经过10余年的不断创新发展,特别是在现代识别技术发展的巨大影响下,现已出现了虹膜识别吊篮系统、密码识别吊篮系统、ID卡识别吊篮系统、计算机集中控制吊篮系统和非集中控制吊篮系统等多种类型。

因此,我们设计了基于嵌入式技术的煤矿浴室人员定位模拟系统。

本系统的设计旨在了解凌阳单片机SPMC75F2413A的特性及其IDE开发环境、基本实验、扩展实验、凌阳SPCE061单片机的语音实验及其使用方法;熟悉凌阳单片机芯片各部分功能;了解当前部分煤矿浴室采用吊篮定位存放衣物的布局和实际意义,设计并制作基于凌阳单片机控制的具有语音提示功能的煤矿浴室人员定位模拟控制系统。该嵌入式模拟系统,正是立足人员定位,根据射频识别的洗浴矿工信息,自动定位更衣吊篮和升降控制,便于存取衣物。本系统充分利用凌阳单片机的功能特色,用工控单片SPMC75F2413来控制电机运动进行三维运动,

SPCE061A独特的语音功能来实现语音提示,为矿工提供舒适的更衣环境。系统中的更衣吊篮安放在更衣室天花板上面,不占用更衣室的地面和空间,这样的设计保证了更衣室宽敞、明亮和整洁,而且天花板上方安装通风系统,能够有效地防止员工衣物受潮,保持员工衣物干燥。

本系统在传统立式衣柜、手动式吊篮更衣系统的基础上,提出了在三维直线运动平台上,采用RFID自动识别和自动控制技术对更衣吊篮进行自动识别定位和升降控制的定位控制策略。当用户需要更衣时,在更衣室吊篮控制区的射频读卡器上进行IC卡识别,识别信息经通信传输给控制器CPU进行处理运算,并向三维运动电机发出控制信号,在电机驱动下系统三维运动结构自动定位该矿工的更衣吊篮并将其下放至合适位置;用户完成更衣、存取衣物等工作后,吊篮自动上升到天花板平面并自锁住不自由下落。

8.2.2 现代自动识别技术概述

自动识别技术是应用一定的识别装置,通过被识别物品和识别装置之间的接近活动,自动地获取被识别物品的相关信息,并提供识别信息给后台的计算机处理系统来完成相关后续处理的一种技术。

我们生活中的例子很多。比如,超市的条形码扫描系统就是一种比较典型的自动识别系统。销售员通过扫描顾客所选商品的条码,从而获取商品的名称、价格,然后输入数量,后台的收费系统就会自动计算出该商品的花费,和顾客完成交易结算。顾客也可以使用银联银行卡来完成付款,因为银行卡也应用了自动识别技术。

近年来,自动识别技术在全球范围内发展迅猛,初步形成了一个高新技术学科。该学科将计算机、光、磁、物理、机电、通信技术集于一体,包括了条码技术、磁条磁卡技术、IC卡技术、光学字符识别技术、射频技术、声音识别技术及视觉识别等识别技术。

上述提到的识别技术可以综合为以下几类:

(1)条码识别技术:条码技术最早出现在20世纪40年代,它是在计算机技术与信息技术基础上发展来的一门集编码、印刷、识别、数据采集和处理于一身的识别技术。条码技术的核心内容是利用光电扫描设备识读条码符号,从而实现机器的自动识别,并快速准确地将信息录入到计算机进行数据处理,以达到自动化管理的目的。条码是由一组按规则排列的条、空及相应的数字组成的。这些条和空可以有各种不同的组合方法,构成不同的图形符号即不同的码制。目前使用频率最高的几种码制有EAN条码、UPC条码、二五条码、交插二五条码、库德巴条码、九三条码、128条码等。

(2)生物识别技术:生物识别技术始于20世纪70年代中期,生物识别技术是利用人体生物特征进行身份认证的一种技术。对生物特征进行取样,提取其唯一的特征并且转化成数字代码,并进一步将这些代码组成生物特征模板,人们同识别系统交互进行身份认证时,识别系统获取其特征并与数据库中的特征模板进行比对,以确定是否匹配。

人体生物特征是人体所固有的生理特征与行为特征,如指纹、掌纹、面像、眼虹膜、视网膜、声音、签字、步态等。基于上述的人体生物特征,人们已经发展了手形识别、指纹识别、面部识别、发音识别、虹膜识别、签名识别等多种类别的识别技术。

目前人体特征识别技术市场上占有率最高的是指纹识别机和手形机,这两种识别方式也是目前生物识别技术发展中相对成熟的;同时虹膜识别技术也在进一步的不断发展和应用之中。

(3)智能卡识别技术:我们生活的周围有很多智能卡,如:就餐卡、消费卡、信誉卡、交通卡、GSM卡等。电子商务的资金流的各支付环节也在采用智能卡这一支付手段。网上支付系统由电子钱包(e-wallet)、电子通道、电子银行(e-bank)、认证机构组成,智能卡提供支付方案、提供在终端与网络上的可靠标识,对银行、电信公司和电子商务中其他主体间的资金流动,成为一种必然的交割机制。

(4)RFID 识别技术:RFID(Radio Frequency Identification),即射频识别技术,是自动识别技术的一种,通过无线射频方式进行非接触双向数据通信,对目标加以识别并获取相关数据。RFID 技术以其独特的优势,逐渐地被广泛应用于生产、物流、交通、运输、医疗、防伪、跟踪、设备和资产管理等需要收集和处理数据的应用领域。

本文是采用 RFID 无线射频识别技术进行人员的识别。

8.2.3 非接触式 RFID 技术及物联网概述

本文将介绍的基于嵌入式技术煤矿浴室人员定位模拟系统,采用的就是 RFID 无线射频识别技术。

无线射频识别技术(RFID)是一种非接触式的自动识别技术,其基本原理是利用射频信号和空间耦合(电感或电感耦合)传输特性,实现对被实识别物体的自动识别。

识别系统一般又两部分组成:电子标签、读写器。在 RFID 的实际应用中,电子标签附着在被识别的物体上,当带电子标签的被识别物品通过其可识别范围内,读写器自动以非接触方式将电子标签中的约定识别信息取出来,从而实现自动识别物品或自动收集物品标志信息的功能。读写器又包括读写芯片和天线。

射频识别技术在国外发展得很快,RFID 的产品种类也很多。世界著名厂家都生产 RDID 产品,如 TI、Motorla、Philips、EM 等,而且产品具有自己的特点,形成了不同的系列。

该识别技术的应用很广泛:工业自动化、商业自动化、交通运输控制管理、交通监控、高速路自动收费系统、停车场管理熊、物流运输、门禁系统、员工考勤系统、物品防盗等不同领域。

MIT Auto-ID 中心 Ashton 教授于 1999 年在研究 RFID 时提出了物联网(Internet of Things)一词。之后在 2005 年国际电信联盟(ITU)发布的同名报告中,物联网的定义和范围已经发生了变化,覆盖范围有了较大的拓展,不再只是指基于 RFID 技术的物联网。但是物联网还是来源于 RFID 技术,RFID 技术的发展影响着物联网的发展应用。

"物联网概念"是在"互联网概念"的基础上,将其用户端延伸和扩展到任何物品与物品之间,进行信息交换和通信的一种网络概念。其具体定义如下:通过射频识别(RFID)、红外感应器、全球定位系统、激光扫描器等信息传感设备,按约定的协议,把任何物品与互联网相连接,进行信息交换和通信,以实现智能化识别、定位、跟踪、监控和管理的一种网络概念。

物联网的定义和技术在不断地发展着。物联网的核心概念就是在计算机互联网的基础上,利用 RFID、无线数据通信等技术,从而构造一个覆盖世界上万事万物的"物联网"。

物联网把传感器、RFID 技术、嵌入式计算、现代网络及无线通信和分布式信息处理等技术综合起来,能够通过各类集成化的微型传感器协同完成对各种环境或监测对象的信息的实时监控、感知和采集,这些信息通过无线方式被发送,之后信息经过 Internet、GPRS、GSM 等途径汇聚于网络数据库服务器中,最终信息用户可以通过浏览器、手机、PDA 等各种方式随时随地获取这些信息。连通了物理世界、计算机世界及人类社会三元世界。

新发展起来的体系 EPC (Electronic Product Code)是一种全球统一标识。它是基于互联网和 RFID 技术的系统,将会构造一个全球物品信息实时共享的物联网。

可见,RFID 的应用范围之大,而且发展前景好,其产生的物联网技术也必将给人类社会带来更大的影响。

8.2.4 论文的主要工作和章节安排

本论文的主要研究内容为：

（1）了解凌阳单片机 SPMC75F2413A 和 SPCE061A 的特性及 IDE 开发环境、基本实验、扩展实验、凌阳 SPCE061A 单片机的语音实验及其使用方法；

（2）熟悉凌阳 SPMC75F2413A 单片机和 SPCE061A 单片机芯片各个部分的功能；

（3）了解煤矿浴室采用吊篮定位存放衣物的布局结构和实际意义；

（4）掌握小型直流电机的基本驱动和控制方法；

（5）设计并制作由凌阳单片机控制的伴随语音提示的煤矿浴室人员定位模拟控制系统的硬件和软件；

（6）了解基本机械结构设计知识，搭建煤矿浴室人员定位模拟系统的物理模型；

（7）学习、熟悉定位控制和伺服控制的知识；

（8）把系统的硬件和软件联合调试，实现伴随语音提示的煤矿浴室人员定位模拟系统的功能。

本论文的结构框架如下：

1. 绪论，主要介绍了基于嵌入式煤矿浴室人员定位模拟系统的设计背景、设计意义，简单介绍了相关的理论和技术，最后阐述了本论文的主要工作。

2. 系统的总体设计方案，主要介绍了本系统的总体设计的方案选择和分析，系统的工作原理，以及系统控制器的选择和基本概述。

3. 系统硬件设计，这是本论文的重点，从物理建模到实物搭建，从电气结构到机械机构，详细地介绍了基于嵌入式煤矿浴室人员定位模拟系统的硬件设计过程。

4. 系统软件设计，主要介绍了系统的软件总体设计思想及各功能模块的软件流程图介绍。

5. 系统调试，介绍系统硬件和软件的调试过程。

8.3　系统总体设计方案

8.3.1　系统总体设计方案的选择和分析

第一种方案：独立式吊篮升降控制系统。

该方案的特点是独立性强，即每个吊篮都对应一个提升电机，所有的吊篮可以在同一时间进行升降动作，彼此之间没有影响。在目前有的煤矿浴室所使用的就是这样的更衣吊篮。提升电机的控制是通过旋转选择开关实现的，每个吊篮控制器配一个钥匙，通过钥匙左右旋转，来控制三位选择开关，分别代表吊篮的升和降。这样的系统，安全性比较低，而且控制所使用的钥匙容易丢失。

该方案的吊篮机械结构图如图 8.1 所示。

第二种方案：三维运动吊篮定位控制系统。

该方案是在第一个方案的基础上进行了改进，提出用一个三维运动组合体来控制一定数量的吊篮定位和升降动作。三维运动中 X 和 Y 两方向组成的二维运动系统来定位吊篮的位置，Z 方向运动为吊篮提升运动。把一定数量的吊篮规划在一个区域内，每个区域内设置一个 RFID 读卡器。矿工持射频识别卡在识别区域进行身份识别，系统根据射频识别卡信息确定吊篮号，定位决策中心处理得到对应吊篮在平面内的二维坐标,然后控制三个直流电机来驱动三维运动组合体进行吊篮的定位和升降控制。

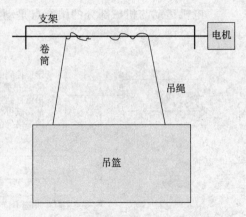

图 8.1　独立式吊篮控制的机械结构图

下面我们就以煤矿 1000 人的浴室更衣厅为例来论证以上两种方案的可行性。第一种方案的实现需要 1000 个提升电机和对应 1000 个电机的驱动模块。因为提升吊篮,要控制提升电机的正反转,所以每个电机的控制要有专门的驱动电路。该方案的定位很好实现,只需将吊篮相应的控制电机接通电源让其正转或反转即可,可是需要的硬件很多,每个吊篮都要一个电机和一个驱动电路还有一个通过钥匙控制的吊篮升降开关。第二种方案的实现,我们把 50 个吊篮划分为一个区域,使用一个三维运动组合体来控制,只需要 20 组三维运动组合体,每组需要三个电机,总共 60 个电机,和 1000 个电机比较,少了很多。两种方案使用同样的电机,第二种方案在电机方面的花费就很低,比较经济。而且第二种方案采用无线射频识别卡来对矿工进行身份识别,和传统的钥匙相比,安全性更高。

综上所述,我们选择第二种方案。该方案的设计原理采用如图 8.2 所示的自动控制框图。

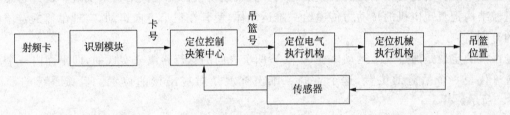

图 8.2　系统设计总体控制框图

1. 电气控制系统方案

系统采用非接触式 IC 卡来识别矿工的身份,采用三维运动体来实现吊篮的定位控制和升降控制,整个系统由电气控制结构和机械执行结构两部分组成,从功能模块来分,分为定位识别子系统和定位执行子系统。

电气控制结构包括 IC 卡的识别、定位信息的通信传输、主控单片机的控制决策输出。通过直流电机驱动模块来控制三个直流电机的正反转,进行定位和升降吊篮运动。其中三个直流电机进行三个方向的直线运动控制。电气系统方案框架如图 8.3 所示。

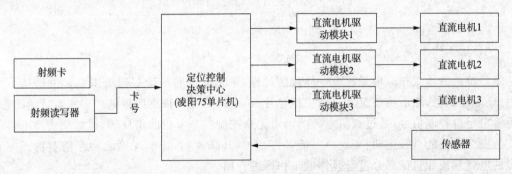

图 8.3　电气控制系统框图

电机运动与机械部分的结合点是动力,机械部分运动需要动力,二者的结合如图 8.4 所示。

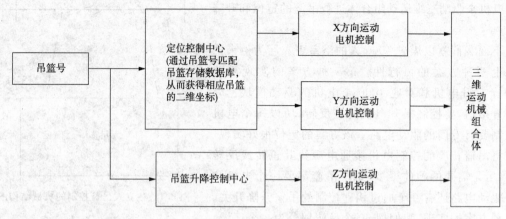

图 8.4 机电结合部分框图

2. 机械结构和定位控制策略

电气系统中的直流电机正反转运动是圆周旋转运动,要进行三维运动,即三个方向的运动,就要把电机的转动变为三个方向的直线运动。直线运动就需要机械结构来实现。设计思想是通过机械结构把直流电机的转动力传递给三维运动体,使其在三个方向运动,实现吊篮的定位和吊篮的升降。

吊篮的定位是通过三维运动体在 X 和 Y 两个方向的运行距离来实现的,即平面内一个点的位置来代表一个吊篮的位置,这个点的二维坐标就是对应吊篮的位置。机械系统的框图如图 8.5 所示。

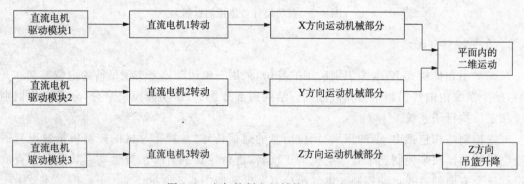

图 8.5 电气控制和机械执行原理框图

8.3.2 系统工作原理

本系统的总体工作原理是机电一体化的过程,系统通过射频读写器来识别矿工所持 IC 卡,读取 IC 卡序列号,然后将信息发送给主控单片机,主控单片机识别后得到矿工所对应的吊篮号,然后输出定位控制信号,通过直流电机驱动电路来控制三个电机的正反转,机械结构将电机的转动变为三个方向的直线运动,来定位吊篮,然后对其升降控制,让矿工提取和存储衣物。下面对系统的电气系统和机械部分进行具体的工作原理介绍。

1. 电气控制系统工作原理

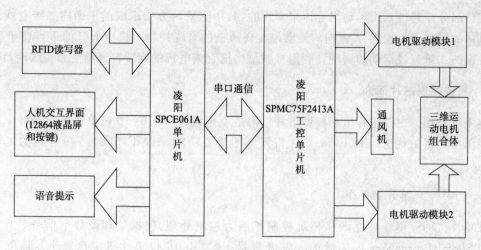

图 8.6　电气控制设计系统框图 1

　　系统的电气控制框图可由图 8.6 方案实现,在该方案中,SPCE061A 单片机主要用作语音识别和语音播放控制,SPMC75F2413A 单片机主要用作三维电机运动控制;在没有条件的情况下,如果是小功率电机控制也可以用 SPCE061A 单片机来代替 SPMC75F2413A 单片机作运动控制,如图 8.7 所示。

　　本系统由两大模块组成:矿工识别模块、吊篮定位控制模块。其中矿工识别模块由 RFID 卡读写器、凌阳 SPCE061A 单片机、12864 液晶显示屏、音频输出模块等组成,以此来实现对更衣矿工所持射频识别卡的识别功能,获取该矿工的工号和其所对应的吊篮号,然后通过串口通信给吊篮定位控制中心。吊篮定位控制中心由凌阳 SPCE061A 单片机和小型直流减速电机驱动模块组成,当该中心通过串口获得 IC 射频识别卡信息时,根据信息内容的吊篮号,获得该吊篮的二维坐标值,然后控制相应的电机运行,机械结构执行相应的动作,最后定位到具体的吊篮,然后再对该吊篮进行升降控制。

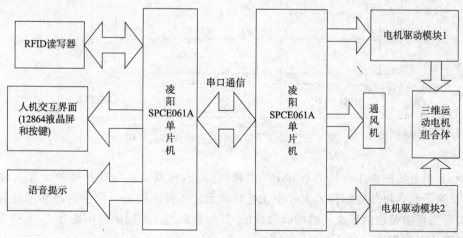

图 8.7　电气控制系统框图 2

2.机械部分的动作和意义

定位部分是通过三维运动组合体来实现的,其中 XY 两方向组成的平面内二维直线运动来实现具体的吊篮定位控制,Z 方向的运动来实现吊篮的升降控制。机械部分的重点在于 X 和 Y 两个方向的二维直线运动的实现。利用机械结构把直流电机的旋转转运动变为直线运动。

8.3.3 系统控制芯片简介

本系统采用的主控单片机和辅助单片机都是凌阳科技公司的 16 位单片机。设计中充分利用了凌阳单片机的优势,SPCE061 单片机强大的语音功能,SPMC75F2413 单片机的工业控制特性。

1.凌阳 16 位单片机简介

在单片机的应用领域逐渐从传统控制扩展为控制处理、数据处理及数字信号处理(DSP, Digital Signal Processing)等领域的大发展背景下,凌阳 16 位单片机应运而生。该单片机的 CPU 内核采用由凌阳科技自主最新研制推出的 $\mu'nSP^{TM}$(Microcontroller and Signal Processor)16 位 MCU 芯片。凌阳 16 位 $\mu'nSP^{TM}$ 系列单片机围绕 $\mu'nSP^{TM}$ 而形成了自己的 $\mu'nSP^{TM}$ 单片机家族。它们的结构模块化的集成式结构。它集成不同规模的 ROM、RAM 和功能丰富的各种外设接口部件到 $\mu'nSP^{TM}$ 内核周围,形成了如图 8.8 所示的模块式集成结构。

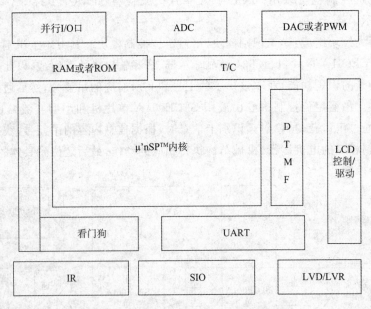

图 8.8　$\mu'nSP^{TM}$ 家族单片机的模块式结构

凌阳 16 单片机的通用内核为 $\mu'nSP^{TM}$ 内核,在此内核基础上可选择性的增加其他功能模块,也就是除了给内核外的结构可大可小或可有可无。各种不同系列派生的产品正是凭借这种通用结构附加可选模块的集成式结构而形成的,目的是来适合不同的应用场合。$\mu'nSP^{TM}$ 家族单片机将以下特点聚集于一身。

(1)较高的集成度、小型的体积、良好的可靠性而且易于进行功能扩展。$\mu'nSP^{TM}$ 家族内部采用总线结构,各功能部件之间的连线被有效减少了,而且芯片高度集成了模块化的功能部件,使芯片工作系统的可靠性和抗干扰能力得到了明显提高,再者采用模块化的结构使系统很容易得到扩展,以此来满足和适应不同的客户需求。

(2)该单片机的中断处理能力很强。具有 10 余个中断源及支持 10 个中断向量的中断系统使 $\mu'nSP^{TM}$ 家族单片机能够适合实时应用领域。

(3)价格比高,性能好。在 $\mu'nSP^{TM}$ 家族芯片内部具有高寻址能力的 ROM、静态 RAM 和多功能的 I/O 口。$\mu'nSP^{TM}$ 通过提供具有较高运算速度的 16 位×16 位的乘法运算指令和内积运算指令的指令系统来实现 DSP 应用功能。这样和专用的 DSP 芯片比较,$\mu'nSP^{TM}$ 家族在复杂的数字信号处理方面既比较方便、又比较廉价。

(4)指令系统功能强、效率高。紧凑的指令格式使的 $\mu'nSP^{TM}$ 的指令系统能够迅速执行。支持高级语言的指令结构,大大缩短产品的开发周期。

(5)工作电压低、功耗低。

由于 $\mu'nSP^{TM}$ 家族采用 CMOS 制造工艺,同时增加了可以通过软件控制的弱振方式、空闲方式和掉电方式,有这些工作模式可以极大地降低其功耗。具有大范围工作电压的 $\mu'nSP^{TM}$ 家族能在低电压供电时正常工作,还可以用电池供电,方便其在野外工作。

2. 凌阳 16 位工控单片机 SPMC75F 的简介

这部分内容与第 7 章的 7.2.3 SPMC75 主控芯片介绍相近,略去原文。

工控 SPMC75F 单片机的主要结构和特性,SPMC75 系列微控制器的结构是 CISC 架构,其具体的内部结构如见第 7 章图 7.2 所示。SPMC75F 系列工控单片机的主要特性介绍:见第 7 章 7.2 的 2 中 SPMC75F2413A 的特性。

3. 凌阳 SPCE061 单片机的简介

凌阳 SPCE061A 单片机的内结构如第 2 章图 2.3 所示。略去原文叙述。

凌阳单片机在以下各个方面得到了很普遍的应用:

(1)家电控制器:冰箱、空调、洗衣机等白色家电;

(2)仪器仪表:数字仪表(有语音提示功能)电表、水表、煤气表、暖气表;

(3)工业控制:智能家居控制器;

(4)通信产品:多功能录音电话、自动总机、语音信箱、数字录音系统产品;

(5)保健和体育健身产品:电子血压计、红外体温监测仪等、跑步机等;

(6)电子书籍电教设备:儿童电子故事书类;

(7)语音识别类产品:语音识别遥控器、智能语音交互式玩具等。

本节对于本系统中使用到的单片机进行了基本介绍。系统使用两个 16 位凌阳单片机的原因有以下三个:

(1)充分利用每个凌阳单片机的特色功能,SPCE061A 单片机的强大语音功能进行语音提示,SPMC75F 单片机工业控制的强大优势实现电机的控制。

(2)嵌入式系统的需求,设计系统模块化,可移植性强,使实现每个功能的系统独立起来,可以很容易的嵌入到其他的系统中,方便模块化的系统管理。

(3)在嵌入式的运动控制工程项目中设计的主控芯片是 SPMC75F 单片机,但是我们模拟时的电机是小型的直流电机,用 SPCE061A 单片机可以实现驱动功能,而且价格便宜。

小结

本节主要从机械部分和电气控制部分设计了系统的总体设计方案,分析了可行性及系统的工作原理,最后简要介绍了系统中使用的控制芯片的基本结构与功能,以及选取该单片机的原因。

8.4　系统硬件设计

系统硬件设计按照机电一体化的过程,从机械结构设计到电气控制系统设计。首先搭建控制对象——三维运动模拟平台,然后通过电气控制系统来实现对控制对象的控制。系统的硬件部分包括射频识别模块、液晶显示模块、通信接口、三维运动控制器单片机接口及三维运动的模拟平台。

8.4.1　系统机械结构的设计与物理建模

物理机械结构的建模是硬件设计的理论支撑点。本系统的特点就是机电一体化,将电气控制技术和机械结构结合起来,从而实现吊篮的自动化定位和升降控制。首先我们从理论出发,建立我们模拟系统的相应物理模型,分析其可行性。除了模拟浴室更衣间的房屋框架结构外,本次设计的系统中还有两个特别的机械机构:吊篮自锁结构和执行定位的三维运动组合体。

1. 吊篮存放自锁机构的物理模型

为了节省地面空间,本系统将传统的立式衣柜变为空中的吊篮,但是如何使吊篮悬停在空中,这是必须考虑的一个问题。系统中设计了一个机械式的吊篮自锁结构,在吊篮的升降动作完成后,吊篮能够悬挂在空中。

其设计思路就是利用"杠杆原理",将两个可以绕一个轴旋转的矩形框组合在一起,利用力矩平衡原理,使两个矩形框在一般情况下,保持稳定的状态,如图 8.9 所示。通过吊篮在升降过程中对两边的矩形框力的作用,改变其状态,在变化的状态中有一个状态可以将吊篮支持在空中。具体的物理模型及工作过程分析见下面的图解。

图 8.9 所示,每个吊篮自锁结构由两个小的矩形框 abcd 和 a1b1c1d1,以及大的矩形框 ABB1A1 组成,而且矩形框 abcd 和 a1b1c1d1 可以分别绕轴 AB 和 A1B1 转动。下面以矩形框 abcd 为例,来分析其物理受力过程。假设 ad 和 bc 是质量可以忽略而且比较硬的材料,ab 和 cd 的质量不可以忽略。矩形框与各自旋转轴之间的摩擦力也忽略。

从 B-A 方向看自锁结构的图,可以得到图 8.10。

根据力矩平衡:

$$M_1 D_1 \sin \theta_1 = M_2 D_2 \sin \theta_2 \tag{8-1}$$

其中,M_1 为 ab 的质量,M_2 为 cd 的质量,D_1 和 D_2 分别是 ab 和 cd 到旋转轴 mn 的距离。

(1)当 $\theta_1 = \theta_2$ 时,有 $M_1 D_1 = M_2 D_2$,得 $\dfrac{M_1}{M_2} = \dfrac{D_2}{D_1}$,其中 $D_1 < D_2$,所以有 $M_1 > M_2$。

(2)当 $\theta_1 \neq \theta_2$ 时,有 $\dfrac{M_1}{M_2} = \dfrac{D_2 \sin \theta_2}{D_1 \sin \theta_1}$;其中 $D_1 < D_2$,但是 M_1 和 M_2 的大小关系和 θ_1 及 θ_2 有关。

但是不管怎样,只要满足式(8-1),就有如图 8.10 的平衡状态。两个矩形框的物理受力分析相同,不在阐述第二个矩形框的分析了。

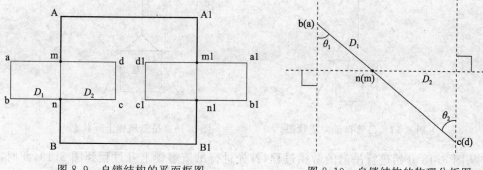

图 8.9 自锁结构的平面框图   图 8.10 自锁结构的物理分析图

综上所述,只要 M_1 和 M_2 以及 θ_1 和 θ_2 的选择满足式(8-1),在满足实际的条件,两个矩形框在不受吊篮作用力时,会自动回到如图 8.9 所示的平衡状态。

吊篮自锁分加锁和解锁两部分,其中加锁过程分两个阶段:加锁(自锁)上升阶段和加锁(自锁)下降阶段;同样解锁过程也分两个阶段:解锁上升阶段、解锁下降阶段。

下面是详细的自锁结构工作过程图解:

(1)假设开始时吊篮位置如图 8.11 所示,提升机构提升吊篮向上运动,经图 8.11~图 8.15完成吊篮自锁的上升过程。

吊篮上升到图 8.15 状态后,完成了吊篮加锁的上升过程,然后提升结构下放吊篮,进行吊篮加锁的下降阶段,如图 8.16 所示。直至两个矩形框的两边把吊篮卡住,如图 8.17 所示,此时吊篮的自锁完成了,吊篮被卡了,不会掉下去。

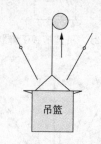
图8.11 吊篮自锁上升状态

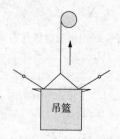
图8.12 吊篮自锁上升状态

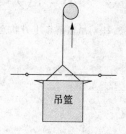
图8.13 吊篮自锁上升状态

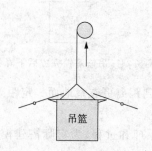
图 8.14 吊篮自锁上升状态

图 8.15 吊篮自锁上升状态

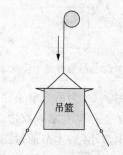
图 8.16 吊篮自锁下降状态

图 8.17 吊篮自锁完成状态

图 8.18 吊篮解锁上升状态

(2)从图 8.18 开始进行吊篮的解锁过程,首先进行吊篮解锁上升过程到图 8.19,此时,吊篮和两个矩形框之间没有相互作用,矩形框在重力力矩的作用下会回到开始的平衡状态。然后开始解锁的下降过程,经过图 8.20～图 8.23 所示的解锁过程,直到图 8.24,吊篮下降到两矩形框的下面,完成吊篮的解锁。

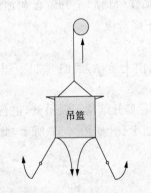
图 8.19 吊篮解锁上升状态

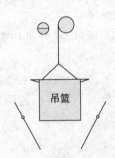
图 8.20 吊篮解锁状态

图 8.21 吊篮解锁下降状态

图 8.22 吊篮解锁下降状态

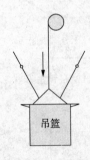
图 8.23 吊篮解锁完成状态

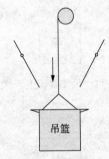
图 8.24 吊篮解锁完成后下降状态

图 8.23 为吊篮解锁完成,图 8.24 为提升机构继续下放吊篮到距离更衣室地面一定距离,供更衣矿工存储和拿取衣物。

本节小结:本节通过图文结合,介绍了吊篮自锁结构的工作原理和过程,为实际搭建模型提供了理论基础。

2. 三维运动组合体数理模型的建立

三维直线运动平台:在二维运动平台的基础上增加 Z 轴(第三维)模块,就构成了三维运动平台。

平面内的 X 和 Y 两个方向的二维运动大家比较熟悉,只需在 Z 轴平台上增加提升机构或工具,就可以实现三维运动平台的功能了。系统中采用三维运动组合体,即可以实现三个方向的直线运动的一个三维直线运动平台。

下面来分析它的数学模型,对于三维立体空间中的每一个点,都有一组 (X,Y,Z) 坐标值和其对应,当参考点确定时,点与坐标值 (X,Y,Z) 是唯一对应的。对于定位三维立体空间中的一个点,就是找到和该点相应的 x、y、z。

吊篮的机械定位和升降操作过程中吊篮的位置,定义为一个函数 $y=f(x,y,z)$。在对吊篮的机械定位过程中,不进行吊篮的升降控制,此时 $z=0$,这样在定位过程中位置函数 $y=f(x,y,0)$,只是变量 x 和 y 的函数,给不同的 (x,y) 二维坐标值,就得到不同的位置。

设计中,在平面内分四行四列取 16 个点,分别对应的坐标值为 $(0,0)$、$(0,1)$、$(0,2)$、$(0,3)$、$(1,0)$、$(1,1)$、$(1,2)$、$(1,3)$、$(2,0)$、$(2,1)$、$(2,2)$、$(2,3)$、$(3,0)$、$(3,1)$、$(3,2)$、$(3,3)$、$(4,0)$、$(4,1)$、$(4,2)$、$(4,3)$。同时对应着 16 个吊篮的平面位置,吊篮号为 1,2,3,4,5,6,7,8,9,10,11,12,13,14,15,16。当吊篮的平面位置确定后,即吊篮的机械定位完成,X 和 Y 确定,此时,$y=f(C1,C2,z)$ 是 z 的函数,其中 C1 和 C2 是和 x,y 对应的常数值。$z(z>0)$ 的变化,即吊篮的升降变化,决定了吊篮在垂直方向的位置。

综合上述的表述,系统三维运动的函数可以归结为如下的数学模型:

(1)当 $z=0$ 时,$Y=f(x,y,0)$,其中 $0 \leqslant x \leqslant 3$,$0 \leqslant y \leqslant 3$,$1 \leqslant Y \leqslant 16$,且 x 和 y 都是整数。

(2)当 $z \neq 0$ 时,$Y=f(C1,C2,z)$,其中 C1 和 C2 是常数。

下面是物理模型的分析:

三维运动的物理模型如图 8.25 所示,图中下面的立体方块表示上述吊篮,三维运动体在三个方向沿直线受到力,根据需要沿三个方向正、反向运动。

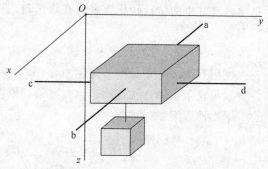

图 8.25　三维运动的物理模型

小结:本节主要分析了机械结构建立的基础,建立了本系统中涉及的机械结构的数学和物理模型,并对其进行了分析。

8.4.2　系统机械结构的实物搭建

1. 煤矿千人更衣室的机械模型搭建

设计这个煤矿浴室更衣间的模型时,遇到很多的问题。使用粗铁丝搭了一个铁架子,但实际的试验效果不好,稳定性较差。系统采用重新组装两个鞋架,搭建成目前的模型。按照传统更衣室的布局,本系统更衣室的最终模型如图 8.26 所示,该模型分为两层,以天花板为界,天花板以上是吊篮存放和三维运动的空间,天花板以下是空旷的更衣空间。

模型搭建材料:两个鞋架,细铁丝,胶带。

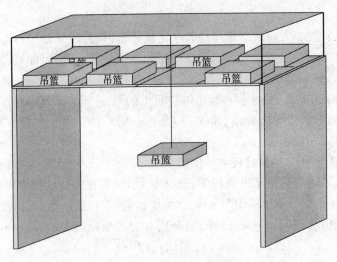

图 8.26　浴室更衣室模型图

2. 三维运动组合体的机械结构设计

定位的具体实现是根据点在平面内两个垂直方向的二维直线运动实现的。机械机构的目的是将直流电机的转动转化为平面直线运动,通常实现这个目的的系统机械机构设计,主要有四种方案。

第一种方案:齿轮和齿轮条。

使用直线齿轮条和圆形齿轮组合,来实现直线运动,将圆周齿轮和电机轴固定为一体,整体在直线齿轮条上做直线运动。该方案的模拟图如图 8.27 所示。

第二种方案:螺丝。

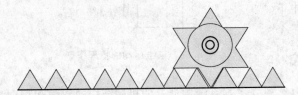

图 8.27　齿轮和齿轮条传动的直线运动模拟图

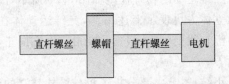

图 8.28　直杆螺丝和螺帽传动的直线运动模拟图

利用螺丝和螺杆组合来实现,将直螺杆和电机轴连接,螺丝和移动装置固定在一起。电机转动带动螺杆旋转在螺帽上运动前进或后退。如图 8.28 所示。

第三种方案:绳线结构型。

使用绳索来拉动三维运动体。在运动体的两头使用绳索固定,绳索的另外一头和固定在两边的卷筒相连,通过电机转动来旋转卷筒,把绳索缠绕在卷筒上,绳索拉动运动组合体进行两个方向的直线运动。模拟如图 8.29 所示。

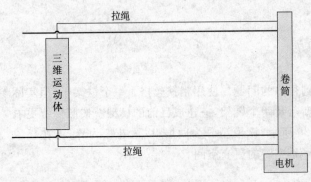

图 8.29　绳索结构的直线运动模拟图

第四种方案:绳索滑轮结构型。

此方案是在第三种方案的基础上改的,第三种方案的缺点是忽略了直线运动的双向性,由于拉绳是软的,只能拉动,当电机反转时不能推动三维运动体相反方向运动。改进方法是固定拉绳的两头。让运动体可以实现正方向和反方向运动。设计方案的模型如图 8.30 所示。

图 8.30 中的滑轮和拉绳的连接处如图 8.31 所示,其中两端是固定点,中间绳索在滑轮上绕一周。

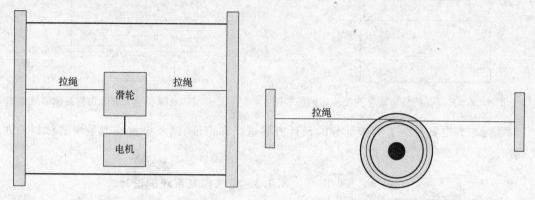

图 8.30 绳索滑轮结构型的直线运动模拟图　　　图 8.31 滑轮和拉绳的连接处模拟图

通过对前面四种方案的比较,结合实际实验环境和条件,最终选择使用了第四种方案。因为齿轮和直齿轮条、直杆螺丝和螺帽,不容易获得,再者考虑到经济条件,加工不经济,而且是模拟现场环境,具体的参数对我们非机械专业的同学来说,有点难度。相反,绳索很容易获得,至于滑轮可以使用饮料瓶盖来代替。在设计过程中,收集了一定数量的瓶盖,两个废旧的收音机外壳。首先每两个瓶盖可以组合一个模拟的滑轮,大小不同的瓶盖组合可以构成卷筒。然后把这些模拟的五金器件组合起来,三维模拟运动体就搭建成了。

模型搭建材料:一定数量的饮料瓶盖(制作滑轮和卷筒),收音机外壳(固定电机),绳索(动力传送),6 棱铜柱(转轴)。

3. 吊篮提升机械结构的设计

更衣吊篮的升降机构设计,有三种方案:

第一种方案:升降卷筒与吊篮存放架一体结构。

吊篮存放支架就是前面说的自锁机构,将升降卷筒和支架组合在一起,组成一个整体。提升电机通过一个接口和这个综合体连接,进行吊篮的升降控制。

系统实际模拟模型如图 8.32 所示,图中接口部分可以根据控制需要自动连接和断开。接口左边为独立的整体,升降卷筒通过两个支架和吊篮存放体组合到一起,每个吊篮都有类似的提升存放机构。提升电机通过移动和接口连接,转动升降吊篮。

第二种方案:升降卷筒与提升机构一体结构。

模拟天车和吊车的吊钩,将升降卷筒和提升的电机组合在一块,搭建成类似于吊钩的组合体,自锁结构就只进行吊篮的存放。模型结构如图 8.33、图 8.34 所示。

综合考虑可行性和经济性,两种方案都可以。在搭建模拟系统时,两种模型都搭建了,具体的设计样式见附录实物图。本论文在模拟演示时采用第二种方案(升降卷筒与提升机构一体结构)。

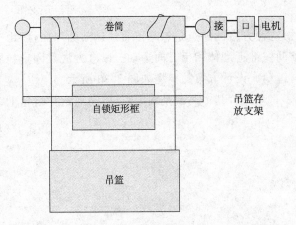

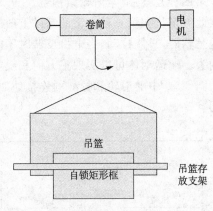

图 8.32　升降卷筒与吊篮存放架一体的模拟图　　　图 8.33　升降卷筒与提升机构一体的模拟图

小结:本节主要介绍了机械部分的设计方案选择和论证,以及搭建模拟系统的材料和方法过程。

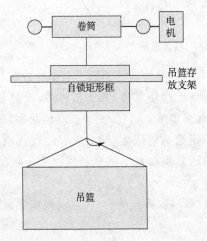

图 8.34　升降卷筒与提升机构一体的模拟运行图

8.4.3　电气控制系统的设计

上节主要介绍了机械部分的硬件设计,本节将介绍电气控制系统的硬件设计及实际应用电路的焊接实现。电气控制系统具体包括:系统电源模块、控制芯片模块、RFID 射频识别模块、人机交互界面模块、直流电机驱动模块、通风机驱动模块、通信模块。

1. 系统电源的设计

在系统的硬件电路设计中,需要电压稳定的直流供电系统来给系统供电。经常使用的小功率的稳压电源结构如第 7 章图 7.23 所示,它通常由电源变压器、整流桥、滤波电路和稳压电路等四部分组成。

系统电源设计的总体思想是:采用交流电网 220V 为系统总的电能来源,经电源变压器降压后,得到 15V 和 7V 交流电压,然后使用整流桥、三端稳压芯片 7805 和 7905 及 7812 和 7912 进行稳压,得到 $+12/-12$V 和 $+5/-5$V 直流电源,同时在稳压芯片的输入和输出端分别并联一个 $470\mu F$ 滤波电容和一个 $0.1\mu F$ 的去耦电容,以此来增强系统电压的稳定性和抗干扰性。

电源产生的电路如第 7 章图 7.24 所示。

2. 系统控制芯片的最小系统

计划系统控制芯片有凌阳 SPCE061A 和 SPMC75F2413A 两款 16 位单片机,其中在射频识别器中采用 SPCE061A 单片机作为控制芯片,定位决策和控制中心的控制芯片为 SPCE061A。下面分别介绍两个单片机的应用最小系统电路。

1)SPMC75F2413A 单片机的最小系统的电路如第 7 章图 7.2 所示。

2)SPCE061A 单片机最小系统电路如图 8.35 所示。

本系统中的设计都是在此最小系统上加上相应的扩展功能,实现特定的功能。

3. 非接触式 RFID 识别模块

系统中的识射频识别器是一个可以嵌入到其他系统的独立子系统,它通过串口和定位吊篮控制器通信,传输设识到的信息。该射频识别器由两大部分组成:识别控制芯片和识别模块。控制芯片通过发送相应的控制字来控制识别模块工作。本系统中的识别模块采用 Microchip 的芯片及读写电路。

Microchip 的 RFID 具有的基本特点如下所述:

1)性能

(1)编程控制通信方式:接触和非接触方式都可以;

(2)信息存储空间:96~1K 位;

(3)典型载波频率:低频段为 125kHz,高频段为 13.56MHz;

(4)编码方式有:直接不归零制、二相微分、二相曼彻斯特;

(5)调制方式可选:直接方式、FSK 方式、PSK 方式;

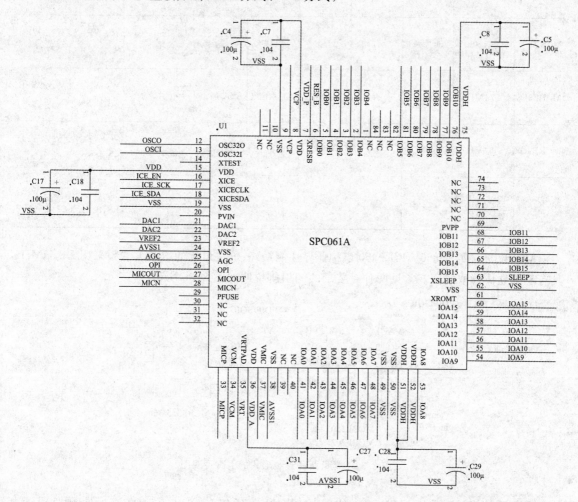

图 8.35　凌阳 SPCE061 最小系统

2)电气特性

(1)每个芯片内部都自带电源整流及安全稳压模块；

(2)功耗很低——无源电子标签，通信时靠天线接收的载波能量完成数据传输；

(3)工作温度范围宽；

(4)封装形式多样、尺寸小巧。

Microchip 的 RFID 芯片的常用型号及主要参数如表 8.1 所示。

表 8.1　Microchip 的 RFID 芯片的常用型号及参数表

型　号	载波频率	编程方式	防冲突特性	编程单元	存储空间	调制方式/编码方式	封　装
MCRF200	100～150kHz	非接触	无	OTP	$\frac{96}{128}$位	PSK、FSK、ASK.biphase、Manchester、NRZ	W、WF、S、WB、WFB、SB、IC、3C、P、SN
MCRF202	100～150kHz	接触	有	OTP	$\frac{96}{128}$位	FSK、ASK biphase、Manchester、NRZ	W、WF、S、WB、WFB、SB、P、SN
MCRF250	100～150kHz	非接触	有	OTP	96/128 位	PSK、FSK、ASK biphase、Manchester、NRZ	W、WF、S、WB、WFB、SB、IC、3C、P、SN
MCRF355	≤24MHz	接触	有	R/W	154 位	ASK Manchester	W、WF、S、WB、WFB、SB、P、SN、6C
MCRF360	≤24MHz	接触	有	R/W	154 位	ASK Manchester	W、WF、S、WB、WFB、SB、P、SN
MCRF450	13.56MHz	非接触	有	R/W	1K 位	PPM、ASK Manchester	W、WF、S、WB、WFB、SB、P、SN、6C

　　MCRF355、MCRF360、MCRF450 堪称业界性能最好、价格最优的 RFID，载频采用 13.56MHz，具有三维立体读取空间。常见两种封装形式的引脚说明如图 8.36 所示。

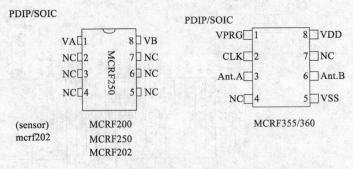

图 8.36　常见两种封装形式的引脚说明图

　　我们系统设计时采用 MCRF522 的 RFID 模块，读写 Mifare1 卡系列的 S50 卡，硬件设计电路如图 8.38 所示。

MFRC522 是应用于 13.56MHz 非接触式通信中高集成度读写卡系列芯片中的一员。是 NXP 公司对"三表"应用推出的一款低电压、低成本、体积小的非接触式读写卡芯片,是智能仪表和便携式手持设备研发的较好选择。MF RC522 利用了先进的调制和解调概念,完全集成了在 13.56MHz 下所有类型的被动非接触式通信方式和协议,支持 ISO14443A 的多层应用。其内部发送器部分可驱动读写器天线与 ISO 14443A/MIFARE® 卡和应答机的通信,不需要其他的通信电路。接收器部分提供坚固有效的解调解码电路,来处理 ISO14443A 及兼容的应答器信号。数字部分进行处理 ISO14443A 帧、并通过奇偶校验或者 CRC 冗余循环校验来检测错误。此外,它还支持快速 CRYPTO1 加密算法,用于验证 MIFARE 系列产品。

MFRC522 支持 MIFARE® 更高速的非接触式通信,双向数据传输速率高达 424kbit/s。作为 13.56MHz 高集成度读写卡系列芯片家族的新成员,MF RC522 与 MF RC500 和 MF RC530 有不少相似之处同时也具备诸多特点和差异。它与控制主机之间的通信方式是连线较少的串行通信,还可根据不同的用户需求来选取 SPI、I2C、串行 RS-232 通信模式的一种,连线减少,成本降低。MFRC522 可复位其接口,并且可以自动检测当前和微控制器之间的通信接口类型。它复位后,控制管脚上的逻辑电平来识别微控制器接口。执行数据通过数据处理部分来进行并、串行转换。它支持的数据帧包括循环冗余检验和奇偶校验。操作模式完全透明,所以支持 ISO14443A 所有层的通信协议。当与 MIFARE Standard 和 MIFARE 产品通信时,使用高速 CRYPTO1 流密码单元和一个可靠的非易失性密匙存储器。

模拟电路具有一个低阻抗桥的驱动器输出的发送部分。这使得最大操作距离可达 100mm。信息接收器可以检测到非常弱的应答信号并对其进行解码。

MFRC522 读写芯片天线设计电路图如图 8.37,MFRC522 最小系统如图 8.38 所示。MRC522 识别模块和 61 板的引脚连接电路图如 8.39 所示。

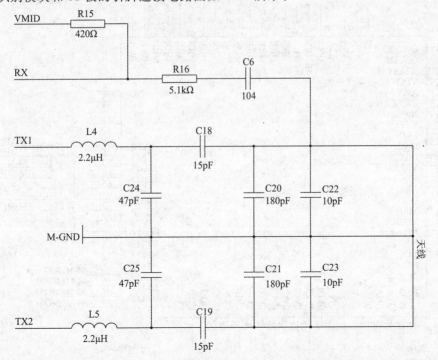

图 8.37 522 读写模块的天线电路图

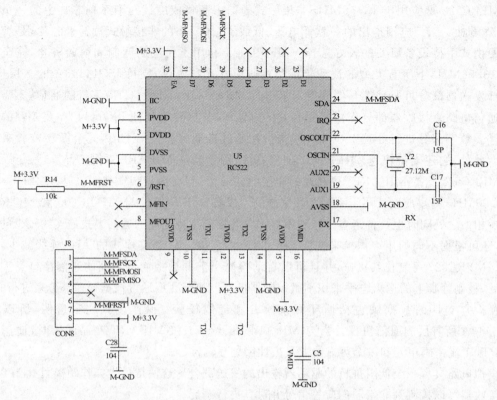

图 8.38　MFRC522 读写模块的最小系统

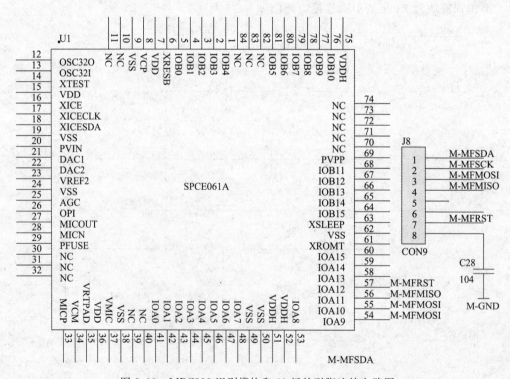

图 8.39　MRC522 识别模块和 61 板的引脚连接电路图

8.4.4 液晶显示电路设计

人机交互界面嵌入式系统中不可缺少的一部分。本系统中识别子系统对所识别的射频卡进行识别信息的显示,就是使用带中文字库的 12864 液晶显示屏来完成的。

带中文字库的 12864 液晶显示模块是一种点阵图形液晶显示模块,它具有 4 位/8 位并行、2 线或 3 线串行多种接口方式,其内部含有国标一级和二级简体中文字库,给编程带来了很大的便利;其显示分辨率为 128×64,内部中文字库存储了 8192 个 16×16 点汉字和 128 个 16×8 点 ASCII 字符集。由于该液晶模块的接口方式灵活,操作指令简单、方便,还具有低电压、低功耗的显著特点,再加上该模块构成的液晶显示方案与同类型的图形点阵液晶显示模块相比,不仅硬件电路的结构或显示程序都较简洁,且价格也比相同点阵的其他图形液晶模块略低些,所以它是构成全中文人机交互图形界面的常用模块。它不仅可以显示 8×4 行 16×16 点阵的汉字,而且还可以显示图形。

系统对该模块的控制是通过设计其内部的寄存器来实现的。控制芯片和该液晶模块的通信方式有两种:串口通信、并口通信。两种通信方式的选择是通过 PSB 引脚的高低电平来实现的。考虑到设计中对凌阳 SPCE061 单片机 IO 口得利用情况及实际的接线复杂程度,系统的硬件设计中采用了串口通信方式。该模块的串口通信接口定义如表 8.2 所示。

系统设计时采用串口通信,直接将 PSB 引脚接地,由于系统中只使用了一个 12864 所以片选 CS 可以直接接高电平,但为了实现模块的可控制性,接到了"61 板"的 IOB0 引脚,通信的 SID 和 CLK 本别接 061 的 IOB1 和 IOB2 引脚,复位 RESET 不接。通信的 12864 和凌阳 61 单片机引脚的硬件连接电路如图 8.40 所示。

表 8.2 带中文字库 12864 串口通信接口定义表

管脚号	名　称	LEVEL	功　　能
1	VSS	0V	电源地
2	VDD	+5V	电源正
3	VO		对比度(亮度)调整
4	CS	H/L	模块片选端,高电平有效
5	SID	H/L	串行数据输入端
6	CLK	H/L	串行同步时钟(上升沿读取 SID 数据)
15	PSB	L	L:串口方式
17	/RESET	H/L	复位端,低电平有效
19	A	VDD	背光电源+5V
20	K	VSS	背光电源地

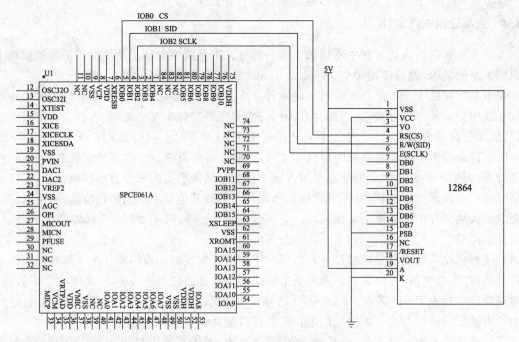

图 8.40 带中文字库的 12864 液晶显示模块硬件电路图

8.4.5 三维运动电机的驱动电路设计

本系统中三维运动体是用三个小型的直流电机和机械机构组合而成的。对于小型的直流电机，可使用 L298 芯片来驱动。由于系统中使用了三个小型直流电机，所以我们使用了两个 L298 芯片。

首先简单了解一下直流电机驱动芯片 LN298。L298N 是一个恒压恒流的 H 桥式电机驱动芯片内部结构如图 8.41 所示：

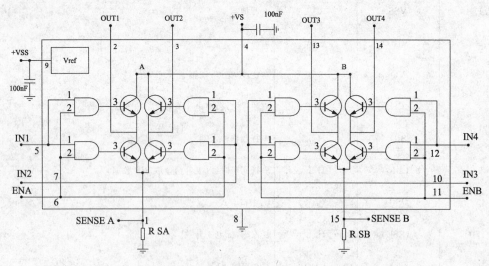

图 8.41 L298(N) 的内部结构图

L298N 芯片有 OUT1、OUT2、OUT3、OUT4 四个输出引脚，可以同时驱动两个二相电机，也可以驱动一个四相电机，输出驱动电压最高可达 50V，可以直接通过电源来调节输出电压进行电机调速，也可以直接用单片机的 IO 口提供信号，电路比较简单，使用比较方便。

L298N 输入口可以接收标准的 TTL 逻辑电平信号 VSS,即可以直接使用单片机 I/O 来驱动,其中工作电压 VSS 可接 4.5～7 V 电压。第 4 引脚 VS 接电源电压,也叫驱动电压,它和逻辑电平是相互独立的。该芯片可以驱动电感性负载。1 脚和 15 脚下管的发射极分别可以单独接入电流采样电阻,得到电流传感信号,便于闭环控制。

表 8.3　L298 模块的功能

Ena	IN1	IN2	运行状态
0	X	X	电机停止
1	1	0	电机正转
1	0	1	电机反转
1	1	1	刹车
1	0	0	停止

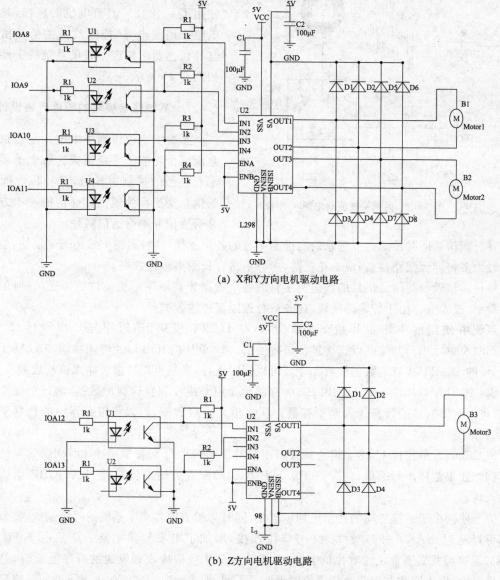

(a) X和Y方向电机驱动电路

(b) Z方向电机驱动电路

图 8.42　三维运动电机驱动电路图

该芯片可以驱动一个直流电机,也可以同时驱动两个直流电机。其中输出引脚 OUT1 和 OUT2 一组接一个电机,OUT3 和 OUT4 接另外一个电机。对应的四个输入引脚 IN1、IN2、IN3、IN4 即 5、7、10、2 脚接输入控制电平,IN1 和 IN2 一组,IN3 和 IN4 一组。控制电机的正反转。EnA 和 EnB 引脚是控制使能端,控制电机的停转。表 8.3 是一个 L298N 功能逻辑图。

由表 8.3 可知 Ena 为低电平时,输入电平对电机控制起作用,当 Ena 为高电平,输入电平为一高一低,电机正或反转。同为低电平电机停止,同为高电平电机刹停。

本系统中要驱动三个直流电机,所以我们使用了两个 L298 驱动芯片来设计驱动电路,实际的硬件驱动电路如图 8.42 所示。

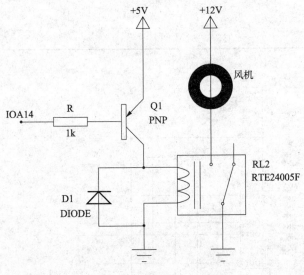

图 8.43　通风系统驱动电路

8.4.6　通风机驱动电路的设计

在存放吊篮的那一层空间里,要适当的通风,保持矿工的衣物干燥,模拟系统中使用了一个 12V 直流电机的风扇,其驱动电路采用继电器,控制的开关信号由人体红外传感器来实现。通风系统的驱动电路如图 8.43 所示。

8.4.7　系统通信模块的硬件电路设计

系统由定位识别子系统和定位执行子系统两个功能子系统组成。每个子系统中都有自己的控制单片机,单片机之间进行的信息交换称为通信。通信的基本方式有并行通信和串行通信两种。

并行通信是同时传送构成信息的二进制字符的各位数据,这种通信方法传送速度快,但如果信号线太多将导致线路复杂、成本花费高,所以不适合长距离传输数据。

串行通信就是将构成信息的二进制字符的各个数据位按顺序一位一位地传送,该通信方式线路简单、成本低。由于传输速度慢,比较适合远距离传输数据。

系统中使用的凌阳单片机 SPCE061 具有 UART 模块,即通用异步串行接口,用于 SPCE061A 单片机与其他外设直接进行串行通信。61 单片机 IOB 口的特殊功能和 UART IRQ 中断,使的 UART 接口的数据接收和完成可以同时进行,当然可以通过缓冲来接收数据。

SPCE061A 单片机的 P_UART_Date 存储单元用于接收和发送缓冲数据,向该单元写入数据,就可以将要发送的数据送入到寄存器。从该单元读取数据,可以将寄存器中的数据字节读出来。

SPCE061A 单片机 UART 模块的发送引脚 TX 和 RX,分别和 IOB10 和 IOB7 共同使用一个管脚。如果使用串行通信,只有把 TX(IOB10)引脚配置为输出状态,把 RX(IOB7)引脚配置为输入状态。

为了使两个子系统之间的通信更加标准化,同时为了方便各个子系统的程序调试,使每个系统都可以通过 UART 接口独立地和 PC 机连接,增加了电平转换电路。这是由于 PC 机的 RS-232 端口与我们通常说的单片机上的 UART 接口从数据接收和发送的时序上来看,是一样的通信协议,但不同就在于两个使用的逻辑电平不同,即表示"1"和"0"的电平不兼容。凌阳单片机 SPCE061 的 UART 以接口 TTL 电平的高低来表示逻辑的,RS-232 端口用正负电平来表示逻辑的。由于 SPCE061 单片机没有 RS-232 接口,所以系统使用 RS-232 进行通信就要进行电平转换。

系统的电平转换电路如图 8.44 所示。

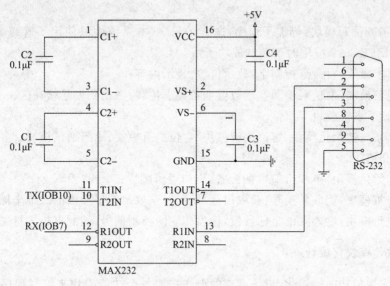

图 8.44 RS-232 串口通信电平转换电路图

小结

本部分介绍了系统的硬件设计。着重介绍了系统的硬件设计方案和具体设计过程。包括系统机械部分的数理建模、模型搭建方案选择论证、实物模型的具体搭建以及电气控制系统的电路设计,主要有:射频识别模块、液晶显示模块、通信接口、三维运动控制器单片机接口及三维运动的模拟平台。

8.5 系统软件设计

在嵌入式系统中,软件设计的主要内容包括:①功能性设计,②可靠性设计,③运行管理设计。如果功能性设计完成了,那么系统就可以实现预定的目标功能;如果可靠性设计完成,那么系统的运行就会稳定可靠。某些大型的系统需要进行运行的管理设计,目的是可以管理系统电源和在线程序升级等一些特殊的功能。采用模块化的设计思想,将程序分成不同的模块,以此来实现功能性设计和系统运行管理设计,对于可靠性的设计则体现在每个模块的具体设计过程中。我们系统中使用的功能模块有:初始化模块、射频识别模块、控制决策模块、信号输出模块、通信模块。

8.5.1 系统软件总体设计方案

根据本系统中需要设计的功能模块:初始化模块、射频识别模块、液晶显示模块、控制决策模块、控制信号输出模块、通信模块。

根据系统的总体设计方案,我们系统的软件可以分为两个功能子系统程序模块:定位识别子系统程序模块、定位执行子系统程序模块。

1)定位识别子系统程序模块

具体包括:系统初始化模块、RFID 射频读写模块、人机交互界面(12864 液晶显示屏)模块、串口通信模块(发送)。

(1)系统初始化模块:单片机 GPIO 口输入输出属性设置,射频读写模块初始化,UART 初始化;

(2)RFID 射频读写模块:寻卡子程序,选卡子程序(本系统中只使用了这两个功能,并且读写数据在调试 MFRC522 模块时都调试成功了);

(3)液晶显示模块:写命令控制字,显示位置,显示内容;

(4)串口通信模块(发送):检测发送数据准备标志位,写数据到发送缓冲区。

2)定位执行子系统模块

具体包括:系统初始化模块、定位决策模块、定位执行模块、串行通信模块。各个模块的基本功能作用如下介绍。

(1)系统初始化模块:单片机 I/O 的配置,串口通信配置;

(2)定位决策模块:读取矿工号,获取吊篮号,同时获取吊篮平面内的二维坐标;

(3)定位执行模块:输入二维坐标数值,输出相应的控制信号,控制电机进行三维运动。

8.5.2 系统软件模块化设计

将系统要实现的功能模块化,以子函数的形式按照各个功能模块来编写程序。在这里要注意的一点是,函数的调用以及全局变量的定义,因为不同程序之间的通信是通过全局变量来实现的,只有这样才能使系统的实时性和快速性达到要求。

1. 系统初始化程序

每个程序的主函数开始都要进行一些最基本的系统初始化。初始化的工作主要有,配置 I/O 口的属性,决定输入输出,系统中使用到的各个功能模块的初始化配置,这个是写程序的最基本内容,这里不再赘述。

图 8.45 液晶显示子
程序流程图

2. 液晶显示子程序

本系统中使用的是带中文字库的 12864 液晶显示屏,通过配置其内部相应的寄存器来实现显示位置和显示内容的控制。硬件电路我们选择串口通信的接口方式,串口通信协议通过软件来模拟通信时序实现的。

显示过程:发送命令控制字,设置显示位置,设置显示内容。12864 液晶显示子程序流程图如图 8.45 所示。

3.RFID 射频识别子程序

本系统使用的是 MFRC522RFID 读写模块,控制芯片通过串行通信来控制这个读写模块。识别子程序的程序运行进程如图 8.46 所示。

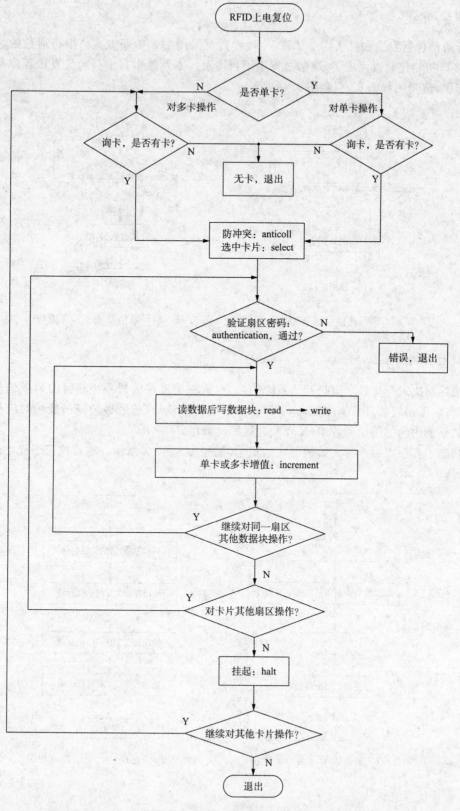

图 8.46　MFRC 识别进程流程图

4. 串行通信程序

串行通信包括发送和接收两个子程序,接收数据采用的是中断方式。串行通信的波特率在UART接口初始化时就完成了,通信过程中不再涉及。本系统中有串行通信发送程序和串行通信接收程序,流程图如图8.47和图8.48所示。

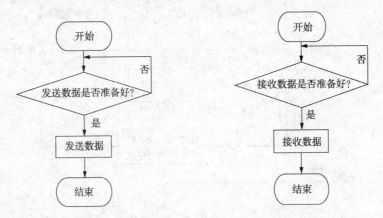

图 8.47 串行通信发送子程序流程图　　图 8.48 串行通信发送子程序流程图

5. 定位控制决策程序

定位控制决策模块是定位执行子系统的中心,该决策旨在根据系统获得的射频信息即矿工号,经过与矿工吊篮信息数据库查询,得到矿工对应的吊篮号,然后得到该吊篮号对应吊篮在存放吊篮的平面内的二维坐标数组(X,Y),并返回此数组。

该功能子程序以一个子函数的形式编写,其流程图8.49如所示。定位执行子程序流程图如图8.50所示。

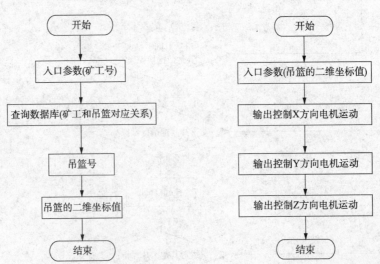

图 8.49 定位决策子函数流程图　　图 8.50 定位执行子函数流程图

6. 定位控制执行程序

定位执行功能模块,也以子函数的形式编写。该函数的入口参数为吊篮的平面内的二维坐标值(X,Y),然后输出控制 X 方向电机运动和给定的 X 值相应的直线距离,接着再控制 Y 方向电机运动和给定的 Y 值相应的直线距离。坐标和距离之间的对应是通过延时来实现的。最后是 Z 方向的吊篮升降函数,根据硬件要实现吊篮升降具体过程,让电机相应的正反转。该子程序的流程图如图 8.50 所示。

小结

本节针对 8.4 节设计的系统硬件,简单地介绍了系统的软件设计方案以及每个功能模块的子程序(函数)的流程图。从软件设计思想,系统功能模块化、系统化到系统程序具体"分块"的设计方法,并以程序流程图的形式阐述了系统的软件设计方法。

8.6　系统调试

系统调试,就是将分离的各个硬件和软件组合到一起,进行功能性的调试检测。系统调试是整个系统设计的最关键部分,也是花费时间和精力最多的地方。一般调试过程分为三个部分:硬件调试,软件调试,系统联调。但是系统采取将上述三个部分和功能模块调试相结合的原则进行了调试。

8.6.1　各功能模块单独调试

根据软硬件和功能模块化相结合的原则,进行各个模块的调试。

1.液晶显示调试

由于之前使用过 12864 进行人机交互界面的设计,所以这个设计和调试具有了一定的基础。虽然以前使用 51 单片机编写的程序,但可以把 51 单片机的程序,经过移植改写,使其能在凌阳单片机上运行。

调试过程时,让 12864 在其第一行显示"西安科技大学"六个汉字。刚开始程序有问题,经过几次修改,最终调试出了一段适合在凌阳 61 单片机上运行的带中文字库的串口通信方式的液晶显示程序。系统液晶显示见图 8.54～图 8.56。

2.RFID 射频读写模块的调试

按照硬件设计该模块时的方案,把硬件电路焊好,在 PC 机上使用串口调试工具,按照模块的使用方法和控制技术,对其进行调试。由于通信的安全性和保密性,除了该模块自带的用于调试的 IC 卡外,不能对其他的卡进行写操作,因为不知道在卡初始发配时的通信密匙。为方便调试记录把模块带的这种卡称为 A 卡。

(1)读取 A 卡的卡号,给模块发送命令字:02 A0。

(2)读取 A 卡某个扇区(16 个存储扇区)的信息:发送(09　A1 Key0 Key1 Key2 Key3 Key4 Key5 Kn),其中 0xA1 为读数据标志。该卡密码 A 为 16 进制:FF FF FF FF FF FF 对应 Key0 Key1 Key2 Key3 Key4 Key5;要读的块数为第 4 块,即 Kn=4;则发送:09 A1 FF FF FF FF FF FF 04 。返回第 4 块的 16 字节数据。

(3)写信息到 A 卡的某扇区:

写数据 19 A2 Key0 Key1 Key2 Key3 Key4 Key5 Kn Num0 Num1 Num2 Num3 Num4 Num5 Num6 Num7 Num8 Num9 Num10 Num11 Num12 Num13 Num14 Num15。

其中　0xA2 为写数据标志;该卡密码 A 为 16 进制:FF FF FF FF FF FF 对应 Key0 Key1 Key2 Key3 Key4 Key5;要写的块数为第 4 块即 Kn＝4;要写的数据位 00 01 02 03 04 05 06 07 08 09 0A 0B 0C 0D 0E 0F 则发送:19 A2　FF FF FF FF FF FF 04 00 01 02 03 04 05 06 07 08 09 0A 0B 0C 0D 0E 0F。

通过读写数据表明,该模块通过了调试。

3. 电机驱动机械机构效果的调试

在搭建好的模型上,分别给三个直流电机供其额定电压,观察机械式的三维直线运动平台的运动效果,能否实现三个方向的直线运动。经过调试,此结构基本达到要求,可以实现目的。

8.6.2 系统联合统调

各个功能模块都通过调试后,就要对各个模块进行组合,组成系统中的两个功能子系统:定位识别子系统、定位执行子系统。然后使用 PC 机串口调试工具对两个子系统进行调试。

1. 定位识别系统调试

整个定位识别系统硬件完成后,加载软件,使用 PC 机串口调试工具来模拟定位执行子系统,对定位识别子系统进行调试。打卡后,看此子系统能否正常工作。

在调试过程中,遇到问题,如果能通过软件解决,就改写程序;解决不了,就适当的调整硬件结构。液晶能显示卡的信息,同时信息能通过串口上传到 PC 机串口调试工具,并显示正确。说明这个功能子系统设计完成。

2. 定位执行系统调试

整个定位执行系统的硬件设计完成后,加载软件,使用 PC 机串口调试工具来模拟定位识别子系统,对定位执行系统进行调试。通过 PC 机的串口调试工具,发送给该子系统相应的矿工号信息,然后观察执行部分是否动作且正确。

系统通过此项调试,说明定位执行模块完成。

3. 系统联合调试

在前面两个子系统的调试时,都用 PC 机来模拟另外一个子系统。即在调试定位识别子系统时,用 PC 机来模拟执行系统;调试执行子系统时,用 PC 机来模拟识别系统。

这样调试的好处是,可以把出现问题的概率降低,而且有问题了也容易找到,知道是哪个子系统的问题,当上述两个子系统的单独调试都通过时,然后就进行了两个系统的联合调试。

将两个子系统之间直接通过 RS232 串口通信线连接起来,组成了预期设计的系统,然后对其进行调试运行。

调试过程:首先在识别模块上打卡,然后看执行机构是否有动作。

经过几次的调试,系统可以识别 RFID 射频卡,并对该卡所对应的更衣吊篮进行定位和升降控制,系统实物运行过程见图 8.51～图 8.58。

8.6.3 调试过程中遇到的问题及解决方法

在调试过程中遇到了以下一些问题。

1）关于电源的几个问题

（1）首先在调试 12864 液晶显示时，给单片机供电使用的是自己用手机充电器自制的 5V 电源，液晶屏的显示有时不稳定。经过查找资料，原来，手机充电和电脑的 USB 供电是比较差的供电电源，特别是手机充电器。

（2）直流电机驱动芯片 L298 的电源，该电源和逻辑电平必须彼此独立，不能共用一个电源，特别是和控制的单片机要进行隔离，否则系统程序容易跑飞。

2）机械部分摩擦力对系统的影响

虽然系统定位时能准确给出吊篮的位置坐标，但是在执行时由于机械结构之间存在摩擦力，实际的运动距离和理论的距离有误差，有时不能很准确的运动到位置。把额定电压 6V 的电机换成额定电压 12V 的电机，效果变得好些了。

8.6.4 系统调试结果

本系统通过模块化调试和系统联合调试后，可以实现以下的功能。

（1）可以识别 MF1 类射频卡，并获取卡号；

（2）液晶显示屏可以显示识别卡的信息，如矿工号，吊篮号；

（3）当有人打卡时，可以进行语音提示功能；

（4）三维运动体可以根据卡的信息，定位相应吊篮；

（5）可以实现三个方向的直线运动；

（6）可以对吊篮进行自动升降控制；

（7）对一个吊篮定位控制工作完成后，可以自动复位到原点，等待下一吊篮号。

综合上述已经实现了的子功能，本系统实现了煤矿浴室人员更衣吊篮的定位功能，达到了系统预期的设计目标。系统运行各部分截图见实物图 8.51～图 8.58，系统定位识别硬件图如图 8.59所示。

小结

本部分主要介绍了系统的调试过程。系统调试按照功能模块化和软硬件结合的方法进行了调试。包括从一个个功能子模块的调试，到最后整个系统的联合调试过程，以及过程中遇到的问题及解决方法。

图 8.51　基于嵌入式煤矿浴室定位模拟系统实物整体图

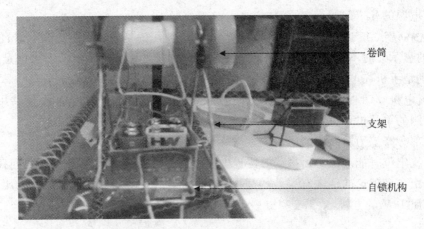

卷筒

支架

自锁机构

图 8.52　吊篮自锁机械机构实物图

系统电源

三维运动
电机驱动

显示模块

串口通信

图 8.53　系统电气控制实物图

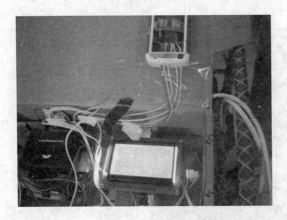

图 8.54　系统未打卡时液晶显示画面

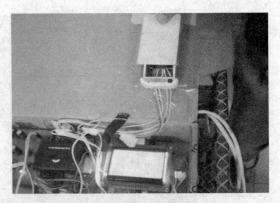

图 8.55　打 1 号矿工卡时的液晶显示画面

图 8.56　打 2 号矿工卡时的液晶显示画面

图 8.57　三维运动体提升吊篮过程

图 8.58　三维运动体定位吊篮过程

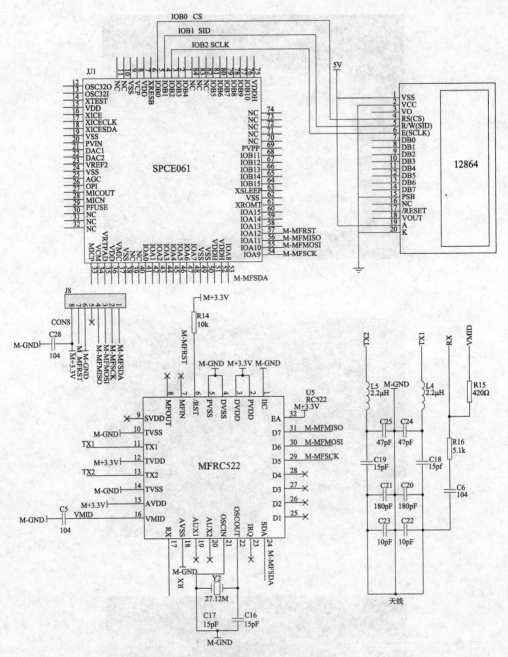

图 8.59　系统定位识别子系统电路图

8.7　结论与展望

1. 结论

　　本文主要设计了基于嵌入式技术的煤矿浴室人员定位模拟系统的硬件,同时也对系统软件的设计进行了简单的介绍,最后对系统的调试过程进行了简单的陈述。

系统在传统立式衣柜和手动式吊篮更衣系统的基础上，提出了采用三维直线运动平台自动控制的基于 RFID 识别技术的人员识别和更衣吊篮定位的嵌入式模拟系统。

本系统的设计思想是采用模块化的设计。首先将系统按照所要实现的功能进行模块化，系统分为定位识别和定位执行两大功能模块。其中，定位识别模块包括：RFID 射频读写模块、液晶显示模块、串行通信模块；定位执行模块包括：串行通信模块、三维运动定位模块。从机电一体化知识来系统模块化，系统硬件包括：电机控制系统、机械执行部分。结合两个方式的系统模块化，将复杂的系统分为了 RFID 识别（读写芯片）模块、人机交互液晶显示模块、控制信号通信模块、定位决策模块、电机驱动模块、定位机械执行、通风模块等几大部分。本系统硬件设计用到的主要电子器件有凌阳 16 位单片机 SPCE061A 和 SPMC75F2413A，MFRC522 射频读写模块，带中文字库的 12864 液晶显示屏，三个直流电机，RS232 串行通信数据线，12V 线圈继电器，小型风扇等。另外，本系统的更衣室模型是由两个鞋架组合搭建而成，同时用饮料瓶盖和绳索搭建了三维直线运动平台（结构体），实现了电机转动到直线平动的运动方式转变，实现三维直线运动平台的功能。

本系统在侯教授的悉心指导下，通过我和我的搭档张明同学的软硬件设计和系统综合调试，终于完成。设计系统实现了预期计划的功能，包括识别矿工所持的 IC 卡，显示卡信息，进行语音提示，然后根据 IC 卡信息通过控制三维运动平台动作定位相应的更衣吊篮，并对其进行升降控制，从而实现了识别矿工及定位更衣吊篮的功能，同时系统自动控制的通风结构可以干燥矿工衣物，可以为矿工提供舒适的自动化、人性化更衣系统和环境。

综上所述，虽然由于时间和本人知识高度的原因，系统总还存在很多要改进的地方，但总体来说，本系统的设计是成功的。

2. 展望

本系统实现了基本的人员识别和更衣吊篮定位功能。但是由于毕业设计时间和本人自身知识高度及动手能力的原因，本系统还存在很多需要改进和扩展的地方。

1）煤矿"一卡通"模拟系统

充分利用 RFID 读写芯片的功能，本系统中我们只是用了它的寻卡和选卡功能，得到了 IC 卡的序列号。但是，通过该读写芯片可以对卡的存储扇区进行数据的读写，以及具有扣款和充值功能，可以为矿工制作"一卡通"，集合更衣吊篮识别定位功能、食堂饭卡功能、考勤记录功能、浴室用水付费功能于一体。其中用水付费功能，可以在我们设计的模拟系统基础上，增加一个洗浴室，使用流量计记录某矿工的用水情况进行付费扣款，同时使用人体红外传感器，定位矿工位置，来对水龙头进行开关的自动化控制，实现节能。

2）在本系统的通风系统上增加温湿度测量，可以使用模糊控制来控制通风时间和通风量，使通风系统更加适合，保证矿工的衣物在最适合的环境下存放。

第9章 凌阳单片机在全国大学生电子竞赛中的应用

全国大学生电子设计竞赛是教育部倡导的四大学科竞赛之一,竞赛与课程体系和课程内容改革密切结合,与培养学生全面素质紧密结合,与理论联系实际学风建设紧密结合。既有理论设计,又有实际制作,可以全面检验和促进参赛学生的理论素养和工作能力。竞赛的内容以电子电路(含模拟和数字电路)应用设计为主要内容,可以涉及模数混合电路、单片机、可编程器件、EDA 软件工具和 PC 机(主要用于开发)的应用。题目包括"理论设计"和"实际制作与调试"两部分,具有实际意义和应用背景,并考虑到目前教学的基本内容和新技术的应用趋势,同时对教学内容和课程体系改革起一定的引导作用。题目着重考核学生综合运用基础知识进行理论设计的能力、学生的创新精神和独立工作能力及学生的实验技能。

以凌阳 16 位单片机 SPCE061A 为核心的精简开发-仿真-实验板,是"凌阳大学计划"专为电子爱好者、高校学生课程设计、毕业设计、电子竞赛以及满足业余制作爱好设计的。它不需要外扩任何电路就可以完成许多功能,因为它的硬件电路包括有电源电路、音频电路(含 MIC 输入部分和 DAC 音频输出部分)、复位电路等,只需在 SPCE061A 的集成开发环境中编写实现特定功能的软件代码就可以了,因此,"61 板"在大学生电子竞赛越来越受到学生的青睐。2003 年全国大学生电子竞赛共有 68 个参赛队伍使用凌阳单片机,其中 40 个获得国家及省级奖项。2005 年全国大学生电子竞赛中,"61 板"是参赛元器件中唯一被选用的单片机开发系统,2007 年、2009 年的全国大学生电子竞赛中,使用"61 板"的参赛队伍已超过上千支。

9.1 正弦信号发生器[①]

9.1.1 题目要求

1. 任务

设计制作一个正弦信号发生器。

2. 要求

1)基本要求
(1)正弦波输出频率范围:1kHz~10MHz;
(2)具有频率设置功能,频率步进:100Hz;
(3)输出信号频率稳定度:优于 10^{-4};
(4)输出电压幅度:在 50Ω 负载电阻上的电压峰-峰值 Vopp$\geqslant$1V;
(5)失真度:用示波器观察时无明显失真。

---

① 2005 年第七届全国大学生电子设计竞赛题目 A 题。

2)发挥部分

在完成基本要求任务的基础上,增加如下功能:

(1)增加输出电压幅度:在频率范围内 50Ω 负载电阻上正弦信号输出电压的峰-峰值 Vopp =6V±1V;

(2)产生模拟幅度调制(AM)信号:在 1~10MHz 范围内调制度可在 10%~100% 之间程控调节,步进量 10%,正弦调制信号频率为 1kHz,调制信号自行产生;

(3)产生模拟频率调制(FM)信号:在 100kHz~10MHz 频率范围内产生 10kHz 最大频偏,且最大频偏可分为 5/10kHz 二级程控调节,正弦调制信号频率为 1kHz,调制信号自行产生;

(4)产生二进制 PSK、ASK 信号:在 100kHz 固定频率载波进行二进制键控,二进制基带序列码速率固定为 10kbps,二进制基带序列信号自行产生;

(5)其他。

3. 评分标准

评分标准如表 9.1 所示。

表 9.1 正弦信号发生器竞赛题目评分标准

	项 目	满 分
基本要求	设计与总结报告:方案比较,理论分析与计算,电路图及有关设计文件,测试方法与仪器,测试数据及测试结果分析	50
	实际制作完成情况	50
发挥部分	完成第(1)项	12
	完成第(2)项	10
	完成第(3)项	13
	完成第(4)项	10
	其他	5

9.1.2 获奖作品"正弦信号发生器"简介[①]

本系统基于直接数字频率合成技术,以凌阳 SPCE061A 单片机为控制核心,采用宽带运放 AD811 和 AGC 技术使得 50Ω 负载上峰值达到 6V±1V。由模拟乘法器 AD835 产生调幅信号,由数控电位器程控调制度,通过单片机改变频率控制字单元实现调频信号,最大频偏可控,通过模拟开关产生 ASK、PSK 信号。系统的频率范围在 100Hz~12MHz,稳定度优于 10^{-5},最小步进为 10Hz。

1. 系统方案

根据题目要求和本系统的设计思想,系统主要的模块如图 9.1 所示。

1)单片机选型

方案一:采用现在比较通用的 51 系列单片机。51 系列单片机的发展已经有比较长的时间,

---

① 作者为曹震,陈国英,孟芳宇(华中科技大学)。

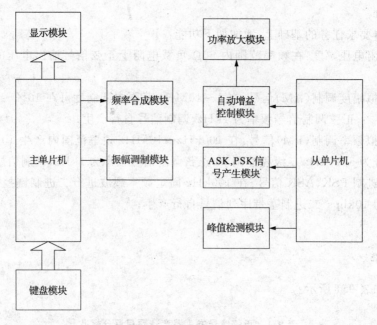

图 9.1 系统模块框图

应用比较广泛,各种技术都比较成熟。但此系列单片机是 8 位机,处理速度不是很快,资源不够充足,而且其最小系统的外围电路都要自己设计和制作,使用起来不是很方便,故不采用。

方案二:选用凌阳公司的 SPCE061A 单片机。SPCE061A 单片机是 16 位的处理器,主频可以达到 49MHz,速度很快,再加上其方便的 ADC 接口,非常适合对高频信号进行数字调频。如果对音频信号进行 A/D 采样,经过数字调频并发射,完全可以达到调频广播的效果。

结合题目的要求及 SPCE061A 单片机的特点,本系统选用凌阳公司的该款单片机。

2)频率合成模块

方案一:锁相环频率合成,如图 9.2 所示。锁相环主要由压控 LC 振荡器、环路滤波器、鉴相器、可编程分频器、晶振构成。频率稳定度与晶振的稳定度相同,达 10^{-5},集成度高,稳定性好。但是锁相环锁定频率较慢,且有稳态相位误差,故不采用。

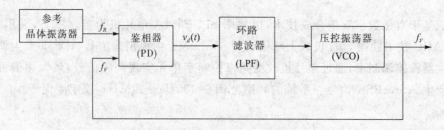

图 9.2 锁相环的基本原理

方案二:直接数字频率合成。直接数字频率合成 DDFS(Direct Digital Frequency Synthesizer)基于 Nyquist 定理,将模拟信号采集并量化后存入存储器中,通过寻址查表输出波形数据,再经 D/A 转换,滤波,恢复原波形。DDFS 中大部分部件都属于数字电路,集成度高、体积小、功耗低、可靠性强、性价比高、易调试、输出线性调频信号相位连续、频率分辨率高、转换速度快、价格低。其频率稳定度和可靠性优于其他方案,故采用该方案。

3)峰值检测模块

方案一:使用 AD8310 测峰-峰值。AD8310 可以测量输入信号的正有效值,从而得到峰-峰值。AD8310 为 440MHz 的高速对数放大器,频带很宽,输出是信号有效值的对数。虽然可测量的范围很宽,但信号的幅度变化较小时,其输出几乎不变,不利于后面的自动增益控制。故不采用。

方案二:二极管包络测峰法。利用二极管波形幅度检测的方法,得到信号的正峰值。此法检测的信号范围较小,但精度较高,对后面使用自动增益控制来稳定幅度有重大意义。因此采用此方案。利用检波二极管 2AP9 对输入信号检测,得到与信号峰值成比例关系的直流信号,再经运放调整比例系数以便于单片机采样。电路如图 9.3 所示。

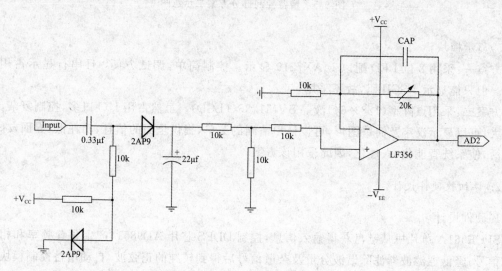

图 9.3　峰值检测电路

4)自动增益控制模块

方案一:DAC 控制增益。如图 9.4,输入信号放大后作为基准电压送给 DAC 的 Vref 脚,相当于一个程控衰减器。再接一级放大,利用两级放大可实现要求的放大倍数。输出接到有效值检测电路上,反馈给单片机。单片机根据反馈调节衰减器,实现 AGC。还可通过输入模块预置增益值,控制 DAC 的输出,实现程控增益。但增益动态范围有限,故不采用。

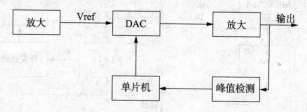

图 9.4　增益控制部分方案一示意图

方案二:电压控制增益。如图 9.5,信号经缓冲器后进入可编程增益放大器 PGA(AD603),放大后进入有效值测量部分,得出的有效值采样后送入单片机,再由 DAC 输出给 AD603 控制放大倍数,实现自动增益控制。同时可通过输入模块设置增益值,控制 DAC 的输出,实现程控增益放大。

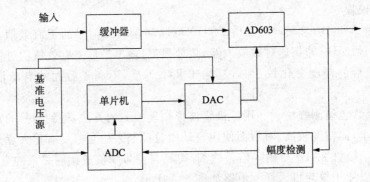

图 9.5 增益控制部分方案二示意图

5)显示模块

方案一:采用 8 位 LED 配以 MAX7219 显示。控制简单,调试方便,且串行显示占用 I/O 口少。但只能显示 ASCII 码,故不采用。

方案二:采用点阵型(128×64)液晶 SVM12864(LCD)。虽然占用 I/O 口多,控制复杂,但功能强大,可以显示汉字及简单图形,可设计出清晰的菜单,提供全面的信息,功耗低,界面友好,控制灵活,使系统智能化、人性化,因此采用该方案。

2. 详细软硬件设计

1)硬件设计

SPCE061A 单片机从键盘获得输入信息,控制 DDFS 芯片 AD9851,产生预置频率和相位的正弦信号;经低通滤波器滤除谐波分量及杂散信号后得到较纯的正弦波,自动增益控制模块及功率放大模块使输出信号峰-峰值稳定在 6V±1V 范围内。PSK、ASK 用简单的模拟电路搭建。

以上系统的基本结构,配以 4×4 键盘,128×64LCD 构成人机界面。系统框图如图 9.6 所示,硬件连接图如图 9.7 所示。

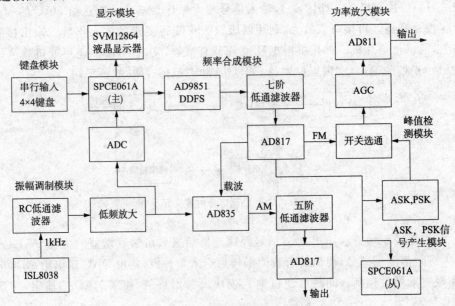

图 9.6 系统结构框图

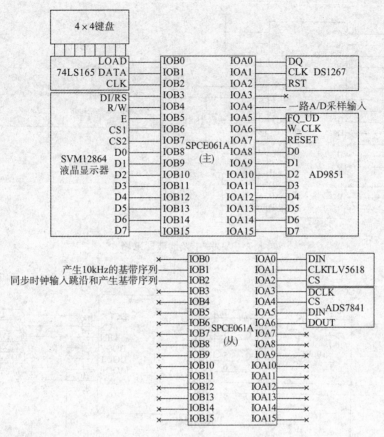

图 9.7　系统硬件连接图

(1)直接数字频率合成模块

AD9851 是 ADI 公司采用先进的 DDS 技术推出的高集成度 DDS 频率合成器,它内部包括可编程 DDS 系统、高性能 DAC 及高速比较器,能实现全数字编程控制的频率合成和时钟发生。接上精密时钟源,AD9851 可产生一个频谱纯净、频率和相位都可编程控制的模拟正弦波输出。AD9851 接口功能控制简单,可以用 8 位并行口或串行口直接输入频率、相位等控制数据。32 位频率控制字,在 180MHz 时钟下,输出频率分辨率达 0.0372Hz。先进的 CMOS 工艺使 AD9851 不仅性能指标一流,而且功耗低,在 3.3V 供电时,功耗仅为 155mW。本系统通过单片机控制 AD9851 频率控制字实现频率合成,经低通滤波器滤除噪声和杂散信号就可得到比较纯正的正弦信号。同时,调制正弦波信号通过单片机 A/D 采样后,并行输入改变 DDS 芯片频率控制字,就可实现调频,基本不需要外围电路,且最大频偏可由软件任意改变。电路连接图见图 9.8,此时输出正弦波幅值较低,约为几百毫伏,且低频和高频时幅值有较大差异,若直接输入后面的功率放大电路,则可能因为放大倍数较高而无法满足 50Ω 负载上峰峰值 $V_{opp}=6V\pm1V$,故在功率放大前面接一级自动增益控制电路(AGC),使低频和高频信号均能放大到基本相同的幅值,再输入功放部分。

(2)自动增益控制模块

由 ADS7841(ADC)将检测峰-峰值得到的直流电平转换为数字信号输入单片机,TLV5816(DAC)将单片机输出的数字信号转换为直流电平,自动控制 AD603 的增益。ADS7841 与 AD603 电路如图 9.9 和图 9.10 所示。

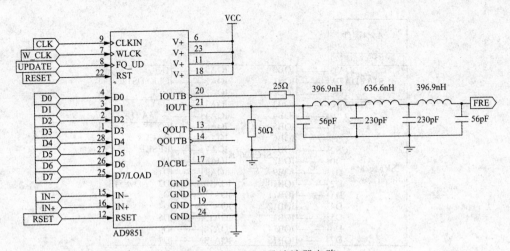

图 9.8 AD9851 及滤波器电路

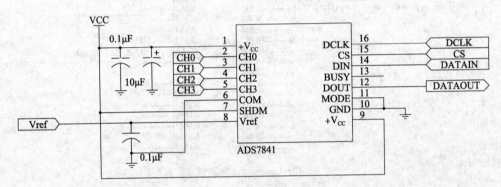

图 9.9 ADS7841 电路图

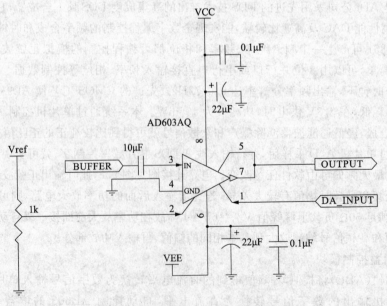

图 9.10 可控增益放大器 AD603 电路

（3）振幅调制模块

振幅调制部分主要采用模拟乘法器集成芯片 AD835。AD835 是 ADI 公司推出的宽带、高速、电压输出四象限模拟乘法器，最高工作频率 250MHz，线性性好，调幅对称性好，且为电压输出，外围电路非常简单，可靠性高。由制作结果可看出其调制特性良好，通过数控电位器程控调节输入到 AD835 第 8 脚的调制信号的幅值，即可改变调制度，实现 10% 步进，电路如图 9.11 所示。

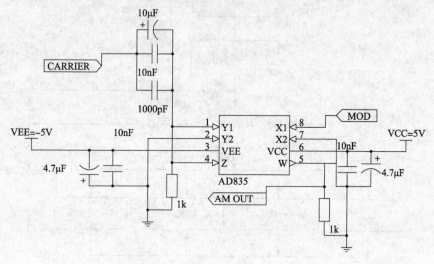

图 9.11　AD835 振幅调制电路

功率放大部分选择集成宽带高性能运放 AD811。AD811 为电流反馈型宽带运放，其单位增益带宽很宽，±15V 供电，增益为 +10 的情况下，−3dB 带宽达 100MHz，非常适合本系统的宽带放大要求。且输出电流可达 100mA，完全可满足题目峰峰值要求。外围电路也很简单，避免了采用三极管放大电路容易出现调试困难的情况，可靠性大大提高。电路见图 9.12。实际制作中应注意电路中各电阻电容应紧密靠近 AD811 的相应引脚，去耦电容必不可少，各电阻电容也最好选用贴片封装的，且焊接线应尽可能短，避免分布电容电感而引起高频自激。

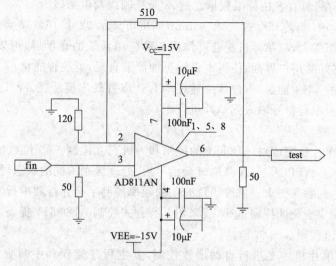

图 9.12　功率放大电路

（4）ASK，PSK 信号产生模块

由 MAX900 将 100kHz 正弦载波转换为方波后，经 74LS90 分频，得到单片机发送二进制调制码序列的同步时钟，以减小 ASK，PSK 的相位噪声。

一路载波供模拟开关作 ASK 信号及同相 PSK 信号，另一路载波经运放反向后供模拟开关作反相 PSK 信号。模拟开关控制端接至调制序列输入，即可实现 ASK，PSK。

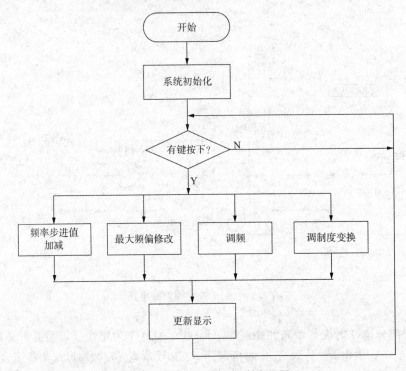

图 9.13　主单片机主程序流程图

（5）键盘及液晶显示模块

128×64 液晶 SVM12864 显示模块是一款功能完备点阵型液晶显示模块，内置了控制器、扫描电路和 1KB 的显存，具有 8 位标准数据总线、5 条控制线及电源线。

视域尺寸：128×64 点阵，56.27×38.35mm，满屏可显示 32 个 16×16 点阵的汉字。

此液晶模块功能强大，与单片机配合可作为各种应用系统的显示屏，可以显示频率、状态信息等，提供了一个友好的用户界面，使得本设计更加简洁直观，更趋智能化、人性化。

键盘采用普通的 4×4 键盘，本设计中通过 74LS165 并转串模块把 4×4 键盘的行信号和列信号并行信号转换成串行信号输入到单片机。

2）软件设计

SPCE061A 主单片机完成对 AD9851 的控制和人机交互控制。40 位数据分五次发送，系统以键盘为控制信息输入，SPCE061A 获取键盘信号后，处理区别不同的状态，按照程序流程图，对系统进行控制，以达到题目要求。修改 AD9851 的频率控制字有并行和串行两种方式，由于系统由软件调频，要求频率变化的控制迅速，故采用并行方式控制 AD9851，提高速度，实现较好的调频效果。其主程序流程图如图 9.13。

SPCE061A 从单片机主要进行自动增益控制，其主程序流程和中断服务程序流程分别如图 9.14 和图 9.15 所示。

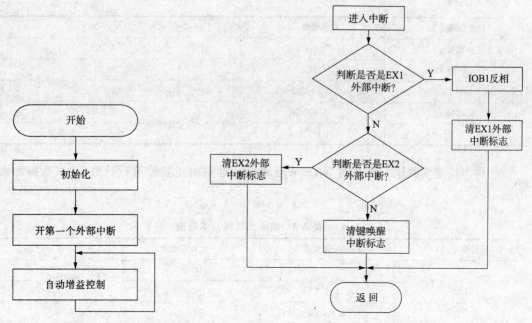

图 9.14　从单片机主程序流程图　　　图 9.15　从单片机中断(IRQ3)服务程序流程图

3. 测试说明

1)调试与测试所用仪器

(1)FLUKE 17B Digital Multimeter 数字万用表。

(2)TDS1002 数字示波器。

(3)YB1620P 函数信号发射器/计数器。

2)测试方法

(1)模块测试。

将系统的各模块分开测试,调通后再进行整机调试,提高调试效率。

(2)系统整体测试。

将硬件模块和相应的软件进行系统整机测试。

依据设计要求,分别对输出波形、输出电压峰峰值、输出频率和功率放大器输出测试。

测试输出电压的峰峰值时,对放大电路和 AGC 电路参数的适当调整,使输出频率在 $100\text{Hz}\sim 12\text{MHz}$ 之间变化时能够满足 Vpp$=6\text{V}\pm1\text{V}$。

3)测试数据

(1)基本要求测试。

①正弦波频率范围测试。接 50Ω 负载,对输出电压测试,测试数据如表 9.2 所示。

表 9.2　输出电压测试数据

设置频率/Hz	实测频率/Hz	Vpp/V
100	100.3	6.48
1k	999.98	6.12

设置频率/Hz	实测频率/Hz	Vpp/V
10k	100001	6.12
100k	100k	6.2
1M	1.0002M	6.68
10M	10.0003M	5.3
13M	13.0005M	5.2

②频率稳定度测试。负载为 50Ω,采用频率计对输出正弦波进行计数,测试数据如表 9.3 所示。

表 9.3　输出正弦波测试数据

设置频率/Hz	第一次计数数值	第二次计数数值	第三次计数数值
10	10	10.2	10.1
100	100.1	100.1	100.0
1k	1.0001k	999.98	999.98
10k	10.0000k	10.0001k	10.0001k
100k	100.0000k	100.0000k	100.0001k
1M	1.0001M	1.0001M	1.0001M
5M	5.00005M	5.00004M	5.00004M
10M	10.00002M	10.00002M	10.00001M

(2)发挥部分测试。

采用调制度测量仪对输出信号进行调制度测试,测试结果如表 9.4 所示。

表 9.4　调制度测试结果数据

调制信号频率/Hz	载波频率/Hz	设置调制度 ma/%	实测调制度 ma/%	误差/%
1k	2M	10	9.7	3
		100	98	2
	5M	10	9.8	2
		100	99	1
	10M	10	9.8	2
		100	100	0

4. 测试结果分析

系统测试指标均达到要求,部分指标超过题目要求。

正弦波输出频率:100Hz~12MHz;

输出信号频率稳定度:优于 10^{-4},达到 10^{-5};

自行产生 1kHz 正弦调制信号;产生 AM 信号在 1~10MHz 内,调制度 ma 可在 10%~100% 程控,步进量 10%;产生 FM 信号在 100kHz~10MHz 内,最大频偏可达到 5/10/20kHz 程控;

存在误差为人为误差、硬件误差、测量仪器误差、杂散引入误差。

减小误差可从改变电路,提高仪器精度,减弱外界干扰和多次测量取平均值等方面改善。

5. 作品点评

该系统方案论证和设计较充分,各种电路的设计合理。多种方式有效地抑制了自激,采用SPCE061A 主从单片机方式,彻底解决了使用单块单片机存在的编程复杂和硬件资源冲突问题。采用 AD9851 做信号源,其高精确的频率信号使输出信号准确、易控,以较高性价比很好地完成了题目各项指标要求。

9.2 电动车跷跷板[①]

9.2.1 题目要求

1. 任务

设计并制作一个电动车跷跷板,在跷跷板起始端 A 一侧装有可移动的配重。配重的位置可以在从始端开始的 $200 \sim 600$mm 范围内调整,调整步长不大于 50mm,配重可拆卸。电动车从起始端 A 出发,可以自动在跷跷板上行驶。电动车跷跷板起始状态和平衡状态示意图分别如图 9.16 和图 9.17 所示。

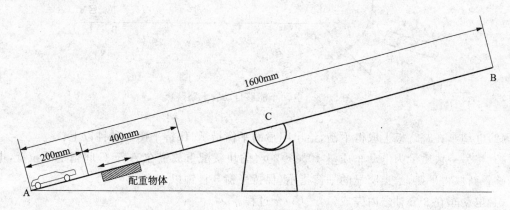

图 9.16 起始状态示意图

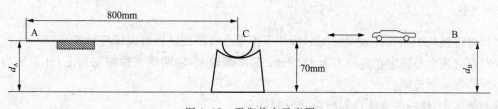

图 9.17 平衡状态示意图

---

① 2007 年第八届全国大学生电子设计竞赛题目 F 题。

2. 要求

1）基本要求

在不加配重的情况下，电动车完成以下运动：

（1）电动车从起始端 A 出发，在 30 秒钟内行驶到中心点 C 附近；

（2）60 秒钟之内，电动车在中心点 C 附近使跷跷板处于平衡状态，保持平衡 5 秒钟，并给出明显的平衡指示；

（3）电动车从（2）中的平衡点出发，30 秒钟内行驶到跷跷板末端 B 处（车头距跷跷板末端 B 不大于 50mm）；

（4）电动车在 B 点停止 5 秒后，1 分钟内倒退回起始端 A，完成整个行程；

（5）在整个行驶过程中，电动车始终在跷跷板上，并分阶段实时显示电动车行驶所用的时间。

2）发挥部分

将配重固定在可调整范围内任一指定位置，电动车完成以下运动：

（1）将电动车放置在地面距离跷跷板起始端 A 点 300mm 以外、90°扇形区域内某一指定位置（车头朝向跷跷板），电动车能够自动驶上跷跷板如图 9.18 所示；

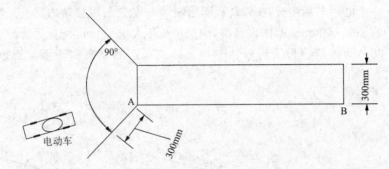

图 9.18　电动车能够自动驶上跷跷板

（2）电动车在跷跷板上取得平衡，给出明显的平衡指示，保持平衡 5 秒钟以上；

（3）将另一块质量为电动车质量 10%～20% 的块状配重放置在 A 至 C 间指定的位置，电动车能够重新取得平衡，给出明显的平衡指示，保持平衡 5 秒钟以上；

（4）电动车在 3 分钟之内完成（1）～（3）全过程；

（5）其他。

3. 说明

（1）跷跷板长 1600mm、宽 300mm，为便于携带也可将跷跷板制成折叠形式。

（2）跷跷板中心固定在直径不大于 50mm 的半圆轴上，轴两端支撑在支架上，并保证与支架圆滑接触，能灵活转动。

（3）测试中，使用参赛队自制的跷跷板装置。

（4）允许在跷跷板和地面上采取引导措施，但不得影响跷跷板面和地面平整。

（5）电动车（含加在车体上的其他装置）外形尺寸规定为：长≤300mm，宽≤200mm。

（6）平衡的定义为 A、B 两端与地面的距离差 $d = | d_A - d_B | \leqslant 40mm$。

（7）整个行程约为 1600mm 减去车长。

(8)测试过程中不允许人为控制电动车运动。

(9)基本要求(2)不能完成时,可以跳过,但不能得分;发挥部分(1)不能完成时,可以直接从(2)项开始,但是(1)项不得分。

4.评分标准

评分标准如表9.5所示。

表9.5 电动车跷跷板竞赛题目评分标准

	项 目	主要内容	分 数
设计报告	系统方案	实现方法 方案论证 系统设计 结构框图	12
	理论分析与计算	测量与控制方法 理论计算	13
	电路与程序设计	检测与驱动电路设计 总体电路图 软件设计与工作流程图	12
	结果分析	创新发挥 结果分析	8
	设计报告结构及规范性	摘要 设计报告结构 图表的规范性	5
	总 分		50
基本要求	实际制作完成情况		50
发挥部分	完成第(1)项		10
	完成第(2)项		15
	完成第(3)项		10
	完成第(4)项		5
	其他		10
	总分		50

9.2.2 获奖作品"电动车跷跷板"简介[①]

本系统以凌阳16位单片机 SPCE061A 作为电动车的控制核心,选用了上海直川科技有限公司生产的 ZCT245AL-TTL 型倾角传感器测量跷跷板水平方向倾角。该传感器灵敏度高、重复性好且输出485信号便于与单片机接口。对于关键的小车动力部分,经过充分比较、论证,最终选用了控制精确的步进电机,其最小步进角 0.9°,易于平衡点的寻找。通过红外对管

---

① 作者为禹海岱,刘晓君,董立国(山东交通学院)。

TCRT5000 寻迹,实现了小车走直线等功能。系统显示部分选用图形点阵式液晶显示器 OCJM4 ＊ 8C,串行接口,编程容易,美观大方。采用单片机内部时钟实现精确计时。最后的实验表明,系统完全达到了设计要求,不但完成了所有基本和发挥部分的要求,并增加了路程显示、全程时间显示和语音播报三个创新功能。

9.2.3 系统方案

1. 实现方法

本题要求设计并制作一辆电动小车,能实现在跷跷板上运动且在不同配重的情况下保持平衡等功能。我们想利用电机控制小车运行,角度传感器测量跷跷板水平方向倾角来确定小车何时达到平衡,利用寻迹模块实现小车沿直线行走以及在 A 点外某处能自动驶上跷跷板,还有显示模块以及语音模块等作为人机界面,实现显示及语音提示等功能。上述各模块的方案论证如下。

2. 方案论证

1)控制器模块

方案一:采用 ATMEL 公司的 AT89C51。51 单片机价格便宜,应用广泛,但是功能单一,如果系统需要增加语音播报功能,还需外接语音芯片,实现较为复杂。另外,51 单片机需要仿真器来实现软硬件调试,较为烦琐。

方案二:采用凌阳公司的 SPCE061A 单片机作为控制器的方案。该单片机 I/O 资源丰富,并集成了语音功能。芯片内置 JTAG 电路,可在线仿真调试,大大简化了系统开发调试的复杂度。

根据本题的要求,我们选择方案二。

2)电机模块

电机模块选择是整个方案设计的关键,按照设计要求,小车需在 C 点和有配重的情况下分别达到平衡状态,这需要对小车的精确控制,而且小车制动性能要好。因此普通直流电机不能满足要求。

方案一:采用直流减速电机控制小车的运动,直流减速电机力矩大,转动速度快,但其制动能力差,无法达到小车及时停车的要求。

方案二:采用型号 4B2YG 的步进电机控制小车的运动,最小步进角为 0.9°,因此能实现小车的精确控制,而且当不给步进电机发送脉冲的时候,能实现自锁,从而能较好地实现小车及时停车的目的。

经过反复比较、论证,我们最终选用了方案二。该型号步进电机加驱动器后与单片机接口简单,控制方便。

3)角度检测模块

角度检测模块也是系统的重要组成部分,我们需要利用角度传感器来测量跷跷板水平方向倾角,当倾角在某个范围之内的时候即可认为跷跷板达到平衡状态。由于跷跷板最大倾角为 5° 左右,角度变化范围较小,因此要求角度传感器精度高,频率快。目前市场上适合的传感器主要有以下两种。

方案一:采用深圳市华夏磁电子技术开发有限公司的 AME-B001 角度传感器,0～360° 测量范围,但是安装非常不方便,而且电压输出信号,采集不便。

方案二:采用上海直川科技有限公司生产的 ZCT245AL-TTL 倾角传感器,测量范围 −45°～

$+45°$,精度 0.1°,输出频率 10 次/s,485 信号输出。

在满足设计要求的前提下,考虑到接口、安装方便等因素,我们选择了方案二。

4)寻迹模块

通过寻迹模块小车可实现沿预设轨迹行走,并可在距离跷跷板起始端 A 点 300mm 以外、90°扇形区域内某一指定位置(车头朝向跷跷板)自动驶上跷跷板。

方案一:通过光电开关来实现,它测量距离较远。但是其体积大、成本高、安装起来比较麻烦。

方案二:通过红外对管来实现,它测量距离近,但反应灵敏、准确。相比光电传感器而言,其体积较小、价格低,安装较容易。

考虑到性价比和简单易行的策略,我们选择方案二。

5)显示模块

方案一:用 LED 显示,优点亮度高、成本低。但不能显示汉字,显示内容较少。

方案二:采用金鹏电子的图形点阵式液晶 OCJM4 * 8C。串行接口,显示简单。

考虑到本题的要求,只需要一片 LCD 就可以实现,故我们选择方案二。

6)语音播报模块

方案一:通过单片机来控制语音芯片来实现提示信息的播报。但是由于语音芯片成本比较高,而且扩展起来比较复杂,增加焊接难度和设计成本。

方案二:采用 SPCE061A 自带的语言模块,简单方便,成本低。

经比较,我们选择方案二。

7)电源模块

方案一:铅酸电池供电,优点电流大,缺点重量太沉。

方案二:电池组供电,可提供 800mA·h 电流,重量很轻。

经比较,我们选择方案二,用两组 9V 电池组串联给步进电机供电,其中一组经 LM7805 转换后给控制器、传感器等模块使用。

3. 系统设计

根据上述方案论证,我们最终确定了以凌阳单片机 SPCE061A 为控制核心,采用型号为 4B2YG 的步进电机控制小车运动,用上海直川科技有限公司生产的 ZCT245AL-TTL 倾角传感器来测量跷跷板的水平倾角,利用红外对管实现寻迹走直线等功能,还选用了金鹏电子的图形点阵式液晶 OCJM4 * 8C 来实时显示倾角、小车运行时间、路程等,最终还利用凌阳单片机 SPCE061A 自带语音功能实现小车平衡时语音播报。

4. 结构框图

根据上面的分析论证,我们设计的系统的总体结构框图如图 9.19 所示。

图 9.19 系统的总体结构框图

9.2.4 理论分析与计算

根据题目说明,只要跷跷板两端与地面的距离差小于 40mm 即可认为平衡,本设计通过倾角传感器检测跷跷板水平倾角,所以只要水平倾角保持在 0°附近的某个角度范围之内,即可认为跷跷板达到平衡状态。其闭环结构框图如图 9.20 所示。

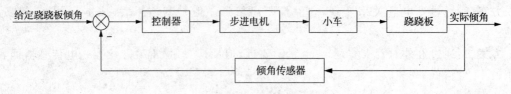

图 9.20 闭环控制系统结构图

该系统的工作原理是:小车驶上跷跷板后,通过倾角传感器不断的测量跷跷板的倾角(即实际倾角),该实际倾角与给定倾角作比较,形成倾角偏差,通过步进电机控制小车前后位移,不断修正该倾角偏差,最终使倾角保持在给定范围之内。此时跷跷板便达到平衡状态。

设计中小车车轮的周长为 240mm,电机最小步进角为 0.9°,因此电机每步进一步小车移动距离 x 为

$$x = 240 \times 0.9/360 = 0.6mm$$

可见,小车位移量是很小的。因此我们能实现小车前后微位移的控制,从而使跷跷板较易达到平衡状态。

小车所走各段所需脉冲数的计算(以 AC 段为例):

(1)起点 A 至中点 C 的距离 AC=800mm;

(2)测量小车车长 L=270mm,小车重心约在车身靠后约 4/5 处;

(3)上面计算电机每步进一步小车移动距离为 x=0.6mm;

因此 AC 段所需脉冲

$$n = (AC - L \times 1/5)/0.6 = 1243.3$$

从而可计算出 AB 段所需脉冲数 m=2n=2×1243.3=2486.7。

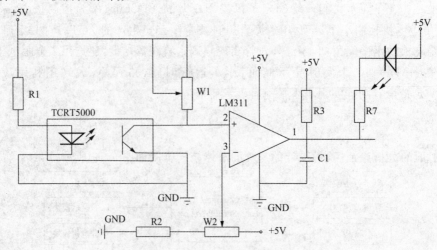

图 9.21 红外对管传感器处理电路图

9.2.5 电路与程序设计

1. 检测与显示电路设计

红外对管传感器处理电路图如图 9.21 所示,液晶接口电路如图 9.22 所示。

2. 软件设计与工作流程图

1)软件设计

软件实现的功能如下:①读倾角传感器角度;②给步进电机步进脉冲;③寻迹;④语音播报;⑤倾角、时间、路程显示;⑥汇总。

2)工作流程图

系统的主程序流程图如图 9.23 和图 9.24 所示。

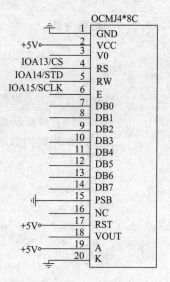

图 9.22 液晶接口电路图

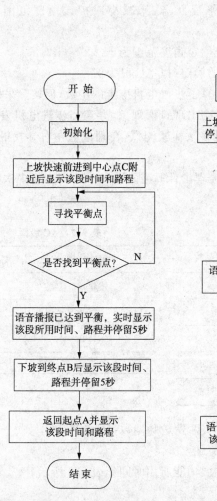

图 9.23 基本部分主程序流程图

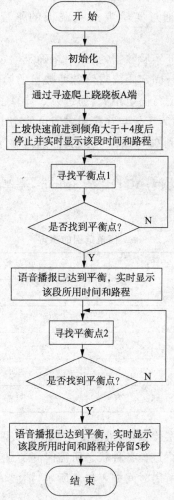

图 9.24 发挥部分主程序流程图

9.2.6 结果分析

1. 创新发挥

(1)通过计算步进电机发送脉冲个数确定小车运行路程,并实时显示。

(2)利用语音播报功能很好地实现了小车平衡时的播报工作。

(3)通过单片机内部定时器精确定时,实现总运行时间的实时显示。

2. 结果分析

1)测试仪表

4位半数字万用表(MASTECH MY-65),双踪示波器(YB4325),游标卡尺,秒表,电子秤,计算器,直尺。

2)跷跷板平衡状态倾角范围的确定

在闭环控制系统中,如果给定角度恒定为 0°,由于外界干扰,实际控制系统中很难实现。因此,在系统设计中,给定角度设为某一角度范围,当实际角度在该范围之内,即可认为跷跷板平衡。我们通过实验观察跷跷板的平衡状态,来减小或扩大角度范围,得数据如表 9.6 所示。

根据表 9.6 实验数据,我们最终确定给定角度范围为 $-2.2° \sim +2.2°$。

3)小车运行固定距离需给脉冲数目的确定(以 AC 段为例)

当小车需运行固定距离,通过公式计算了步进电机应走的步数,但实际采用时结果并不令人满意,主要是因为车轮与跷跷板之间可能会出现打滑现象,导致当步进电机发一个脉冲,小车前进并不一定达到 0.6mm。因此我们通过多次实验测试,在理论值左右寻找最优值,最终确定脉冲数目。

以 AC 段为例,AC 段距离 800mm,经理论计算需发脉冲 1243 步,经多次实验测试得表 9.7 数据。

<table>
<tr><td colspan="2" align="center">表 9.6 倾角范围的确定</td></tr>
<tr><td>角度设定范围</td><td>平衡效果</td></tr>
<tr><td>$-3.5° \sim +3.5°$</td><td>差</td></tr>
<tr><td>$-2.7° \sim +2.7°$</td><td>良</td></tr>
<tr><td>$-2.2° \sim +2.2°$</td><td>优</td></tr>
<tr><td>$-1.8° \sim +1.8°$</td><td>良</td></tr>
<tr><td>$-1.0° \sim +1.0°$</td><td>差</td></tr>
</table>

<table>
<tr><td colspan="2" align="center">表 9.7 AC 段需脉冲数目的确定</td></tr>
<tr><td>脉冲数目</td><td>与 C 附近平衡点相差距离</td></tr>
<tr><td>1243</td><td>+12.2mm</td></tr>
<tr><td>1260</td><td>+5.4mm</td></tr>
<tr><td>1269</td><td>-3.0mm</td></tr>
<tr><td>1264</td><td>+1.4mm</td></tr>
</table>

根据上述实验数据,最终确定 AC 段实际发送脉冲数目为 1264 个。

4)小车运行过程各种状态所需时间测试

基本功能所用时间如表 9.8 所示,扩展功能所用时间如表 9.9 所示。

表 9.8　基本功能所用时间表

状态时间(S)	AC	寻平衡时间	保持平衡 5 秒	CB	停止 5 秒	BA
控制器显示	15.2	33.8	5.0	14.8	5.0	31.1
秒表实测	15.5	34.6	5.1	14.9	5.1	31.9

表 9.9　扩展功能所用时间表

状态时间(S)	上坡时间	寻平衡 1 时间	保持平衡 5 秒	寻平衡 2 时间	保持平衡 5 秒	总计
控制器显示	21.0	45.2	5.0	52.1	5.0	128.3
秒表实测	21.4	46.3	5.1	52.0	5.1	129.9

由于步进电机能精确控制小车前后位移,因此寻找平衡所用时间较短。通过程序对电机运行速度适当设置,使各状态所用时间完全能满足系统要求。因为控制器显示的时间是通过内部定时器定时实现的,所以精度高,显示时间准,其与秒表实测值之间的微小误差是由测量误差所引起的。

9.3　结　语

通过测试,系统完全达到了设计要求。不但完成了基本要求、发挥部分的要求,并增加了路程显示、全程时间显示和语音播报三个创新功能。同时我们自己也得到了很好的锻炼。

第10章　凌阳单片机75系列的应用

SPMC75系列单片机是由凌阳科技设计开发的16位微控制器芯片,其内核采用凌阳科技自主知识产权的μ'nSP™微处理器。SPMC75系列单片机集成了能产生变频电机驱动的PWM发生器、多功能捕获比较模块、BLDC电机驱动专用位置侦测接口、两相增量编码器接口等硬件模块,以及多功能I/O口、同步和异步串行口、ADC、定时计数器等功能模块。利用这些硬件模块支持,SPMC75可以完成诸如家电用变频驱动器、标准工业变频驱动器、多环伺服驱动系统等复杂应用。

10.1　物联网智能温室控制实训系统

10.1.1　物联网简介

物联网是新一代信息技术的重要组成部分,其英文名称是"The Internet of things"。顾名思义,就是"物物相连的互联网"。其用途广泛,遍及智能交通、环境保护、政府工作、公共安全、平安家居、智能消防、工业监测、环境监测、老人护理、个人健康、花卉栽培、水系监测、食品溯源、敌情侦查和情报搜集等多个领域。

物联网有两层意思:第一,物联网的核心和基础仍然是互联网,是在互联网基础上的延伸和扩展的网络;第二,其用户端延伸和扩展到了任何物体与物体之间,进行信息交换和通信。因此,物联网就是通过传感器、射频识别(RFID)、红外感应器、全球定位系统、激光扫描器等信息传感设备,实时采集任何需要监控、连接、互动的物体或过程,采集其声、光、热、电、力学、化学、生物、位置等各种需要的信息,按约定的协议,把任何物体与互联网相连接,与互联网结合从而形成的一个巨大网络,进行信息交换和通信,以实现对物体的智能化识别、定位、跟踪、监控和管理的一种网络。实现物与物、物与人,所有的物品与网络的连接,方便识别、管理和控制。

和传统的互联网相比,物联网有其鲜明的特征。

首先,它是各种感知技术的广泛应用。在物联网上部署了海量的不同类型传感器,每个传感器都是一个信息源,不同类别的传感器所捕获的信息内容和信息格式不同。传感器获得的数据具有实时性,按一定的频率周期性的采集环境信息,不断更新数据。

其次,它是一种建立在互联网上的泛在网络。物联网技术的重要基础和核心仍旧是互联网,通过各种有线和无线网络与互联网融合,将物体的信息实时准确地传递出去。在物联网上的传感器定时采集的信息需要通过网络传输,由于其数量极其庞大,形成了海量信息,在传输过程中,为保障数据的正确性和及时性,必须适应各种异构网络和协议。

此外,物联网不仅仅提供了传感器的连接,其本身也具有智能处理的能力,能够对物体实施智能控制。物联网将传感器和智能处理相结合,利用云计算、模式识别等各种智能技术,扩充其应用领域。从传感器获得的海量信息中分析、加工和处理出有意义的数据,以适应不同用户的不同需求,发现新的应用领域和应用模式。

10.1.2 物联网技术架构和应用模式

从技术架构上来看,物联网可分为三层:感知层、网络层和应用层,如图 10.1 所示。

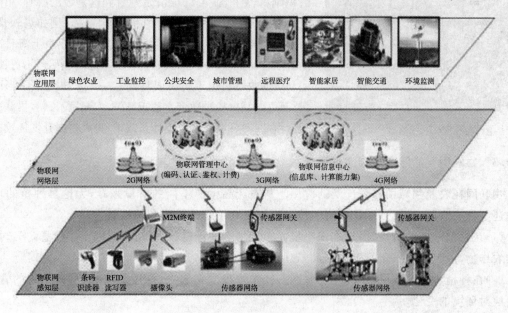

图 10.1 物联网体系结构

其中,感知层处于最底层,由各种传感器以及传感器网关构成,包括二氧化碳浓度传感器、温度传感器、湿度传感器、二维码标签、RFID 标签和读写器、摄像头、GPS 等感知终端。感知层的作用相当于人的眼耳鼻喉和皮肤等神经末梢,它是物联网获识别物体,采集信息的来源,其主要功能是识别物体,采集信息。

网络层是中间层,由各种私有网络、互联网、有线和无线通信网、网络管理系统和云计算平台等组成,相当于人的神经中枢和大脑,负责传递和处理感知层获取的信息。

应用层是物联网和用户(包括人、组织和其他系统)的接口,它与行业需求结合,实现物联网的智能应用。

物联网的行业特性主要体现在其应用领域内,目前绿色农业、工业监控、公共安全、城市管理、远程医疗、智能家居、智能交通和环境监测等各个行业均有物联网应用的尝试,某些行业已经积累一些成功的案例。如物联网传感器产品已率先在上海浦东国际机场防入侵系统中得到应用。该系统铺设了 3 万多个传感节点,覆盖了地面、栅栏和低空探测,可以防止人员的翻越、偷渡、恐怖袭击等攻击性入侵。上海世博会也与中科院无锡高新微纳传感网工程技术研发中心签下订单,购买防入侵微纳传感网 1500 万元产品。

2009 年 9 月 22 日上午以"文化传承,科学发展"为主题、以"传承创新、以人为本、生态和谐和可持续发展"为理念、以"突出中华民族文化内涵"为主线的第七届中国(济南)国际园林花卉博览会在济南园博园正式开园。ZigBee 无线路灯照明节能环保技术的应用是此次园博园中的一大亮点。园区所有的功能性照明都采用了 ZigBee 无线技术实现的无线路灯控制。园区的 1600 盏路灯都采用的是赫立讯公司的第三代 ZigBee 无线 IP-Link 1223 系列模块,是目前国内景区无线照明的又一个超过 1K 节点的典型成功案例,如图 10.2 所示。

2010年上海世博会世博园区的罗森便利店里,每一盒在售的盒饭都被贴上一个薄薄的叫做RFID的电子标签。盒饭因此而具有了生命——它会记录数据,有逻辑分析能力,能够和外界进

图 10.2 ZigBee 路灯控制器

行对话。顾客拿起一盒贴过 RFID 的盒饭,把它放到店里的识别机器上,就可以很清楚地看到这盒饭的所有"出生信息",包括快餐所使用的所有原料的供应商。例如鸡软骨,由山东大宝养殖加工有限责任公司提供,西兰花由上海日冷食品有限公司提供,令人不放心的食品来源问题不再不可探究。便利店的收银员也不再需要将商品一一拿出对准条形码扫描,而可以一次扫描数十盒盒饭,这大大缩短了顾客排队的时间。由此带来的配送、物流体系改革,将大幅提升供货效率。

10.1.3 物联网智能温室控制实训系统

物联网在农业领域中有着广泛的应用。从农产品生产不同的阶段来看,无论是种植的培育阶段还是收获阶段,都可以用物联网的技术来提高它工作的效率和精细管理。

(1)在种植准备的阶段,可以在温室里面布置很多的传感器,分析实时的土壤信息,来选择合适的农作物,或者根据农作物要求,合理施肥。

(2)在种植和培育阶段,可以用物联网的技术手段采集温度、湿度的信息,进行高效的管理,从而应对环境的变化。

(3)在农产品的收获阶段,也同样可以利用物联网的信息,把它传输阶段、使用阶段的各种性能进行采集,反馈到前端,从而在种植收获阶段进行更精准的测算。

(4)提高效率,节省人工,如果是几千亩的农场,要对各大棚进行浇水施肥,手工加温,手工卷帘,那要用大量的时间和人员来操作。如果应用了物联网技术,手动控制也只需点击鼠标的微小动作,前后不过几秒,完全替代了人工操作的繁琐。

凌阳公司推出的物联网智能温室控制系统采用当前比较热门的无线传感器网络技术、ARM嵌入式技术和传感器技术相结合的方式,精准采集温室内部环境的各项指标,驱动相应执行器件(风扇、加湿器、加热器)平稳控制温室内部环境的变化。其架构如图 10.3。

图 10.3 物联网智能温室控制实训系统

在模拟的温室内实现自动信息检测与控制。通过配备无线传感节点、信息采集和信息路由设备,配备无线传感传输系统,每个基点配置无线传感节点,每个无线传感节点可监测土壤水分、土壤温度、空气温度、空气湿度、光照强度、植物养分含量等参数。其他参数也可以选配,如土壤中的 pH 值、电导率等。信息收集负责接收无线传感汇聚节点发来的数据,存储、显示和管理数据,实现所有基地测试点的信息获取、管理、动态显示和分析处理,以直观的图表和曲线的方式显示给用户,并根据种植作物的需求提供各种声光报警信息和短信报警信息。共实现了如下功能:

(1)温湿度监测功能。温湿度采集节点配有温湿度传感器 SHT10,实时监测温室内部空气的温度和湿度。测湿精度可达 $\pm 4.5\%$RH,测温精度可达 $\pm 0.5℃$(在 $25℃$)。

(2)光照度监测功能。光照度采集节点采用光敏电阻来实现对温室内部光照情况的检测,其实时性强,应用电路简单,便于学生实验。

(3)安防监测功能。当温室周边有人出现时,安防信息采集节点便向主控中心发送信号,同时声音报警。安防信息采集节点采用的传感器为人体红外感应模块,它检测的最远距离为 7 米,角度在 100 度左右。

(4)视频监测功能。这项功能由网关中的摄像头来完成。摄像头实时捕获温室内部的画面,而后通过 USB 接口将画面数据传输给网关处理。我们既可以在触屏液晶显示器上看到温室内部的实时画面,又可以通过 PC 机远程访问的方式来观看温室内部的实时画面。

(5)控制风扇促进植物光合作用功能。植物光合作用需要光照和二氧化碳。当光照度达到系统设定值时,系统会自动开启风扇加强通风,为植物提供充足的二氧化碳。

(6)控制加湿器给空气加湿功能。如果温室内空气湿度小于设定值,系统会启动加湿器,达到设定值后便停止加湿。

(7)控制加热器给环境升温功能。当温室内温度低于设定值时,系统便启动加热器来升温,直到温度达到设定值为止。

(8)局域网远程访问与控制功能。物联网通过网关加入局域网,这样用户便可以使用 PC 机访问物联网数据,通过操作界面远程控制温室内的执行器件,维护系统稳定。

(9)GPRS 网络访问功能。物联网通过网关接入 GPRS 网络,用户便可以手机来访问物联网数据,了解温室内部环境的各项数据指标(温度、湿度、光照度和安防信息)。

(10)控制参数设定及浏览。对所要实现自动控制的参数(温度、湿度)进行设置,以满足自动控制的要求。用户既可以直接操作网关界面上的按钮来完成系统平衡参数的设置,又可以通过PC 机或手机远程访问的方式完成参数的设置。

(11)显示实时数据曲线。实时趋势数据曲线可将系统采集到的温室内的数据以实时变化曲线的形式显示出来,便于观察系统某时间段内整体的检测状况。

(12)显示历史数据曲线。可显示出温室内各测量参数的日、月、年参数变化曲线,根据该曲线可合理的设置参数,可分析环境的变化对植物生长的影响。

凌阳公司的物联网智能温室控制实训系统以智能温室为现实背景,较为深入地阐释了物联网技术,可以帮助用户了解物联网技术,掌握物联网技术。系统涉及了嵌入式技术、单片机技术、网络技术以及自动控制原理;实现了数据采集功能、远程访问功能、远程控制功能还有视频监测等功能。该物联网智能温室控制系统由无线传感器网络、网关和主控中心组成。其原理图如图10.4 所示,各传感器工作节点如图 10.5～图 10.10 所示。

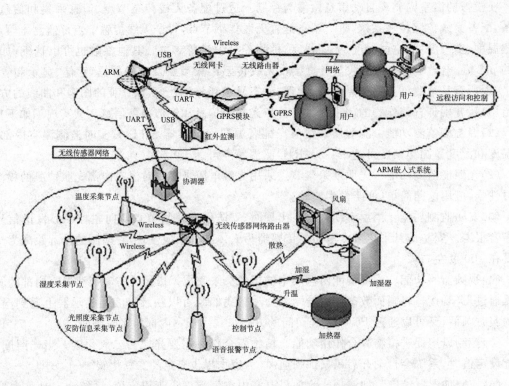

图 10.4　物联网智能温室控制实训系统原理图

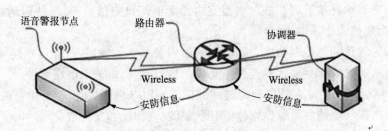

图 10.5　语音报警节点工作原理原理图

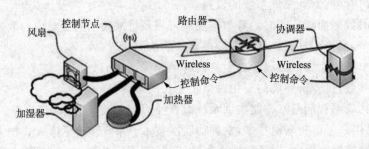

图 10.6　控制节点工作原理原理图

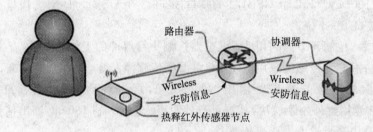

图 10.7　红外传感器工作原理原理图

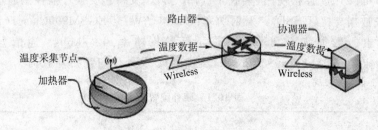

图 10.8　温度节点工作原理原理图

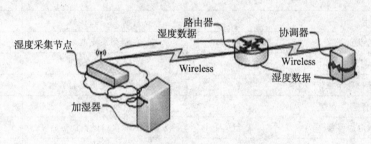

图 10.9　湿度采集节点工作原理原理图

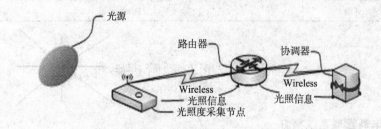

图 10.10　光照度采集节点工作原理原理图

　　其中,核心板采用具有 32MHz 单指令周期低功耗的 8051 微控制器核的凌阳 CC2430,集成了符合 IEEE802.05.4 标准的 2.4GHz 的 RF 无线电收发器,具有优良的无线接收灵敏度和强大的抗干扰性。具有电池检测和温度感测的功能,并且继承了 AES 安全协处理器。具有 4 种可编程功耗模式,支持硬件调试。

　　网关用 ARM9 实验仪,采用 SAMSING S3SC2440,内存 64M,显示采用 TFTLCD(3.5 寸真彩 26 万像素),具有 CMOS 摄像头接口,可以配套 OV7720 摄像头模组。具有一个 USB 转接口(SPCP25A),解决笔记本电脑没有串口无法调试的问题。具有 1 路 IRDA 红外数据通信口;2 个串口;1个 10M/100M 网口;2个 USB1.1 HOST 接口,1个 USB1.1Device 接口,1个标准 JTAG 接口,1个 SPI 接口 Flash 芯片。

　　传感器节点中,控制器节点采用 5V 继电器控制执行器件的工作状态;语音报警节点采用 61 板播报安防信息;温湿度传感器采用 SHT10 温湿度传感器芯片,具有全部校准,数字输出功能,相对湿度和温度的测量兼有露点输出,超低功耗,可以自动休眠;热释红外传感器采用 SHARP2Y0A02 专用红外测距模块,其测量有效距离为 20cm 到 150cm,输出信号为模拟电压信号;光照传感器采用高灵敏度光感应传感器。

　　采用 GPRS 通信,支持 EGSM900M,DCS1800M,PCS1900M 三种频段,兼容 GSM Phase2/2＋。继承 PAP 协议,可供 PPP 连接使用,集成 TCP/IP 协议,支持包交换广播控制通道(PBCCH),无限制的辅助服务数据支持(USSD)。发射功率:Class4(2W)at EGSM900Class1(1W)atDCS1800 and PCS1900。上行数据速率:85.6kbps。下行数据速率:42.8kbps。通信方式:标准串行 UART 接口(2.4kbps,4.8kbps,9.6kbps,14.4kbps)。其硬件配置如表 10.1。

表 10.1　硬件配置表

名称	数量	名称	数量
ARM9 嵌入式实验仪	1 台	GPRS 模块	1 个
无线路由器	1 个	网线	1 根
无线网卡	1 个	USB 接口连接线	1 根
USB 摄像头	1 个	摄像头支架	1 个
ZigBee 协调器	1 个	ZigBee 路由器	1 个
ZigBee 温湿度传感器节点	2 个	ZigBee 光照度传感器节点	1 个
ZigBee 热释红外传感器节点	1 个	ZigBee 控制节点	1 个
5V USB 接口供电加湿器	1 个	5V USB 接口供电加热器	1 个
5V USB 接口供电风扇	1 个	5V 电池盒	6 个
5V 开关电源	1 个	9V 开关电源	2 个
温室大棚沙盘(可选)	1 个	语音报警节点	1 个

10.2　智能车辆管理系统

10.2.1　智能车辆管理系统简介

　　随着科技的进步和人类文明的发展,智能停车场管理系统在住宅小区、大厦、机关单位的应用越来越普遍。人们对停车场管理的要求也越来越高,智能化程度也越来越高,使用更加方便快捷,也给人类的生活带来了方便和快乐。不仅提高了现代人类的工作效率,也大大地节约了人力物力,降低了公司的运营成本,并使得整个管理系统安全可靠。

　　智能车辆管理系统采用微波频段远距离射频识别技术,每部车辆上均安装有一张预先在系统注册的有源感应卡(人员佩戴卡)。有源感应卡会不断的发射微波信号,当安装在出入口附近的远距离阅读器接收到感应卡信号后,远距离读卡器通过 485 接口或者 RS232 或者以太网或者 USB 等通信方式将卡信号发给通道控制器或者直接传输给电脑。通道控制器(或者是电脑)判断卡片的合法性,如果合法,则控制器上的继电器动作,驱动道闸开启,允许车辆出入,否则不予放行。可在门卫处安装一台计算机,用来实时监控车辆或者人员的出入记录,包括车辆部门、司机姓名、牌照以及照片。可配合图像抓拍模块,在车辆出入时,实时抓拍当前车辆照片并保存在数据库中。

10.2.2 智能车辆管理系统技术架构和应用模式

停车场管理系统的主要功能包括车辆人员身份识别、车辆资料管理、车辆的出入情况、位置跟踪和收费管理等。其配置一般包括停车场控制器、自动吐卡机、远程遥控、远距离 IC 卡读感器、感应卡(有源卡和无源卡)、自动道闸、车辆感应器、地感线圈、通信适配器、摄像机、MP4NET视频数字录像机、传输设备、停车场系统管理软件等。

其控制中心的主要功能有:可以通过手机短信访问车位信息;远程网络摄像头视频监控;车辆驶入时的拍照并且存储;多种数据库的建立;无线网络的配置;远程车位和车辆信息的查询;多样历史数据查询。

执行机构的主要功能有:IC 卡识别;IC 卡充值;检测车辆的驶入来控制道闸的开、关;记录车辆进出时间并且播报;时间调整;特有的语音播报(入口时播报欢迎光临,出口时播报应付的金额和一路平安);LCD 显示剩余车位。

10.2.3 物联网 RFID 智能车辆管理系统

物联网 RFID 智能车辆管理系统是凌阳大学计划推出的物联网典型应用的实训平台,该系统融合了 S3C2440 嵌入式、单片机和物联网 RFID 三大教学平台。该系统作为物联网应用的一个实训平台,可以从实际生活中感受物联网的应用,并通过实践快速学习嵌入式、RFID 射频、图像处理、单片机等技术,对物联网这个庞大的系统做一个亲身的感受,进而对物联网进行各种创新应用和开发。物联网 RFID 智能车辆管理系统功能框图如图 10.11 所示,其硬件配置如表 10.2 所示。

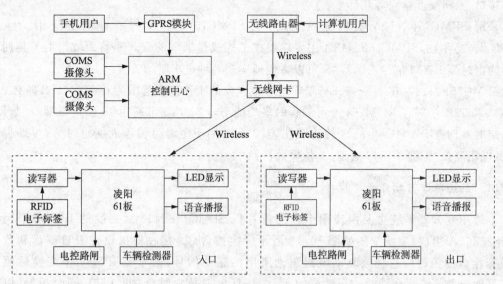

图 10.11 物联网 RFID 智能车辆管理系统功能框图

表 10.2 硬件配置

名　　称	数　量	名　　称	数　量
黑金刚智能小车	1 辆	红外探测传感器	4 个
小区喷绘地图	1 张	3.5 寸 SPLC501 液晶	1 块
56MHz RFID	2 套	标准交叉串口线	2 根
SPCE061A 精简开发板	2 块	180 度舵机	1 个
ARM9 嵌入式试验仪	1 台	挡杆	1 个
无线路由器	1 个	喇叭	2 个
无线网卡	1 个	标准交叉网线	1 根
USB 摄像头	1 个	5V、2A 直流电源	2 个
高品质 COMS 摄像头	1 个	开发板使用说明书	1 本
UART 模块	3 个	封装盒子	2 个

10.3　基于 SPMC75F2413A 的通用变频器

变频器是从 20 世纪中叶发展起来的一种交流调速设备。它是为了解决传统的交流电机调速困难、传统的交流变速设备不但结构复杂且效率和可靠性均不尽人意的缺点而出现的。由于其使交流电机的调速范围和调速性能均大为提升，因此交流电机逐渐代替直流电机出现在各种应用领域，即便是以往只可能是直流电机出现的伺服控制领域。随着电力半导体的长足发展，变频器也随之不断进步。当前变频器已深入我们的日常生活，随处可见其为我们服务的身影。

本系统是基于智能功率模组芯片和 SPMC75F2413A 实现的通用变频器方案，设计的变频器具备标准变频器的所有功能，如电机驱动、异常事件处理、运行参数设置、信息状态管理、通信链路接口、人机交互接口等几部分。

采用 SPMC75F2413A 实现变频驱动，是 SPMC75F2413A 的一种基本应用。与其他 $\mu'nSP^{TM}$ 产品不同，SPMC75F2413A 主要应用在工控或是家电的变频驱动领域。由于其拥有出色性能定时器 PWM 信号发生器组，可以方便地实现各种电机驱动方案。

SPMC75F2413A 在 4.5～5.5V 工作电压范围内的工作速度范围为 0～24MHz，拥有 2K 字 SRAM 和 32K 字闪存 ROM；64 个可编程的多功能 I/O 端口；5 个通用 16 位定时器/计数器，且每个定时器均有 PWM 发生的事件捕获功能；2 个专用于定时可编程周期定时器；可编程看门狗；低电压复位/监测功能；8 通道 10 位模数转换。

10.3.1　系统总体方案介绍

本通用变频器系统主要由凌阳十六位单片机 SPMC75F2413A、三凌的 IPM 功率模组芯片 PS21865A 组成，系统框图如图 10.12 所示。主控 MCU 接收根据设置来自键盘和数字或是模拟接口的控制信息合成驱动电机驱动所用的驱动信号，信号经 IPM 功率变换后驱动电机。同时主控 MCU 会随时监视系统的运行，一旦出现异常便会立即保护，同时报警，以提醒用户进行处理。

系统运行参数可以调节，以适应不同应用的需要；拥有实时的信息和状态显示，主要用于当前系统的状态信息显示和人机接口的一部分;带有系统参数设置和控制用的键盘;拥有 8 个数字控制端口,以方便用户的远程操控,端口的具体功能可通过设置来更改;具备模拟控制接口;完备的系统保护功能,在系统异常时保护系统不受损坏。

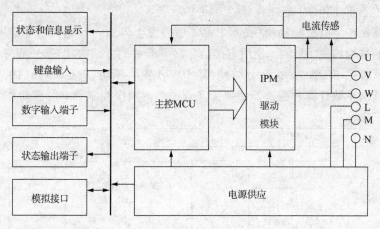

图 10.12　系统框图

10.3.2　系统硬件设计

　　系统驱动部分的电路原理图如图 10.13。其中 PS21865A 内部是一个三相的功率桥驱动电路,用于实现 SPWM 信号到驱动电机的功率变换功能。其中,图 10.13 中的电阻是上拉电阻,因 PS21865A 的故障输出信号是集电极开路输出的,同时该信号是低电平有效。其他模块属于常用的一些模块,此处不再详述。

　　SPMC75F2413A 单片机的主要作用:产生驱动电机所需的 SPWM 信号;完成人机交互,方便用户对系统的控制;处理相关的异常信息,确保系统的安全可靠。SPMC75F2413A 产生的三相互补的 PWM 信号经由芯片的 IOB0~5 输出,控制 PS21865A 的三相全桥电路。信号经功率合成放大后从 OUT_U、OUT_V、OUT_W 三个端子输出并控制电机。同时,U 相和 W 相的信号还会通过电流互感器,为系统控制提供电流传感信号。SPMC75F2413A 的 IOB6 是错误侦测输入端,通过对其传回信号的检测,一旦 PS21865A 出现工作异常(如过压、欠压、过流、过热),驱动硬件会立即禁止 PS21865A 工作,同时申请中断,请求 CPU 处理。

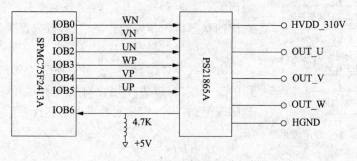

图 10.13　系统电路原理图

10.3.3 系统软件设计

整个系统软件分为三部分：

1）电机的核心驱动程序

这部分主要是产生电机驱动所用的 SPWM 信号发生器和一些相关的驱动服务程序。系统核心驱动部分的结构如图 10.14。使用直接数字频率合成的方法去实现 SPWM 信号的产生，采用 PWM 发生器替代了 DAC。这部分结构（除 PWM 发生模块）将在 PWM 的周期中断中用软件实现。其中调制系数计算和乘法器主要为实现波形的幅度控制和电源波动补偿。

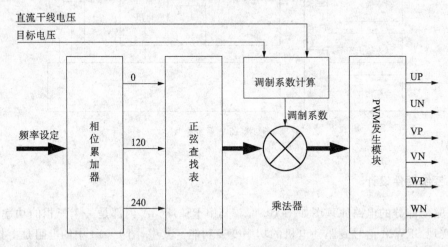

图 10.14 驱动结构图

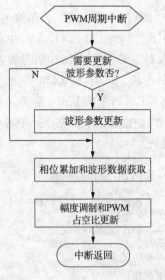

图 10.15 中断服务子程序流程图

波形合成的 PWM 周期中断服务子程序的流程如图 10.15，程序首先判断是否有波形参数更新，以此实现波形参数的一次性同步更新，以防止参数修改不同步对发生信号的影响。而后程序会根据图 10.15 的结构流程依次执行，完成后返回。

2）系统控制程序

系统控制部分是整个系统协调的心脏。整个系统都在其协调下有条不紊的工作。这部分主要是根据系统设置和当前系统的状态给出相应的控制信息，以确保系统的可靠运行。

3）人机接口界面程序

人机接口界面程序，这部主要是为用户提供一个简单易用的交互接口，以方便用户对变频器的可靠控制。包括变频器的起停、各种运行参数的设置都在这一层面上执行。

10.3.4 小结

通常，在开发变频设备的过程中，需要编写实时性、程序可读性强的代码，这时就需要采用混合编程。而凌阳公司的 μ'nSP™ IDE 具有良好的编程环境，它可以很轻松、容易地进行混合编程

（在 C 程序中调用汇编程序，在汇编程序中调用 C 程序）。

系统使用了 SPMC75F2413A 两个定时器和约 30 个 I/O 口资源。SPMC75F2413A 的资源相当丰富，因其有专业的变频硬件支持，变频系统开发变得相对简单，使得 SPMC75F2413A 在变频控制方面有相当出众的表现。当前基于 SPMC75F2413A 的变频系统在通用变频、变频家电等变频领域有广阔的应用前景。

10.4　SPMC75F2413A 单片机在 AC 变频空调中的应用

随着我国国民经济的发展和人民物质文化生活水平的不断提高，空调器已广泛应用于社会的各种场合。变频空调器因具有节能、低噪、恒温控制、全天候运转、启动低频补偿、快速达到设定温度等性能，使空调的舒适性大大提高，越来越受到人们的喜爱。随着单片机技术的广泛应用，变频技术及模糊控制技术在空调器嵌入式控制领域成功应用。半导体功率器件的迅速发展为变频控制的推广提供了技术保障。

本设计方案的 AC 变频空调控制器由室内机控制器、室外机控制器两部分组成。基于 SPMC75F2413A 的优越性能，用其设计室外机 AC 变频控制器，容易实现产品模块化、智能化特点，控制参数采用开放式结构，便于与各种压缩机联结，从而能够在最短的时间内根据不同厂家的要求进行产品的升级换代。以这种方式，产品可以更快地推向市场，获得时间上的竞争优势。本控制器含有以下关键技术：

（1）模糊控制技术。依据室内环温、管温，室外环温、管温、压缩机排气温度、压缩机过载保护温度、压缩机电流等参数建立模糊逻辑关系，控制压缩机的运转速度、室外风机及其他负载运行。

（2）高效的三次谐波注入。基于 DDS 的 SPWM 发生技术，充分利用电源电压、精确的频率调整、实时的电压补偿功能，使压缩机更有效工作。

（3）模块控制保护电路。当模块有保护信号输出时，通过硬件电路断开 PWM 模块输出控制信号，以达到保护模块的效果，并且可靠的给单片机模块保护信号。

（4）EMC 及可靠性设计技术。在掌握空调的干扰机理的前提下，硬件设计重点考虑以下几点——电源电路设计、滤波电路参数设计、印制板地线及信号线设计，并且软件采用容错技术。

10.4.1　系统总体方案介绍

AC 变频空调系统分室内机系统和室外机系统两部分，如图 10.16。其中室内机系统主要是逻辑状态信息的处理，而室外机系统主要是压缩机的变频驱动部分。在本系统方案中室内机选用 SPMC701FMOA 实现，因此室内机系统在此不再详述。其中，室外机系统主要由 IPM 功率驱动模块、反电势位置侦测电路、开关电源、室外风机驱动、由 SPMC75F2413A 构成的 MCU 子系统和 Power Line 通信电路等模块构成。室外机的电路结构框图如图 10.17，SPMC75F2413A 主要完成变频驱动功能。

室外机的主控 MCU（SPMC75F2413A）随时接收来自室内机的控制和状态信息，从而控制室外的风机、四通阀和压缩机，完成相应的控制功能。同时还会将室外机的一些状态和室外的一些温度信息传回室内机。以供室内机做控制之用。

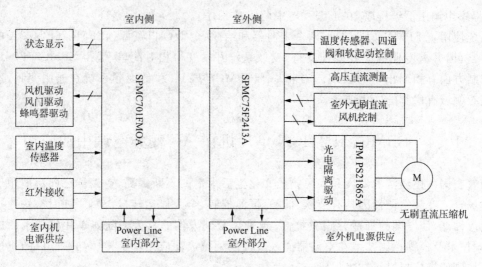

图 10.16　DC 变频空调系统框图

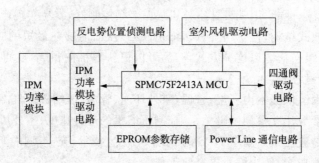

图 10.17　室外机系统框图

10.4.2　系统硬件设计

系统电路原理图如图 10.18。MCU 控制电路是整个室外机系统的控制核心,室外机的所有外设均在其协调控制下工作。其中 PS21865A 三相功率全桥电路模块,用来实现 PWM 信号的功率合成,从而驱动压缩机。ULN2003A 是集电极开路输出的功率反向器,主要用来驱动系统中的继电器,从而控制风机和电磁阀。SPMC75F2413A 单片机的主要完成两大功能:①根据室内机命令控制整个系统。②完成 AC 变频压缩机的变频驱动信号的产生和控制功能。

图 10.17 中的 Power_Line 是一种半双工的电流环变换电路,它主要是利用电源和一条专用的通信线,使室内外构成一个电流环,电流环由室内机供电。这个电路为室内外机提供一条通信回路。SPMC75F2413A 合成的注入三次谐波的 SPWM 信号经 IOB0～5 输出,经缓冲和光电隔离后输入 PS21865A,而后输出控制电机。SPMC75F2413A 的 IOB6 是错误侦测输入端,通过对其传回信号的检测,一旦 PS21865A 出现工作异常(如过压、欠压、过流、过热),驱动硬件会立即禁止 PS21865A 工作,同时申请中断,请求 CPU 处理。IOA0～3 为模拟输入口,主要是温度传感器接口和直流高压测量接口。IOC8～10 为控制四通阀和外风机的控制。

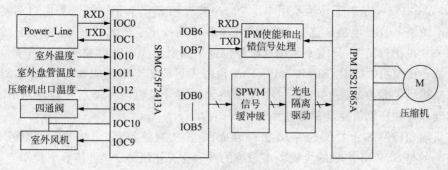

图 10.18　系统电路原理图

10.4.3　系统软件设计

整个室外机系统软件主要包括以下几部分：①同室内机通信、协调控制部分。②室外机的压缩机驱动控制部分。

系统同室内机通信、协调控制部分主要包括串口中断服务和命令解释执行和主循环控制等几部分。其中主控制流程如图 10.19。串口中断服务主要是接收来自室内机的数据包，并对相应的信息进行处理，确保传给控制程序的命令和数据的正确性；命令解释执行部分主要是解读室内机命令，并进行相应的处理。

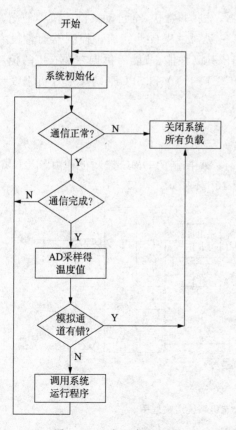

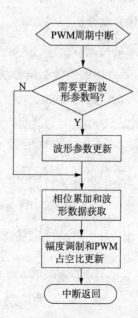

图 10.19　主程序流程图　　　　图 10.20　PWM 中断服务子程序流程图

SPMC75F2413A 是属于马达专用 IC,内部一共有两套完全相同的变频电机驱动硬件。可以同时驱动两路 BLDC 电机。这为 DC 变频空调的实现提供了极大的方便。因此压缩机的驱动的软件部分变得比较简单,只需要利用反电势位置侦测电路为驱动电路提供的转子位置信息便可方便的驱动压缩机。同时,SPMC75F2413A 内部还集成了专用的驱动保护电路,对压缩机和其驱动电路提供了完善的保护功能。DC 变频空调的室外风机同压缩机一样使用 BLDC 电机。因此其驱动软件和压缩机驱动部分使用相同的结构。

压缩机驱动控制部分主要 SPWM 信号合成、电机加减速控制、电机的起停服务等几部分。其中最核心的是 SPWM 信号的合成。本系统的波形合成使用 DDS(直接数字频率合成)的方式进行。该部分主要由 PWM 周期表中断服务和相应的辅助计算程序组成。

其中 PWM 周期中断服务是信号合成的核心部分,整个系统中它占用 70% 左右的运算量。主要完成驱动波形的合成和干线电压的动态补偿功能,同时周期中断为 DDS 提供时钟基准;而加减速控制部分主要跟踪设置频率,从而使当前工作频率以设定的加速度向目标工作频率逼近;电机的起停服务主要是对电机启动和停止这两个特殊过程进行特殊处理。

因 PWM 周期中断服务程序执行频率很高(5kHz 左右),因此这部分使用汇编编写,以保证尽量小的 CPU 资源占用。PWM 中断服务子程序的流程如图 10.20 所示。

10.5　SPMC75F2413A 在直流变频洗衣机中的应用

洗衣机是一种在家庭中不可缺少的家用电器,发展非常快,全自动式洗衣机因使用方便得到大家的青睐。全自动即进水、洗涤、漂洗、甩干等一系列过程自动完成。控制器通常设有几种洗涤程序,对不同的衣物可供用户选择。变频控制依其高性能、节能等优点在洗衣机的控制中得到广泛应用。下面介绍采用凌阳科技公司的 SPMC75F2413A 和 SPCE061A 单片机来设计的直流变频洗衣机的控制系统。

10.5.1　系统总体方案介绍

整个系统主要由两部分组成:由 SPMC75F2413A 控制的 DMC 控制板和由 SPCE061A 控制的 PANEL 板,两者之间的连接系统方块图如图 10.21 所示。

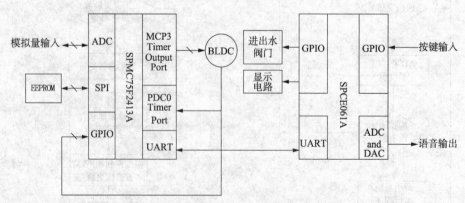

图 10.21　变频洗衣机系统组成框图

PANEL 控制器采用 16 位 SPCE061A 控制器,主要完成的功能有:按键扫描、状态显示与通讯。洗衣机的控制通过按键输入来选择操作模式，并可设定选择水量、预约时间，详细设定洗衣、洗净及脱水的参数。电源按键为起始与驱动控制电路板的连接，起动或暂停键为运转洗衣机或暂停。运转过程中的剩余时间通过 7 段显示器来显示。

DMC 控制器采用 16 位 SPMC75F2413A 单芯片控制器，主要完成的功能有：侦测马达转子的位置讯号，以 120°方波驱动 PWM 方式驱动直流无刷马达。

10.5.2 系统硬件设计

系统控制包括 DMC 控制板和 PANEL 控制板两部分，下面主要介绍 DMC 控制板硬件设计。

1. 电源电路

图 10.22 为电源滤波器与单相全桥整流器电路。AC 电源输入接头为 CON1，电压为 220VAC。电源输入端通过突波吸收器 ZNR3 以避免过大的电压突波损坏器件。C8 与 C12 串联后连接至接地点，通常也可以连接至机壳。透过全桥整流器 DB1 整流、C13 滤波后可得到输出直流电压。

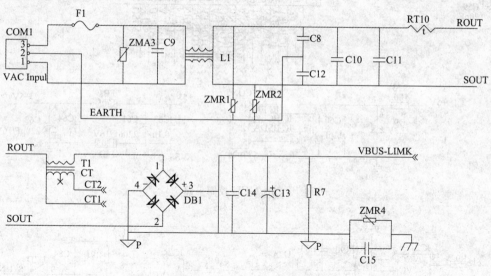

图 10.22　EMI 电源滤波器

2. MCU 控制电路

图 10.23 为 MCU 控制电路，此部分的电路主要是以 μ'nSP™ SPMC75F2413A 微控制器为主，CON5 连接在线调试和仿真器 ICE。

3. IPM 马达驱动电路

图 10.24 为 IPM 马达驱动电路，因为驱动的马达为三相变频，因此一般来说微控制器需具备能够输出 6 个 PWM 信号的能力，SPMC75F2413A 在芯片硬件上可由 MCP 与 PDC 定时器模块完成此功能。IPM 模块内集成了驱动回路与过电流检测电路，MCU 的 PWM 输出讯号通过光耦送到 IPM 模块，但在实际应用上需考虑到对 MCU 的保护以及与快速地对 IPM 模块产生高

阻抗讯号,光耦的正常驱动,因此在电路中加入了 IC12 的缓冲电路。过电流回馈讯号经光耦合器后连接到 FTINx 的输入脚,以求能够对 IPM 模块快速地保护。D5、D6、D7、C37、C40 与 C43产生组成自举电路提供 IPM 上臂开关的驱动信号。

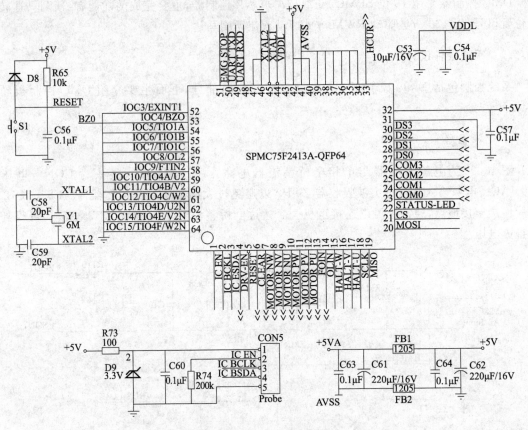

图 10.23 MCU 控制电路图

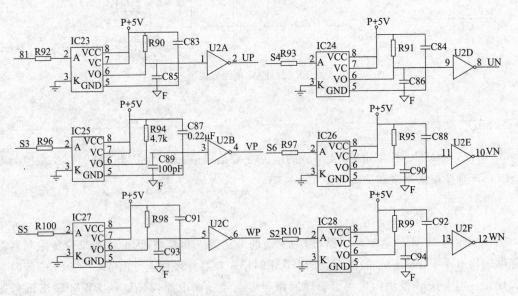

图 10.24 IPM 马达驱动电路图

4. 水位检测电路

图 10.25 为洗衣机的水位检测电路，CON4 连接水位传感器，水压大小产生 LC 震荡，压力越小则频率越大，反之亦然。当接近零水位时，输出频率约在 27.8kHz。此频率通过 F/V 转换电路，转换为模拟电压输入至芯片内 ADC 模块来计算水位高低。F/V 转换电路由 IC7 所产生，电路组件 R33 与 C36 形成输入端高通滤波器以滤除直流电压，输出电压大小由 R30、C33 与输入频率决定，其中 Vcc 为 +5V、Fin 为输入频率。

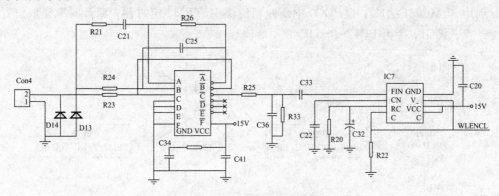

图 10.25 水位检测电路图

10.5.3 系统软件设计

变频洗衣机控制器主要以双 MCU 设计，两控制器通过串行通讯交换信息与系统控制，设定 SPCE061A 面板控制器为主机，SPMC75F2413A 马达驱动控制器为从机。主机负责整个传输的过程；从机负责接收主机端传送的命令并执行，且需响应相对应的 ACK 讯号给主机。当使用者在面板控制器上下达对应的运转命令后，从机负责执行，当有异常状况发生时，从机实时回报或直接能够由主机检知，利用显示电路通知使用者。

因此本系统的软件开发包括针对马达驱动、通讯格式与通讯状态机切换、洗衣机状态机切换、按键扫描与状态显示等程序。以下将针对 DMC 控制器与 PANEL 控制器重要的程序给予说明。

1. 直流无刷马达驱动程序

DMC 控制器主要负责直流变频马达驱动，可分为两大部分：内回路的电压控制与外回路的速度控制。内回路电压控制系统针对侦测到的马达转子位置（由霍尔组件读取得到）。由于马达转子为永久磁石结构，因此由微控制器所输出的电压讯号需对应于所读取到的霍尔组件信号。在实际的设计中是以定时器 Timer3 产生 4000Hz 的固定周期的中断时间，在每次中断程序中会对霍尔组件输入接口作读取的动作，并输出相应的电压 H/L 与 PWM 信号。此程序以

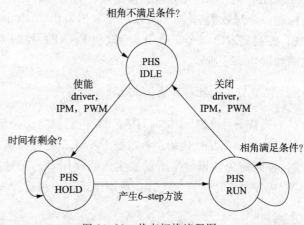

图 10.26 状态切换流程图

有限状态机实现,共区分 3 个状态为 PHSIDLE、PHSHOLD 与 PHSRUN。PHSIDLE 主要禁能 DMC 驱动器并对调控参数进行初始化,PHSHOLD 状态保证产生自举电压,而 PHSRUN 则是真正产生 120 度方波讯号。详细程序流程可参考图 10.26。

2. 马达转速计算与控制程序

洗衣机的直流无刷马达为同步马达,亦即马达的机械转速与磁场旋转频率为同步。因此可根据马达的霍尔位置讯号计算脉波宽度的时间,即可计算出马达的实际转速,达到闭回路的速度控制。利用 SPMC75F2413A 的 PDC0 中断做相位检测,TPM2 定时器中断计时来完成位置检测和速度计算。图 10.27 为 PDC0 和 TPM2 中断流程。

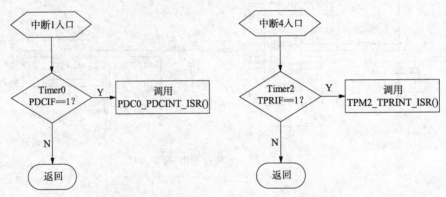

图 10.27　PDC0 和 TPM2 中断流程图

其中 PDC0_PDCINT_ISR()负责检测霍尔组件的脉波宽度,TMR2_TPRINT_ISR()负责当马达转速变化时更新实际转速值并作控制。

3. 串行通讯程序

DMC 控制器和 PANEL 控制器通过 UART 交换讯息,采用 CRC 校验方式,所有的通讯动作的起始、中止与异常检出皆由 PANEL 控制器所主导。

DMC 控制器以环形队列(Circular Queue)存储数据,串行字符是以中断接收并储存在的缓冲区中。DMC 控制器检查所收到的串行字符命令,若所收到的字符组正确无误,则对相应的命令回应给 PANEL 控制器。若是接收为有效的命令,则执行 Decode_RxStream()程序以译码出控制命令与数据,并对 PANEL 控制器发出 ACK 讯号;反之,若接收为无效的命令,则对 PANEL 控制器发出 NACK 的讯息,以利 PANEL 控制器作讯息的控制与再传送的动作。程序流程图如图 10.28 所示。

4. PANEL 控制器软件说明

当按下"电源"按键时,PANEL 控制器将会开始通讯动作,尝试与 DMC 控制器握手特定的信息内容。当从回传的字符组被 PANEL 控制器认可后,才可接受使用者对洗衣机的操作。否则,将判定为通讯异常情况发生。当使用者已经选择将洗衣模式与参数内容后,按下"启动/暂停"按键会使马达开始运转。系统预设有 4 种运转程序,对应的洗衣参数见表 10.3。

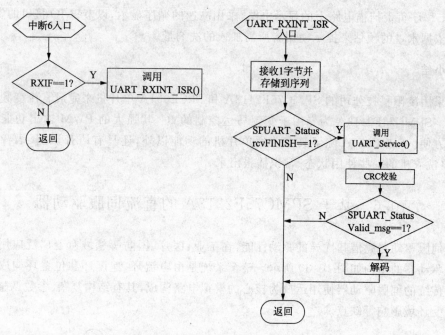

图 10.28　串行通讯程序流程图

表 10.3　洗衣程序内容表

洗衣程序	洗衣时间/min	洗净次数/cycle	脱水时间/min	预估洗衣完成时间/min
P0 标准	7	2	6	33
P1 手动设定	3	1	3	16
P2 高级服饰	13	1	1	24
P3 毛毯	25	2	6	51

上表在 P1 程序可单独调整个别参数,但 P0、P2 与 P3 程序则无法更改系统默认值。举例说明,当使用者只需要作衣物脱水的动作,只需要将洗衣时间、洗衣次数对应的 7 段显示器调整至不显示,再调整所需的脱水时间,按下启动按键,即进入脱水模式。"预约时间"的设定则由 3 小时至 9 小时,每次调整间隔 1 小时。上述功能在软件设计上是以定时器中断执行。时间的设定利用 TimerB 定时器(IRQ2 中断),设定为 8000 Hz 频率中断。在此程序中分为 2 个 time slice,分别为 Tick1Func 与 Tick2Func。程序如图 10.29 所示。因此 Tick1Func 与 Tick2Func 程序的执行频率为 4000Hz。

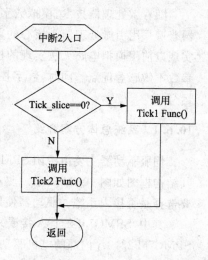

图 10.29　IRQ2 中断流程图

在 Tick1Func 程序中,除了对按键输入作扫描的动作,另外依据按下的按键内容更改 SystemT`与 SystemF 结构的内容。其中 SystemT 主要储存设定洗衣参数内容并更新 SA7Wash 的结构(用于状态机切换),SytemF 为纪录运转的状态标志。当洗衣参数被更改后,将会改变预估洗衣完成时间,并于 7 段显示器中显示。

Tick2Func 程序负责扫描电路上的显示电路,采用高速的循序显示,以节省 IO 接口的资源,此程序并包含依据水量的预估来提示使用者所需加入的洗剂量。

10.5.4 小结

系统采用凌阳科技公司的 SPMC75F2413A 和 SPCE061A 单片机来完成直流变频洗衣机的控制系统。SPMC75F2413A 为专用于变频马达控制的 IC,其强大的 PWM 输出功能使得程序开发非常方便。SPCE061A 除了具有普通单片机的功能以外,还具有语音识别、语音录放等功能,可以将洗衣机的一些使用状态、常识播报出来。

10.6 基于 SPMC75F2313A 的直流伺服驱动器

直流伺服驱动器凭借其优异的驱动性能,在工业、医疗、国防等领域有着广泛应用。典型的直流伺服驱动器的结构如图 10.30 所示。整个系统是由电流环、速度环和位置环构成的多环控制系统。传统的伺服驱动器使用运放为核心的模拟电路构成,其有结构复杂、参数调整不易和系统性能易受环境影响等缺点。

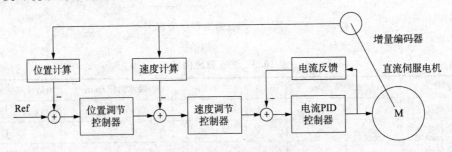

图 10.30 典型的直流伺服驱动器

随着微处理器技术、模拟数字接口技术和功率半导体技术的长足发展,现代的直流伺服驱动器普遍采用由微处理器为核心的数字控制系统。以微处理器为核心的伺服驱动器不但可以方便实现以前用模拟电路无法实现的控制算法,并且有着结构简单、参数调整方便、系统性能对环境参数不敏感等优点。同时,数字控制系统还可以充分利用成熟的网络连接技术,实现多机并行运行。

10.6.1 系统总体方案介绍

伺服驱动器主要由凌阳 SPMC75F2313A、由 IRF540 组成的功率全桥和各种接口模块组成,其结构框图如图 10.31 所示。驱动器使用带电流环的位置伺服结构,其中位置伺服环可根据需要选择是否接入系统。驱动器使用 20kHz 的双极性 PWM,以保证系统良好的动态性能。

其中,SPMC75F2313A 接受来自各种控制接口的控制信息,并转换成相应的电机控制信息。SPMC75F2313A 内部的电机驱动模块依据控制信息和电机本身反馈的状态信息产生 PWM 驱动信号,经 MOSFET 功率放大后驱动电机运行。同时,内建的保护电路随时监视系统状态,一旦系统异常,保护电路会立即动作,保护整个系统不会异常情况而损坏,同时提醒用户检查。

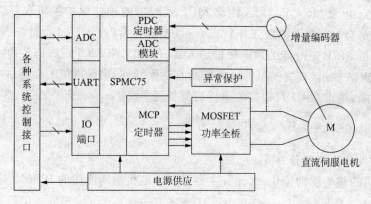

图 10.31 系统结构框图

10.6.2 系统硬件设计

系统驱动部分的电路原理图如图 10.32。电路由主控 MCU 核心（SPMC75F2313A）、功率驱动电路（IRF540 组成的功率桥）、MOSFET 驱动保护电路、霍尔电流传感电路、增量编码器接口电路和 DC/DC 电源变换电路几部分构成。其中 SPMC75F2313A 主要实现电机驱动所需 PWM 信号的产生、系统控制、人机接口等控制功能。

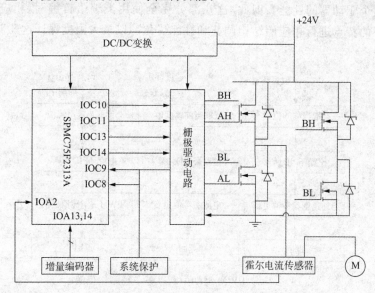

图 10.32 系统驱动部分的电路原理图

驱动电机所需的四路 PWM 信号由 SPMC75F2313A 内部的 MCP 定时器产生，信号由芯片的 IOC 端口输出，经栅极驱动电路后驱动功率 MOSFET（IRF540）。PWM 信号经 IRF540 功率合成后输出驱动直流伺服电机。

霍尔电流传感器提供实时的电机工作电流信号，电流信号经 SPMC75F2313A 内部的 ADC 模块 AD 转换后供给电机驱动模块使用。

增量编码器接口使用 SPMC75F2313A 内部的 PDC 定时器实现，为 SPMC75F2313A 内部固化的电机驱动模块提供位置和速度信息，从而完成系统的速度和位置控制。

系统保护电路由 SPMC75F2313A 内部 MCP 定时器的硬件保护逻辑和外部保护电路两部分组成。保护电路会时刻监测系统工作状态,一旦系统异常(过压、欠压、过流、过载等情况),保护电路会立时拉低 MCP 定时器的错误保护输入端(IOC9),SPMC75F2313A 内部的驱动硬件会立即禁止所有 PWM 输出(变为高阻态),关断所有功率器件,确保系统不会因这些异常情况而损坏。同时申请中断,请求 CPU 对相应的事件进行处理。

10.6.3 系统软件设计

整个系统软件分为三部分:

(1)伺服电机的核心驱动模块,这部分主要是产生电机驱动所用的 PWM 信号和相应的控制环路;

(2)系统控制程序;

(3)人机接口界面程序;

电机的核心驱动模块的结构如图 10.33 所示,模块使用经典的三环位置伺服结构。整个驱动模块分为位置调节器、速度调节器、电流调节器、位置计算、速度计算和电流反馈几部分构成。每个环节均使用改进的增量 PID 调节器(结构根据各个环路的特点而有不同),电流环的反馈速度为 0.05ms,速度环的反馈速度为 1ms,位置环的反馈速度 10ms。

在图 10.33 中,使用经典的三环(位置环,速度环,电流环),这几部分是整个系统的核心,其性能也决定了整个驱动器的性能。因此,这几部分完全使用汇编语言编写,相应的 PID 算法也根据不同控制环的特点进行相应的结构调整和性能优化。以最大限度保证这几部分程序的性能和实时性。

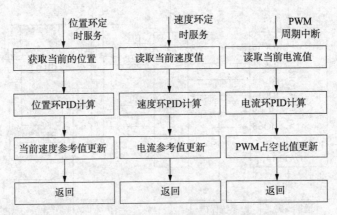

图 10.33 PWM 周期中断服务子程序流程图

系统控制部分是整个系统协调的心脏。整个系统都在其协调下有条不紊的工作。这部分主要是根据系统设置和当前系统的状态给出相应的控制信息,以确保系统的可靠运行。

人机接口界面程序,这部主要是为用户提供一个简单易用的交互接口,以方便用户对驱动器的可靠控制。包括驱动器的起停、各种运行参数的设置都在这一层面上进行。

参 考 文 献

边红丽. 2003. 非接触 IC 卡技术应用趋势. 金卡工程,(5):39—41

蔡凡弟. 2002. 虽有家财万贯不如金卡傍身——非接触读卡设备的核心模块. 电子世界,(11):3—5

楚萍,赵维琴. 2002. 串行 A/D、D/A 转换器与 89C51 单片机的接口设计. 仪表技术,(2)

崔光照,郑安平,曹灵芝. 2000. 滚筒洗衣机复杂传感器的研究. 计算机自动测量与控制,8(2):62—64

范风强,兰婵丽. 2002. 单片机语言 C51 实用实战集锦. 北京:电子工业出版社

范蟠果. 2007. 工控单片机原理及应用. 北京:清华大学出版社

顾滨. 2009. 凌阳 16 位单片机实训教程. 北京:北京航空航天大学出版社

郭三刺等. 2010. 一种基于 MSP430 只能 IC 卡淋浴控制器的设计与研究. 工业仪表与自动化装置,2(1):42
—45.

何立民. 2001. 单片机应用程序设计技术. 北京:北京航空航天大学出版社

贺利芳,范俊波. 2003. 非接触 IC 卡技术及其发展和应用. 通信与信息技术,(6):42—44

侯媛彬等. 2006. 凌阳单片机原理及其毕业设计精选. 北京:科学出版社

胡汗才. 2002. 单片机原理及其接口技术. 北京:清华大学出版社

胡乾斌等. 2006. 单片微型计算机原理与应用. 武汉:华中科技大学出版社

黄智伟. 2005. 全国大学生电子设计竞赛训练教程. 北京:电子工业出版社

蒋皓石,张成,林嘉宇. 2005. 无线射频识别技术及其应用和发展趋势. 电子技术应用,31(5):1—3

金国砥. 1997. 室内灯具安装入门. 杭州:浙江科学技术出版社

康华光,陈大钦. 2000. 模拟电子技术基础. 北京:高等教育出版社

雷思孝,李伯成,雷向莉. 2004. 单片机原理及实用技术——凌阳 16 位单片机原理及应用. 西安:西安电子科技
大学出版社

李刚. 2002. 电力电子技术基础. 北京:北京航空航天大学出版社

李学海. 2007. 电机控制型单片机 SPMC75 应用基础. 北京:中国电力出版社

林树功,蔡竟业. 2004. 射频识别技术原理. http://www.eetchina.com/2004

凌阳科技股份有限公司. 2003. SPCE061A 32K×16 Sound controller 产品规格. 新竹:凌阳科技股份有限公司

凌阳科技股份有限公司. 2002. SPCE061A 单片机应用. 新竹:凌阳科技股份有限公司

刘小荣,杨骁. 2002. μ'nSP™ 系列单片机实验指导书. 西安:西安科技大学

龙马工作室. 2005. Protel 2004 完全自学手册. 北京:人民邮电出版社

卢胜利. 2006. 基于凌阳 SPCE061 设计实验平台的专业综合设计教程. 北京:机械工业出版社

罗亚非. 2003. 凌阳十六位单片机应用基础. 北京:北京航空航天大学出版社

孙传友等. 2003. 测控电路及装置. 北京:北京航空航天大学出版社

孙肖子. 1992. 实用电子电路手册(模拟分册). 北京:高等教育出版社

覃利秋. 2000. 传感技术和模糊控制技术在洗衣机中的应用. 广东石油化工高等专科学校学报,10(4):55—57

谭浩强. 2001. C 程序的设计. 北京:清华大学出版社

唐宗全. 2007. 基于模糊控制的无刷直流电动机调速系统研究. 西北工业大学硕士学位论文

童诗白. 2001. 模拟电子技术基础. 3 版. 北京:高等教育出版社

王率之等. 2001. 单片机应用系统抗干扰技术. 北京:北京航空航天大学出版社

王庆香,孙炳达,黄爱华. 2002. 自学习模糊智能洗衣机的一种设计方案. 自动化与仪器仪表,23(4):111—113

韦宇聪. 2006. DD 滚筒洗衣机用无刷直流电机系统及控制策略研究. 哈尔滨工业大学硕士学位论文

邬宽明. 2003. 现场总线技术应用选编. 北京:北京航空航天大学出版社

吴蓓,潘天红. 2002. 串行显示驱动器 PS7219 及单片机的 SPI 接口设计. 自动化与仪器仪表,(2)

许兴存,曾琪琳. 2003. 微型计算机接口技术. 北京:电子工业出版社

薛均义等. 2003. 凌阳十六位单片机原理及应用. 北京:北京航空航天大学出版社

阎石. 2000. 数字电子技术基础. 北京:高等教育出版社

杨肇敏,张忠全. 1999. 初论非接触 IC 卡技术. 计算机工程与应用,35(12)

易继,侯媛彬. 1999. 智能控制技术. 北京:北京工业大学出版社

游战清等. 2004. 无线射频识别技术(RFID 理论和应用). 北京:电子工业出版社

余剑生. 2005. 基于模糊控制的智能洗衣机的设计. 广州师范学院学报,7(6):41—43

张春红等. 2011. 物联网技术与应用. 北京:人民邮电出版社

张铎. 2009. 生物识别技术基础. 武汉:武汉大学出版社

张毅坤等. 2005. 单片微型计算机原理及应用. 西安:西安电子科技大学出版社

赵学庆. 2005. 基于模糊控制器的无刷直流电动机的控制. 天津大学硕士学位论文

郑小梅. 2007. 虹膜识别技术在自动存取系统中的应用. 西安科技大学硕士学位论文

周航慈,朱兆优,李跃忠. 2005. 智能仪器原理与设计. 北京:北京航空航天大学出版社

周晓光,王晓华,王伟. 2008. 射频识别(RFID)系统设计、仿真与应用. 北京:人民邮电出版社

诸静. 1995. 模糊控制原理与应用. 北京:机械工业出版社

Hendry M. 2002. 智能卡安全与应用. 北京:人民邮电出版社

Hiok L H,Bin Q. 2001. Fuzzy logic traffic control in broadband communication networks. 10th IEEE International Conference on Fuzzy Systems,Melbourne,Australia,1:99—102

Jarkko N,Ville K. 2000. New methods for traffic signal control-development of fuzzy controller. 9th IEEE International Conference on Fuzzy Systems,San Antonio,TX,USA,1:358—362

Ollibier M M. 1996. RFID-a practical solution for problems you didn't even know. The Institution of Electrical Engineers

Rankl W,Effing W. 2002. 智能卡大全——智能卡的结构、功能、应用. 北京:电子工业出版社

Saridis G N. 1979. Toward the realization of intelligent controls. Proe. of the IEEE,8:1115—1129

Tewai A. 2002. Modern Control with Matlab and Simulink. Chiehester:Wiley

Zenner H P,Struwe V,Schuschke G. 1999. Hearing loss caused by leisure noise. HNO,47:236—248

Zhao X H,et al. Development and first-phase experimental prototype validation of a single-chip hybrid and reconfigurable multiprocessor signal processor system. 2004. Proceedings of the Thirty-Sixth Southeastern Symposium on System Theory,Atlanta,GA,United States,36:422426

Intel Developer's Insight CD-ROM Products One. 1999

New Releases Data Book:V. 1996. MAXIM

Philips. Semiconductors. Data Sheet-MifareMF RC500 Highly Integrated ISO 14443AReaderIC. 2003. http://www. philips. com/semiconductors.

Philips Semiconductors. Technical Documents-MF(14443A)13. 56 MHz RFID

百度百科. http://baike. baidu. com/view/2911674. htm

百度文库. 2010. http://wenku. baidu. com.

北阳电子有限公司. 2003. SPCE061A 凌阳单片机及附带光盘.

北阳电子有限公司. SPMC75F2413A 凌阳单片机及附带光盘.

长治市熙特吊篮安装有限公司. 2011. http://www. czxtdl. com.

解析无线射频识别技术. 2004. http://www. wx800. com/

凌阳单片机推广中心. http://www. sunplusmcu. com/applications/show. asp? id=24

凌阳单片机推广中心. http://www. sunplusmcu. com/applications/show. asp? id=19

凌阳单片机推广中心. http://www.sunplusmcu.com/applications/show.asp? id=18

凌阳单片机推广中心. http://www.sunplusmcu.com/applications/show.asp? id=13

凌阳单片机网站. 2008. http://www.sunplus.com

凌阳公司网站. http://www.unsp.com/2011/car.shtml

凌阳公司网站. http://www.unsp.com/2011/wen.shtml

中国知网. 2008. http://www.cnki.net